国产嵌入式操作系统丛书

中国移动物联网操作系统 OneOS 开发系列丛书

# OneOS 开发进阶

张英辉　　李　蒙　　刘　军　　孙　靖　　编著

北京航空航天大学出版社

# 内 容 简 介

本书是中国移动物联网操作系统 OneOS 开发系列丛书之一,侧重于驱动及组件应用模块的实现。如果读者之前没有接触过 RTOS 的实时内核,建议您先学习完《OneOS 内核基础入门》再来学习本书的内容。

本书内容分为驱动、组件和异核通信 3 篇,针对 STM32F103 芯片,实现 IIC、SPI 等多种通信机制设备驱动及 MQTT、CoAP 等网络协议组件;针对 STM32MP157 目标芯片,实现 MQTT、CoAP 等网络协议,并利用双核异构的特性,构建主处理器对协处理器生命周期管理以及核间通信机制。

本书配套资料包括书中所有例程的源码及相关视频教程等,读者可以免费在 https://os.iot.10086.cn/下载。

本书适合那些想要学习 OneOS 的初学者,也可作为高等院校计算机、电子技术、自动化、嵌入式等相关专业的教材。

**图书在版编目(CIP)数据**

OneOS 开发进阶 / 张英辉等编著. –– 北京 : 北京航空航天大学出版社,2022.4

ISBN 978 – 7 – 5124 – 3758 – 6

Ⅰ. ①O… Ⅱ. ①张… Ⅲ. ①物联网－操作系统

Ⅳ. ①TP393.4②TP18

中国版本图书馆 CIP 数据核字(2022)第 048522 号

**OneOS 开发进阶**

张英辉 李 蒙 刘 军 孙 靖 编著

责任编辑 董立娟

\*

北京航空航天大学出版社出版发行

北京市海淀区学院路 37 号(邮编 100191) http://www.buaapress.com.cn

发行部电话:(010)82317024 传真:(010)82328026

读者信箱:emsbook@buaacm.com.cn 邮购电话:(010)82316936

三河市华骏印务包装有限公司印装 各地书店经销

\*

开本:710×1 000 1/16 印张:25.25 字数:538 千字

2022 年 4 月第 1 版 2022 年 4 月第 1 次印刷 印数:2 000 册

ISBN 978 – 7 – 5124 – 3758 – 6 定价:84.00 元

# 序　言

在智能手机领域，Android 和 iOS 操作系统已经占据主导地位，在海量的物联网设备中还没有统一的操作系统。这样的情况导致物联网软件研发成本高，迭代慢，生态闭塞。同时，私有化的物联网软件平台已经成为促使物联网产业碎片化，并制约物联网发展的重要因素之一。2014 年，市场上开始有了物联网操作系统。同时，传统的嵌入式操作系统转向为物联网应用提供端到端的解决方案，比如国际上的 ARM Mbed OS，Amazon FreeRTOS，QNX，国内的 RT-Thread、华为鸿蒙 OS。

伴随人工智能快速发展，操作系统在智能系统中发挥的作用与日俱增。应对日益复杂和不确定的外部环境，国产智能系统更离不开国产操作系统，工业物联网和智能制造对国产操作系统需求强劲，这些领域要求操作系统满足高可靠、硬实时和强安全的指标。

中国移动 OneOS 是国产物联网操作系统的"新秀"，先后推出了 OneOS 1.0 以及最新的 OneOS 2.0 版本。在产业上，OneOS 与百余家行业、客户合作，产品已经在智能表计、智慧交通、智能穿戴、智能家居、工控和信创等应用场景落地。在安全技术上，OneOS 2.0 获得了 PSA L1 认证，支持国密算法和 DTLS 1.3，提供了 EAL4＋级的安全保障，并通过了功能安全 IEC61508 认证。

为了让广大读者能更深入地了解 OneOS 操作系统，中国移动倾力推出了"中国移动物联网操作系统 OneOS 开发系列丛书"。该系列丛书包括两本，分别为《OneOS 内核基础入门》及《OneOS 开发进阶》。前者侧重于内核实现原理和内核应用，后者侧重于驱动及组件应用模块的实现。之前没有接触过 RTOS 的实时内核的读者，建议先学习完《OneOS 内核基础入门》再学习《OneOS 开发进阶》。因为两本书的内容上是承上启下的关系，组件部分是构建于内核和驱动之上的。为了加深读者对知识的掌握，丛书还配套相应的视频教程、文档教程、各例程的源码及相关参考资料。

通过阅读本丛书,读者不仅能够掌握 OneOS 应用开发的基本流程和方法,同时也能够对嵌入式实时操作系统底层架构和原理有更深入的理解。我相信本丛书将会为 OneOS 物联网操作系统的推广应用提供重要的技术支撑,会吸引更多的开发者加入 OneOS 开源社区,会为构建中国物联网开源软件的生态系统增光添彩。

何小庆

**2022** 年 **3** 月 **9** 日

# 前　言

### 为什么选择 OneOS

早期的嵌入式开发通常是在裸机环境下进行的,俗称"裸奔"。裸机开发的方式一般将程序分为两个部分:前台系统和后台系统,这样的程序一般由一个大循环和若干个中断组成,大循环负责完成后台系统,中断则负责完成前台系统。在后台系统中,所有的程序都是顺序执行的,这种按照顺序执行的程序毫无实时性可言。随着嵌入式设备网络化、功能需求复杂化的趋势,"裸奔"的实现方式已经不能很好满足产品需求,而且开发难度也成倍增加,于是引入了实时操作系统,实时操作系统可以实现对多任务的实时管理。另一方面,微处理器的性能不断提升,硬件资源更加丰富,这为操作系统的稳定运行提供了必要的基础条件。

目前市面上有众多的 RTOS(实时操作系统),主流的 RTOS 大概有十几款,为什么要选择中国移动 OneOS 呢? 其一,OneOS 是一款低成本、功能强大的物联网操作系统,支持众多的芯片架构,和多家主流芯片厂商有合作,如 ST、NXP、华大、兆易等,支持超百款模组,可以满足 OpenCPU 模式开发需求。其二,OneOS 提供了一套 Cube 开发工具,以图形化的界面来配置,直观而且方便,极大节约了开发者的时间,避免了移植带来的诸多问题。其三,OneOS 提供了丰富的组件,如具有互联互通、端云融合、远程升级、室内外定位、低功耗控制等功能组件,并且通过 CMS 云端服务提供更多维度的应用组件。其四,OneOS 具有高安全性,提供云、网、端全面的安全保障,并获得 PSA L1、CCRC EAL4＋等顶级安全认证。

### 中国移动物联网操作系统 OneOS 开发系列丛书

本系列丛书包括两本,分别为《OneOS 内核基础入门》及《OneOS 开发进阶》。

《OneOS 内核基础入门》共分 21 章,详细介绍 OneOS 内核的相关知识,包括 OneOS 框架以及其 OneOS 核心技术——构建工程、任务管理和任务调度、系统配置、时间管理、队列、信号量、定时器、事件以及内存管理等。同时,该书配有大量的图例,对于想要深入学习 RTOS 类系统原理的人来说是一个不错的选择。

《OneOS 开发进阶》一书分为驱动、组件和异核通信 3 篇,针对STM32F103 芯片,实现 IIC、SPI 等多种通信机制设备驱动及 MQTT、CoAP等网络协议组件;针对 STM32MP157 目标芯片,实现 MQTT、CoAP 等网络协议,并利用双核异构的特性,构建主处理器对协处理器生命周期管理以及核间通信机制。

## 本书内容特色

本书的内容可以分为 3 篇:

第一篇是驱动篇,主要介绍 OneOS 的设备驱动框架以及常用的驱动使用,如 ADC 设备、串口设备、IIC 设备、SPI 设备、RTC 设备、Clocksource 设备、Clockevent 设备和 CAN 设备。通过对这部分内容的学习,读者可以了解 OneOS 对设备驱动的管理方式。

第二篇是组件篇,主要介绍如何配置和使用这些组件,包括日志系统组件、文件系统组件、模组连接组件以及协议组件,如 CoAP 协议组件和 MQTT协议组件,还有一个特色的组件:OTA 远程升级组件。通过这些,读者可以学习到如何配置组件、如何使用这些组件来完成相关的功能,同时也会体会到使用组件开发带来的好处,即可以快速进行上层应用的开发。

第三篇属于 OneOS 的一个特色内容,即异核通信篇,这篇以STM32MP157DAA1 为目标芯片来介绍。STM32MP157DAA1 具有双核 32位 Cortex-A7 和单核 Cortex-M4,属于多核异构,Cortex-A7 可以运行 Linux操作系统,Cortex-M4 可以运行 OneOS 实时操作系统,那么整个 SoC 属于非对称多处理结构(AMP),Cortex-A7 称为主处理器,Cortex-M4 称为协处理器。AMP 系统设计中一般需要解决两个问题:生命周期管理(处理器启动顺序)和核间通信问题,OneOS 系统支持 OpenAMP 框架,基于此框架,此部分讲解如何实现主处理器对协处理器生命周期管理以及如何实现核间通信,而核间通信本质上采用的是共享内存的方式。

## 本书学习指南

之前没有接触过实时内核的读者，建议先学习《OneOS 内核基础入门》，因为两本书是承上启下的关系，组件部分是构建于内核和驱动之上的。

## 配套资料与互动方式

书中使用的开发板为万耦天工系列或正点原子精英款，读者可以通过 OneOS 官方活动购买，也可以到正点原子网店（网址 https://openedv. taobao.com）购买。当然，如果读者有 OneOS 适配过的开发板，那么也可以按照本书内容参考学习。注意，OneOS 适配过的开发板型号可到 OneOS 官网（网址 https://os.iot.10086.cn/）查询。

本书配套资料包括视频教程、文档教程、各例程的源码及相关参考资料，读者可在 OneOS 官方网址（网址为 https://os.iot.10086.cn/）免费下载。

学习过程中如有任何问题，读者都可以到 OneOS 社区进行交流：https://os.iot.10086.cn/forum/consumer/。

编 者
2022 年 3 月

# 目 录

## 驱 动 篇

# 组　件　篇

## 异核通信篇

# 驱动篇

使用 51 单片机开发的时候,要操作某个外设,就需要编写操作寄存器的代码;到了 32 位单片机开发,如果开发大型项目需要的功能外设很多,再使用这种方式就力不从心了。因为 STM32 的外设资源丰富,寄存器数量是 51 单片机寄存器的数十倍,那么多的寄存器根本无法记忆,而且开发中需要不停查找芯片手册,开发过程就显得机械和费力,完成的程序代码可读性差,可移植性不高,程序的维护成本变高了。如果有写好的库供我们使用,则可调用库对应的 API 函数来操作外设,如 HAL 库。通过调用 API 函数,我们就不需要频繁地查看手册来配置寄存器了,这就简化了开发人员的工作,降低了开发工作时间和成本。

OneOS 的源码中集成了设备驱动框架,通过调用设备驱动框架的 API 函数就可以操作一个外设,极大简化了开发流程。本篇就来了解 OneOS 的设备驱动框架,并使用一些 API 函数来操作外设。

# 第1章

# OneOS 设备驱动框架

在操作系统上进行设备开发时,我们往往不需要直接操作一堆的寄存器,而是基于该操作系统的框架去开发,因为操作系统封装了许多 API 函数,我们不需要自己再重新写一遍。OneOS 也提供了许多操作设备的 API 函数,通过调用这些 API 函数就可以很简易地控制一个设备。本章将学习 OneOS 下的设备驱动框架,这是为后续的设备驱动开发打基础。

本章分为如下几部分:

1.1 设备驱动模型

1.2 系统调用接口

## 1.1 设备驱动模型

在操作系统模式下进行设备开发时,最核心的思想就是实现应用程序的硬件无关性。设备驱动模型的产生也正是为了实现这一思想,在设备模型的管理下,设备操作信息将逐层传递。OneOS 的设备驱动模型如图 1.1 所示。OneOS 将硬件分成 5 个层次进行管理,分别为系统调用层次、设备管理层、设备框架层、设备驱动层、硬件层。

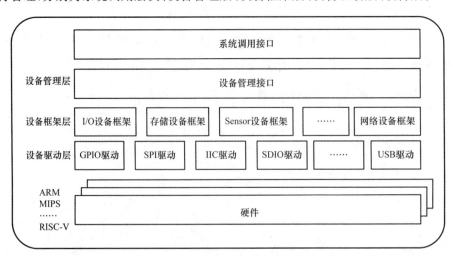

图 1.1 OneOS 设备驱动模型

OneOS 设备驱动的思想最重要有以下 3 点：

① 下层向上层提供统一的访问接口。

② 分层设计，屏蔽硬件差异。

③ 每一层只跟其相邻的层建立联系。

这 3 点思想贯穿了 OneOS 设备驱动的设计过程，将应用程序和驱动分离开，设备控制的信息通过 OneOS 不同层次最终传达到我们的设备。如果要调用一个设备，那么调用 OneOS 提供的系统 API 函数即可，接下来系统 API 将会向下调用，调用的顺序为系统 API→设备管理接口→设备框架层→设备驱动层→硬件层。分别来看一下 OneOS 的这 5 个层次的作用是什么？

① 系统调用层：该层为 OneOS 提供给用户调用设备的系统 API 函数。

② 设备管理层：该层实现了对设备驱动程序的封装，向上对接系统调用接口。

③ 设备框架层：该层是对同类硬件设备驱动的抽象，将不同厂家同类硬件设备驱动中相同的部分抽取出来，将不同部分留出接口，由驱动程序实现。

④ 设备驱动层：该层是一组驱使硬件设备工作的程序，实现访问硬件设备的功能，负责创建和注册设备。

⑤ 硬件层：直接与设备通信，向上往设备驱动层传递设备的操作函数，向下对设备进行直接的操作。

如果读者先前并没有接触过在操作系统开发，初次学习这些知识点会比较蒙，但实际使用起来并不会太复杂，反而比裸机更加简单，通常我们在 STM32CubeMX 上进行配置，然后直接调用系统 API 函数开发程序即可。所以接下来我们将进一步学习系统调用接口的函数，这部分内容在设备驱动开发中往往是通用的，但是一些设备驱动拥有特殊的系统调用接口，这个我们讲到对应的设备驱动再详解。

# 1.2　系统调用接口

前面学习到了设备驱动模型，设备驱动模型最核心的思想就是实现应用程序的硬件无关性，在这种思想下，系统调用接口便可以成为 OneOS 开发设备的通用 API 函数，书中大多数设备驱动中都会使用。OneOS 系统调用提供的统一 API 接口有 8 个，如表 1.1 所列。

表 1.1　系统调用接口

| 函　数 | 描　述 |
| --- | --- |
| os_device_find() | 查找设备 |
| os_device_open() | 打开设备 |
| os_device_read_block() | 读取数据（阻塞） |
| os_device_read_nonblock() | 读取数据（非阻塞） |

续表 1.1

| 函　数 | 描　述 |
|---|---|
| os_device_write_block() | 写入数据(阻塞) |
| os_device_write_nonblock() | 写入数据(非阻塞) |
| os_device_control() | 控制设备 |
| os_device_close() | 关闭设备 |

细心的读者会发现,上面系统的 API 函数读/写数据都有两种类型,一种为阻塞,另一种是非阻塞。那么这两者有什么区别呢? 对于阻塞,如果设备没有准备好数据,则读线程会睡眠阻塞,直到数据可读才被唤醒、返回。而对于非阻塞,如果设备没有准备好数据,则函数立即返回,返回值为 0。下面来讲解上面的 8 个 API 函数。

### 1. 函数 os_device_find()

该函数根据设备名查找对应的设备,函数原型如下:

```
os_device_t * os_device_find(const char * name);
```

参数:name,设备名(uart1、i2c1、spi1 等)。

返回值:成功则返回设备的指针,失败则返回 OS_NULL。

### 2. 函数 os_device_open()

该函数用于打开设备,第一次打开设备会调用设备初始化接口,函数原型如下:

```
os_err_t os_device_open(os_device_t * dev);
```

参数:dev,设备指针。

返回值:成功则返回 OS_EOK,失败则返回 OS_NULL。

### 3. 函数 os_device_read_block()

该函数用于从设备中阻塞读取数据,如果设备有数据可读,则函数立即返回,数据被读取到 buffer 中,返回值为实际读取的数据量。如果设备没有准备好数据,则读线程会睡眠阻塞,直到数据可读才被唤醒、返回。函数原型如下:

```
os_size_t os_device_read_block(os_device_t    * dev,
                               os_off_t         pos,
                               void            * buffer,
                               os_size_t        size);
```

该函数 os_device_read_block() 的参数如表 1.2 所列。

表 1.2　函数 os_device_read_block() 相关形参描述

| 参　数 | 描　述 |
|---|---|
| dev | 设备指针 |
| pos | 读取数据偏移量(字符设备,单位是字节;块设备,单位是块) |

续表 1.2

| 参　数 | 描　述 |
|---|---|
| buffer | 缓冲区指针,读取的数据将会被保存在缓冲区中 |
| size | 读取数据的大小(字符设备,单位是字节;块设备,单位是块) |

返回值:返回值大于 0 表示读到数据的实际大小,返回值小于 0 表示读取失败。

## 4. 函数 os_device_read_nonblock()

该函数用于从设备中非阻塞读取数据,如果设备有数据可读,则函数立即返回,数据被读取到 buffer 中,返回值为实际读取的数据量。如果设备没有准备好数据,则函数立即返回,返回值为 0。函数原型如下:

```
os_size_t os_device_read_nonblock(os_device_t    * dev,
                                  os_off_t         pos,
                                  void           * buffer,
                                  os_size_t        size);
```

该函数 os_device_read_nonblock()的参数如表 1.3 所列。

表 1.3　函数 os_device_read_nonblock()相关形参描述

| 参　数 | 描　述 |
|---|---|
| dev | 设备指针 |
| pos | 读取数据偏移量(字符设备,单位是字节;块设备,单位是块) |
| buffer | 缓冲区指针,读取的数据将会被保存在缓冲区中 |
| size | 读取数据的大小(字符设备,单位是字节;块设备,单位是块) |

返回值:函数 os_device_read_nonblock()的返回值如表 1.4 所列。

表 1.4　函数 os_device_read_nonblock()相关返回值描述

| 返回值 | 描　述 |
|---|---|
| 大于 0 | 读到数据的实际大小(字符设备,单位是字节;块设备,单位是块) |
| 等于 0 | 设备没有数据可读 |
| 小于 0 | 错误码 |

## 5. 函数 os_device_write_block()

该函数用于向设备中阻塞写入数据,如果设备有空间可写,则 buffer 中的数据写入设备,函数立即返回,返回值为实际写入的数据量。如果设备没有空间可写,则写线程会睡眠阻塞,直到有空间可写才被唤醒,返回实际写入的数据量。函数原型如下:

```
os_size_t os_device_write_block(os_device_t    * dev,
                                os_off_t        pos,
                                const void     * buffer,
                                os_size_t       size);
```

该函数 os_device_write_block() 的参数如表 1.5 所列。

**表 1.5　函数 os_device_write_block() 相关形参描述**

| 参　　数 | 描　　述 |
| --- | --- |
| dev | 设备指针 |
| pos | 写入数据偏移量(字符设备,单位是字节;块设备,单位是块) |
| buffer | 内存缓冲区指针,放置要写入的数据 |
| size | 写入数据的大小(字符设备,单位是字节;块设备,单位是块) |

返回值:返回值大于 0 表示读到数据的实际大小,返回值小于 0 表示读取失败。

### 6. 函数 os_device_write_nonblock()

该函数用于向设备中非阻塞写入数据,如果设备有空间可写,则 buffer 中的数据写入设备,函数立即返回,返回值为实际写入的数据量。如果设备没有空间可写,则函数立即返回,返回值为 0。函数原型如下:

```
os_size_t os_device_write_nonblock(os_device_t    * dev,
                                   os_off_t        pos,
                                   const void     * buffer,
                                   os_size_t       size);
```

该函数 os_device_write_nonblock() 的参数如表 1.6 所列。

**表 1.6　函数 os_device_write_nonblock() 相关形参描述**

| 参　　数 | 描　　述 |
| --- | --- |
| dev | 设备指针 |
| pos | 写入数据偏移量(字符设备,单位是字节;块设备,单位是块) |
| buffer | 内存缓冲区指针,放置要写入的数据 |
| size | 写入数据的大小(字符设备,单位是字节;块设备,单位是块) |

返回值:函数 os_device_write_nonblock() 的返回值如表 1.7 所列。

**表 1.7　函数 os_device_ write_nonblock() 相关返回值描述**

| 返回值 | 描　　述 |
| --- | --- |
| 大于 0 | 写入数据的实际大小(字符设备,单位是字节;块设备,单位是块) |
| 等于 0 | 设备没有空间可写 |
| 小于 0 | 错误码 |

## 7. 函数 os_device_control()

该函数用于对设备进行配置,如串口波特率、SPI 工作模式等参数,函数原型如下:

```
os_err_t os_device_control(os_device_t * dev,
                           int cmd,
                           void * arg);
```

该函数 os_device_control()的参数如表 1.8 所列。

表 1.8　函数 **os_device_control( )**相关形参描述

| 参　　数 | 描　　述 |
|---|---|
| dev | 设备指针 |
| cmd | 命令控制字,可选值由具体驱动决定 |
| arg | 控制的参数,可选值由具体驱动决定 |

返回值:函数 os_device_control()的返回值如表 1.9 所列。

表 1.9　函数 **os_device_control( )**相关返回值描述

| 返回值 | 描　　述 |
|---|---|
| OS_EOK | 函数执行成功 |
| OS_ENOSYS | 执行失败,设备不支持 control 接口 |
| 其他错误码 | 执行失败 |

## 8. 函数 os_device_close()

该函数用于关闭设备,函数原型如下:

```
os_err_t os_device_close(os_device_t * dev);
```

参数:dev,设备指针。

返回值:函数 os_device_close()的返回值如表 1.10 所列。

表 1.10　函数 **os_device_close( )**相关返回值描述

| 返回值 | 描　　述 |
|---|---|
| OS_EOK | 关闭设备成功 |
| OS_ENOSYS | 设备已经完全关闭,不能重复关闭设备 |
| 其他错误码 | 关闭设备失败 |

# 第 2 章

# OneOS ADC 设备

本章将介绍 STM32F103 的 ADC(Analog-to-digital converters,模数转换器)功能。我们将在 STM32CubeMX 中配置 STM32 内部自带的 ADC,最后使用 OneOS 的 API 函数进行 ADC 实验。

本章分为如下几部分:

2.1　ADC 简介

2.2　STM32CubeMX 配置

2.3　单通道 ADC 采集实验

## 2.1　ADC 简介

ADC 即模拟数字转换器,英文详称 Analog-to-digital converter,可以将外部的模拟信号转换为数字信号。

STM32F103 系列芯片拥有 3 个 ADC,这些 ADC 可以独立使用,其中,ADC1 和 ADC2 还可以组成双重模式(提高采样率)。STM32 的 ADC 是 12 位逐次逼近型的模拟数字转换器。它有 18 个通道,可测量 16 个外部和 2 个内部信号源,其中,ADC3 根据 CPU 引脚的不同其通道数也不同,一般有 8 个外部通道。ADC 中各个通道的 A/D 转换可以单次、连续、扫描或间断模式执行。ADC 的结果可以左对齐或者右对齐存储在 16 位数据寄存器中。

STM32F103 的 ADC 主要特性可以总结为以下几条:

➢　12 位分辨率;

➢ 转换结束、注入转换结束和发生模拟看门狗事件时产生中断;

➢ 单次和连续转换模式;

➢ 自校准;

➢ 带内嵌数据一致性的数据对齐;

➢ 采样间隔可以按通道分别编程;

➢ 规则转换和注入转换均有外部触发选项;

➢ 间断模式;

➢ 双重模式(带 2 个或以上 ADC 的器件);

> ADC 转换时间:时钟为 72 MHz 为 1.17 μs;
> ADC 供电要求:2.4~3.6 V;
> ADC 输入范围:$V_{REF}-\leqslant V_{IN}\leqslant V_{REF+}$;
> 规则通道转换期间有 DMA 请求产生。

ADC 的框图如图 2.1 所示。图中按照 ADC 的配置流程标记了 7 处位置,分别如下:

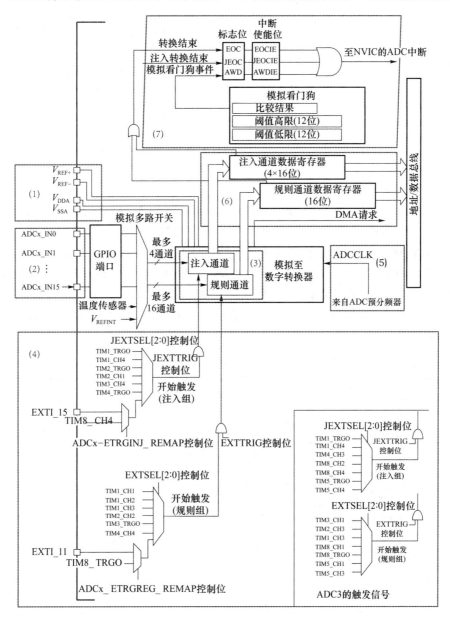

**图 2.1  ADC 框图**

**(1) 输入电压**

前面 ADC 的主要特性中也对输入电压有所提及,ADC 输入范围 $V_{REF-} \leqslant V_{IN} \leqslant V_{REF+}$,最终还是由 $V_{REF-}$、$V_{REF+}$、$V_{DDA}$ 和 $V_{SSA}$ 决定的。下面看一下这几个参数的关系,如图 2.2 所示。

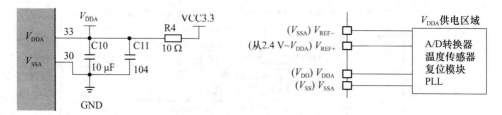

**图 2.2　参数关系图**

可以知道,$V_{DDA}$ 和 $V_{REF+}$ 接 VCC3.3,而 $V_{SSA}$ 和 $V_{REF-}$ 接地,所以 ADC 的输入范围即 $0 \sim 3.3$ V。

**(2) 输入通道**

确定好 ADC 输入电压后,如何把外部输入电压输送到 ADC 转换器中呢?这里引入了 ADC 的输入通道,前面也提及 ADC1 和 ADC2 都有 16 个外部通道和 2 个内部通道,而 ADC3 只有 8 个外部通道。外部通道对应的是图 2.1 中的 ADCx_IN0、ADCx_IN1…ADCx_IN15。ADC1 的通道 16 就是内部通道,连接到芯片内部的温度传感器,通道 17 连接到 Vrefint。而 ADC2 的通道 16 和 17 连接到内部的 $V_{SS}$。ADC3 的通道 9、14、15、16 和 17 连接到的是内部的 $V_{SS}$。具体的 ADC 通道表如表 2.1 所列。

**表 2.1　ADC 通道表**

| ADC1 | I/O | ADC2 | I/O | ADC3 | I/O |
|------|-----|------|-----|------|-----|
| 通道 0 | PA0 | 通道 0 | PA0 | 通道 0 | PA0 |
| 通道 1 | PA1 | 通道 1 | PA1 | 通道 1 | PA1 |
| 通道 2 | PA2 | 通道 2 | PA2 | 通道 2 | PA2 |
| 通道 3 | PA3 | 通道 3 | PA3 | 通道 3 | PA3 |
| 通道 4 | PA4 | 通道 4 | PA4 | 通道 4 | 没有通道 4 |
| 通道 5 | PA5 | 通道 5 | PA5 | 通道 5 | 没有通道 5 |
| 通道 6 | PA6 | 通道 6 | PA6 | 通道 6 | 没有通道 6 |
| 通道 7 | PA7 | 通道 7 | PA7 | 通道 7 | 没有通道 7 |
| 通道 8 | PB0 | 通道 8 | PB0 | 通道 8 | 没有通道 8 |
| 通道 9 | PB1 | 通道 9 | PB1 | 通道 9 | 连接内部 $V_{SS}$ |
| 通道 10 | PC0 | 通道 10 | PC0 | 通道 10 | PC0 |
| 通道 11 | PC1 | 通道 11 | PC1 | 通道 11 | PC1 |

| ADC1 | I/O | ADC2 | I/O | ADC3 | I/O |
|------|-----|------|-----|------|-----|
| 通道 12 | PC2 | 通道 12 | PC2 | 通道 12 | PC2 |
| 通道 13 | PC3 | 通道 13 | PC3 | 通道 13 | PC3 |
| 通道 14 | PC4 | 通道 14 | PC4 | 通道 14 | 连接内部 $V_{SS}$ |
| 通道 15 | PC5 | 通道 15 | PC5 | 通道 15 | 连接内部 $V_{SS}$ |
| 通道 16 | 连接内部温度传感器 | 通道 16 | 连接内部 $V_{SS}$ | 通道 16 | 连接内部 $V_{SS}$ |
| 通道 17 | 连接内部 $V_{refint}$ | 通道 17 | 连接内部 $V_{SS}$ | 通道 17 | 连接内部 $V_{SS}$ |

### (3) 转换顺序

当任意 ADCx 多个通道以任意顺序进行一系列转换时就诞生了成组转换,这里有两种成组转换类型:规则组和注入组。规则组就是图上的规则通道,注入组也就是图上的注入通道。为了避免读者对输入通道加上规则通道和注入通道理解有所模糊,后面规则通道以规则组来代称,注入通道以注入组来代称。

规则组允许最多 16 个输入通道进行转换,而注入组允许最多 4 个输入通道进行转换。

#### 1) 规则组(规则通道)

规则组,按字面理解,"规则"就是按照一定的顺序,相当于正常运行的程序,平常用到最多也是规则组。

#### 2) 注入组(注入通道)

注入组,按字面理解,"注入"就是打破原来的状态,相当于中断。当程序执行的时候,中断可以打断程序的执行。同这个类似,注入组转换可以打断规则组的转换。假如,在规则组转换过程中,注入组启动,那么注入组被转换完成之后,规则组才得以继续转换。

便于理解,下面看一下规则组和注入组的对比图,如图 2.3 所示。

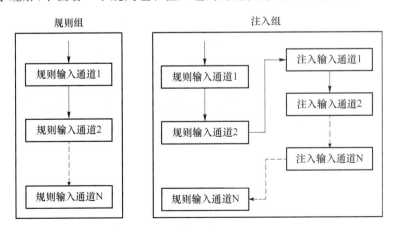

**图 2.3   规则组和注入组的对比图**

**3）规则序列**

规则组是允许 16 个通道进行转换的,那么就需要安排通道转换的次序即规则序列。规则序列寄存器有 3 个,分别为 SQR1、SQR2 和 SQR3。SQR3 控制规则序列中的第 1～6 个转换的通道,SQR2 控制规则序列中第 7～12 个转换的通道,SQR1 控制规则序列寄存器 SQRx 详表如表 2.2 所列。

表 2.2　规则序列寄存器 SQRx 详表

| 寄存器 | 寄存器位 | 功　能 | 取　值 |
|---|---|---|---|
| SQR3 | SQ1[4：0] | 设置第一个转换的通道 | 通道 1～16 |
| | SQ2[4：0] | 设置第 2 个转换的通道 | 通道 1～16 |
| | SQ3[4：0] | 设置第 3 个转换的通道 | 通道 1～16 |
| | SQ4[4：0] | 设置第 4 个转换的通道 | 通道 1～16 |
| | SQ5[4：0] | 设置第 5 个转换的通道 | 通道 1～16 |
| | SQ6[4：0] | 设置第 6 个转换的通道 | 通道 1～16 |
| SQR2 | SQ7[4：0] | 设置第 7 个转换的通道 | 通道 1～16 |
| | SQ8[4：0] | 设置第 8 个转换的通道 | 通道 1～16 |
| | SQ9[4：0] | 设置第 9 个转换的通道 | 通道 1～16 |
| | SQ10[4：0] | 设置第 10 个转换的通道 | 通道 1～16 |
| | SQ11[4：0] | 设置第 11 个转换的通道 | 通道 1～16 |
| | SQ12[4：0] | 设置第 12 个转换的通道 | 通道 1～16 |
| SQR1 | SQ13[4：0] | 设置第 13 个转换的通道 | 通道 1～16 |
| | SQ14[4：0] | 设置第 14 个转换的通道 | 通道 1～16 |
| | SQ15[4：0] | 设置第 15 个转换的通道 | 通道 1～16 |
| | SQ16[4：0] | 设置第 16 个转换的通道 | 通道 1～16 |
| | SQL[3：0] | 需要转换多少个通道 | 1～16 |

可以知道,若想把 ADC 的输入通道 1 映射到第一个转换,那么只需要在 SQR3 寄存器中的 SQ1[4：0]位写入 1 即可。SQR1 的 SQL[3：0]决定了具体使用多少个通道。

**4）注入序列**

注入序列,跟规则序列差不多,都有顺序的安排。由于注入组最大允许 4 个通道输入,所以这里就使用了一个寄存器 JSQR。注入序列寄存器 JSQR 详表如表 2.3 所列。

表 2.3　注入序列寄存器 JSQR 详表

| 寄存器 | 寄存器位 | 功　能 | 取　值 |
|---|---|---|---|
| JSQR | JSQ1［4：0］ | 设置第一个转换的通道 | 通道 1～4 |
| | JSQ2［4：0］ | 设置第 2 个转换的通道 | 通道 1～4 |
| | JSQ3［4：0］ | 设置第 3 个转换的通道 | 通道 1～4 |
| | JSQ4［4：0］ | 设置第 4 个转换的通道 | 通道 1～4 |
| | JL［1：0］ | 需要转换多少个通道 | 1～4 |

**（4）触发源**

配置好输入通道以及转换顺序后，就可以进行触发转换了。ADC 的触发转换有两种方法：分别是通过软件或外部事件（也就是硬件）触发转换。

我们先来看看通过写软件触发转换的方法。方法是：通过写 ADC_CR2 寄存器的 ADON 位来控制，写 1 就开始转换，写 0 就停止转换，这个控制 ADC 转换的方式非常简单。

另一种就是通过外部事件触发转换的方法，有定时器和输入引脚触发等。这里区分规则组和注入组。方法是：通过 ADC_CR2 寄存器的 EXTSET［2：0］选择规则组的触发源，JEXTSET［2：0］选择注入组的触发源。通过 ADC_CR2 的 EXTTRIG 和 JEXTTRIG 这两位去激活触发源。ADC3 的触发源和 ADC1/2 不同，这些触发源已经在图 2.1 里经标记出来了。

**（5）转换时间**

STM32F103 的 ADC 总转换时间的计算公式如下：

$$T_{CONV} = 采样时间 + 12.5 个周期$$

采样时间可通过 ADC_SMPR1 和 ADC_SMPR2 寄存器中的 SMP［2：0］位编程，ADC_SMPR1 控制的是通道 0～9，ADC_SMPR2 控制的是通道 10～17。所有通道都可以通过编程来控制使用不同的采样时间，可选采样时间值如下：

- SMP = 000：1.5 个 ADC 时钟周期；
- SMP = 001：7.5 个 ADC 时钟周期；
- SMP = 010：13.5 个 ADC 时钟周期；
- SMP = 011：30.5 个 ADC 时钟周期；
- SMP = 100：41.5 个 ADC 时钟周期；
- SMP = 101：55.5 个 ADC 时钟周期；
- SMP = 110：71.5 个 ADC 时钟周期；
- SMP = 111：239.5 个 ADC 时钟周期。

12.5 个周期是 ADC 输入时钟 ADC_CLK 决定的。ADC_CLK 由 PCLK2 经过分频产生，对 STM32F1 系列的产品来说最高 ADC 时钟频率为 14 MHz。分频系数由 RCC_CFGR 寄存器中的 ADCPRE[1：0]进行设置,有 2、4、6、8 分频选项。

采样时间最小是 1.5 个时钟周期,这个采样时间下可以得到最快的采样速度。举个例子,采用最高的采样速率,使用采样时间为 1.5 个 ADC 时钟周期,那么得到:

$$T_{\text{CONV}} = 1.5\ \text{个 ADC 时钟周期} + 12.5\ \text{个 ADC 时钟周期} = 14\ \text{个 ADC 时钟周期}$$

一般 PCLK2 的时钟是 72 MHz,经过 ADC 分频器的 6 分频后,ADC 时钟频率就为 12 MHz。通过换算可得到:

$$T_{\text{CONV}} = 14\ \text{个 ADC 时钟周期} = \left(\frac{1}{12\,000\,000}\right) \times 14\ \text{s} = 1.17\ \mu\text{s}$$

**(6) 数据寄存器**

ADC 转换完成后的数据输出寄存器。根据转换组的不同,规则组完成转换的数据输出到 ADC_DR 寄存器,注入组完成转换的数据输出到 ADC_JDRx 寄存器。假如使用双重模式,规则组的数据也存放在 ADC_DR 寄存器。这两个寄存器的讲解将会在后面讲解,这里就不列出来了。

**(7) 中断**

规则和注入组转换结束时能产生中断,模拟看门狗状态位被设置时也能产生中断。它们在 ADC_SR 中都有独立的中断使能位,后面讲解 ADC_SR 寄存器时再进行展开。这里讲解一下模拟看门狗中断以及 DMA 请求。

**1) 模拟看门狗中断**

模拟看门狗中断发生条件:首先通过 ADC_LTR 和 ADC_HTR 寄存器设置低阈值和高阈值,开启了模拟看门狗中断后,当被 ADC 转换的模拟电压低于低阈值或者高于高阈值时,就会产生中断。例如,设置高阈值是 3.0 V,那么模拟电压超过 3.0 V 的时候,就会产生模拟看门狗中断,低阈值的情况类似。

**2) DMA 请求**

规则组和注入组的转换结束后,除了产生中断外,还可以产生 DMA 请求,把转换好的数据存储在内存里面,防止读取不及时数据被覆盖。

# 2.2　STM32CubeMX 配置

前面学习到了 ADC 的基本知识,那么接下来就开始 ADC 实验内容了。OneOS 中开发 ADC 只需要配置 STM32CubeMX,然后使用 OneOS 提供的 API 函数便可。我们无须直接操作寄存器对 STM32 进行配置,OneOS 的配置方法相对于裸机的开发更为简单。下面讲解在 OneOS 下如何配置 STM32CubeMX 的 ADC 相关功能。

生成的 OneOS 工程目录下有一个 \ board \ CubeMX_Config board \ CubeMX_Config. ioc 文件,如图 2.4 所示。

选择 Analog→ADC1,选中 IN1(通道 1),然后在下面的配置选项选择需要配置

**图 2.4 CubeMX_Config. ioc**

的 ADC 参数便可。如图 2.5 所示，如果读者使用的是本书提供的工程文件配置项生成的工程项目,则配置应该和下面的配置是一样的。

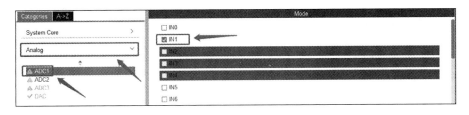

**图 2.5 STM32CubeMX 配置界面**

配置完成后,单击 GENARATE CODE 生成工程。

现在已经通过 STM32CubeMX 生成了工程代码,但是 STM32CubeMX 不会配置 OneOS 的工程结构,还需要手动开启 OneOS 中的 ADC 选项。开启方法如下:

① 在对应的 oneos\projects\xxxxx(project 文件夹) 目录下打开 OneOS-Cube 工具,在命令行输入 menuconfig 打开可视化配置界面;

② 通过空格或向右方向键选择 Top→Drivers→MISC 下的 Using ADC device drivers 选项;

```
(Top) → Drivers→ MISC
                                    OneOS Configuration
[ * ] Using push button device drivers
[ * ] Using led device drivers
[ * ] Using buzzer device drivers
[ * ] Using ADC device drivers
[ * ] Using DAC device drivers
[ * ] Using PWM device drivers
[ ] Using input capture device drivers
[ * ] Using pulse encoder device drivers
```

③ 通过 Esc 退出配置界面,退出时选择保存。

④ 在命令行输入 scons --ide＝mdk5 命令。

## 2.3 单通道 ADC 采集实验

### 2.3.1 功能设计

本实验学习在 OneOS 中开发 STM32 自带的 ADC 模块,STM32 的 ADC 目前只支持单通道模式,即任意时刻只能访问获得一个通道的有效数据。

### 2.3.2 软件设计

#### 1. 程序流程图

在周期定时器的回调函数中进行 ADC 的采集工作,流程图如图 2.6 所示。

#### 2. 程序设计

程序调用系统所提供的 API 函数。

**(1) main 函数代码**

main 函数主要作用为初始化 ADC1 这个设备,因为需要周期性地显示 ADC 所采集的电压值,所以也应创建周期性定时器。main 函数的代码如下:

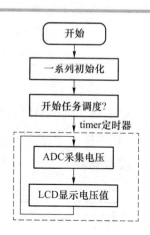

图 2.6 程序流程图

```
os_device_t * adc_dev;
int main(void)
{
    os_timer_t * TIMER_PERIODIC = OS_NULL;
    lcd_show_string(30, 50, 200, 16, 16, "STM32", RED);
    lcd_show_string(30, 70, 200, 16, 16, "ADC test", RED);
    lcd_show_string(30, 90, 200, 16, 16, "ATOM@ALIENTEK", RED);
    lcd_show_string(30, 110, 200, 16, 16, "ADC1_CH1_VOL:        mV", BLUE);
    adc_dev = os_device_find("adc1");
    OS_ASSERT_EX(OS_NULL != adc_dev, "adc device not find! \r\n");
    os_device_open(adc_dev);
    if (OS_EOK != os_device_control(adc_dev, OS_ADC_CMD_ENABLE, OS_NULL))
    {
        os_kprintf("adc device cannot enable! \r\n");
        os_device_close(adc_dev);
    }
    TIMER_PERIODIC = os_timer_create("timer", timer_periodic_timeout,
                                OS_NULL, 100, OS_TIMER_FLAG_PERIODIC);
    OS_ASSERT_EX(OS_NULL != TIMER_PERIODIC, "timer create err\r\n");
    os_timer_start(TIMER_PERIODIC);
    return 0;
}
```

**（2）ADC 采集并显示的任务代码**

在周期性定时器的回调函数中读取 ADC 采集电压的数值，并将该数值显示到 LCD 上。ADC 采集并显示的任务代码如下：

```
/**
 * @brief          软件定时器回调函数
 * @param          parameter：传入参数(未用到)
 * @retval         无
 */
void timer_periodic_timeout(void * parameter)
{
    parameter = parameter;
    os_int32_t adc_databuf;
    os_device_read_nonblock( adc_dev, ADC_CHANNEL_1,
                             &adc_databuf,
                             sizeof(adc_databuf));
    /* 显示 ADC 采样后的原始值 */
    lcd_show_xnum(134, 110, adc_databuf, 5, 16, 0, BLUE);
}
```

## 2.3.3  下载验证

下载代码后可以看到，LCD 显示如图 2.7 所示。

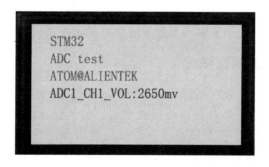

**图 2.7  单通道 ADC 采集（DMA 读取）实验测试图**

这里的实验效果和单通道 ADC 采集实验是一样的，其中使用短路帽将 P7 的 ADC 和 TPAD 连接。

读者可以试试把杜邦线接到其他地方，看看电压值是否准确？注意，一定要保证测试点的电压在 0～3.3 V 的电压范围，否则可能烧坏 ADC，甚至是整个主控芯片。

# 第3章

# OneOS Serial 设备

本章学习 OneOS 下串口通信的开发,教读者如何使用 OneOS 的 API 函数来发送和接收串口数据。本章将实现如下功能:STM32F1 通过串口与上位机对话,STM32F1 收到上位机发过来的数据后,将收到的数据显示到 LCD 屏幕中。按下按键 KEY0 将会输出一串字符到上位机。

本章分为如下几部分:

3.1　串口简介

3.2　STM32CubeMX 配置

3.3　串口通信实验

## 3.1　串口简介

学习串口前,我们先来了解一下数据通信的基础概念。

### 3.1.1　数据通信的基础概念

在单片机的应用中,数据通信是必不可少的一部分,比如单片机和上位机、单片机和外围器件之间,它们都有数据通信的需求。由于设备之间的电气特性、传输速率、可靠性要求各不相同,于是就有了各种通信类型、通信协议,常用的有 USART、IIC、SPI、CAN、USB 等。下面先来学习数据通信的一些基础概念。

#### 1. 数据通信方式

按数据通信方式分类,可分为串行通信和并行通信两种。串行和并行的对比如图 3.1 所示。

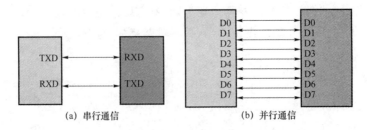

(a) 串行通信　　　　　　　　　　　(b) 并行通信

**图 3.1　数据传输方式**

串行通信的基本特征是数据逐位顺序依次传输,优点是传输线少、布线成本低、灵活度高等,一般用于近距离人机交互,特殊处理后也可以用于远距离;缺点就是传输速率低。

而并行通信是数据各位可以通过多条线同时传输,优点是传输速率高;缺点就是布线成本高、抗干扰能力差,因而适用于短距离、高速率的通信。

### 2. 数据传输方向

根据数据传输方向,通信又可分为全双工、半双工和单工通信。全双工、半双工和单工通信的比较如图3.2所示。

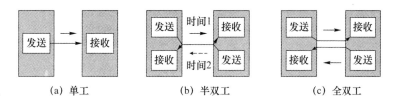

(a) 单工　　　　　　　(b) 半双工　　　　　　　(c) 全双工

**图 3.2　数据传输方式**

单工是指数据传输仅能沿一个方向,不能实现反方向传输,如校园广播。

半双工是指数据传输可以沿着两个方向,但是需要分时进行,如对讲机。

全双工是指数据可以同时进行双向传输,日常的打电话属于这种情形。

注意全双工和半双工通信的区别:半双工通信是共用一条线路实现双向通信;而全双工是利用两条线路,一条用于发送数据,另一条用于接收数据。

### 3. 数据同步方式

根据数据同步方式,通信又可分为同步通信和异步通信。同步通信和异步通信比较如图3.3所示。

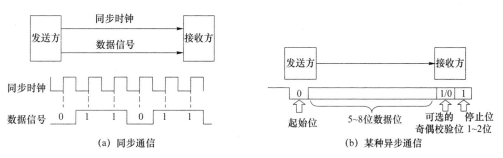

(a) 同步通信　　　　　　　　　　(b) 某种异步通信

**图 3.3　数据同步方式**

同步通信要求通信双方共用同一时钟信号,在总线上保持统一的时序和周期完成信息传输。优点:可以实现高速率、大容量的数据传输,以及点对多点传输。缺点:要求发送时钟和接收时钟保持严格同步,收发双方时钟允许的误差较小,同时硬件复杂。

异步通信不需要时钟信号,而是在数据信号中加入开始位和停止位等一些同步信号,以便接收端能够正确地将每一个字符接收下来,某些通信中还需要双方约定传输速率。优点:没有时钟信号硬件简单,双方时钟可允许一定误差。缺点:通信速率较低,只适用点对点传输。

### 4. 通信速率

在数字通信系统中,通信速率(传输速率)指数据在信道中传输的速度,分为两种,即传信率和传码率。

传信率(Rb):每秒钟传输的信息量,即每秒钟传输的二进制位数,通常用 Rb 表示,单位为 bit/s(即比特每秒),因而又称为比特率。

传码率(RB):每秒钟传输的码元个数,通常用 RB 表示,单位为 Bd 或 Baud(即波特每秒),因而又称为波特率。

比特率和波特率这两个概念又常常被人们混淆。比特率很好理解,我们看看波特率。波特率被传输的是码元,码元是信息被调制后的概念,一个码元可以表示成多个二进制的比特信息。举个例子,在常见的通信传输中,用 0 V 表示数字 0,5 V 表示数字 1,那么一个码元可以表示两个状态 0 和 1,所以一个码元等于一个二进制比特位;如果在通信传输中,用 0 V、2 V、4 V 以及 6 V 分别表示二进制数 00、01、10、11,那么每一个码元就可以表示 4 种状态。结合这两个例子,简单总结一下。码元就是一个脉冲信号,这个脉冲信号可以携带 1 bit 数据、2 bit 数据或者更多位数据,具体由模拟信号的因素决定。比特率和波特率的关系可以用公式 $Rb = RB \cdot log2M$ 表示,其中,M 表示 M 进制码元。

在二进制系统中,波特率在数值上和比特率相等,但是意义不同。例如,以每秒 50 个二进制位数的速率传输时,传信率为 50 bit/s,传码率也为 50 Bd。这是在无调制的情况下,比特率和波特率的数值相等。代入公式:$Rb = RB \cdot log2M = RB$,其中,M=2。

如果码元是在十六进制系统,即使用调制技术的情况下,代入公式:$Rb = RBlog2M = 4RB$,其中,M=16。比如波特率为 100 Bd,在二进制系统中,比特率为 100 bit/s;那么在四进制系统中,比特率为 400 bit/s,即 1 个十六进制码元表示 4 个二进制数,可见,一个码元可以表示多个比特。

## 3.1.2  串口通信协议

串口通信是一种设备间常用的串行通信方式,串口按位(bit)发送和接收字节。尽管比特字节(byte)的串行通信慢,但是串口可以在使用一根线发送数据的同时用另一根线接收数据。串口通信协议是指规定了数据包的内容,内容包含了起始位、主体数据、校验位及停止位,双方需要约定一致的数据包格式才能正常收发数据的有关规范。在串口通信中,常用的协议包括 RS-232、RS-422 和 RS-485 等。

随着科技的发展,RS-232 在工业上还有广泛的使用,但是在商业技术上已经慢慢使用 USB 转串口取代了 RS-232 串口。我们只需要在电路中添加一个 USB 转串口芯片,就可以实现 USB 通信协议和标准 UART 串行通信协议的转换,而本书配套开发板上的 USB 转串口芯片是 CH340C 芯片。

下面介绍串口通信协议,这里主要学习串口通信的协议层。

串口通信的数据包由发送设备的 TXD 接口传输到接收设备的 RXD 接口。串口通信的协议层中规定了数据包的内容,它由起始位、主体数据、校验位以及停止位组成,通信双方的数据包格式要约定一致才能正常收发数据,其组成如图 3.4 所示。

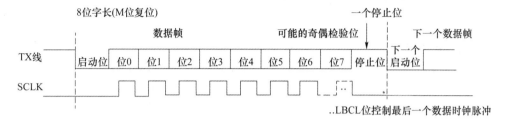

**图 3.4 串口通信协议数据帧格式**

串口通信协议数据包组成可以分为波特率和数据帧格式两部分。

## 1. 波特率

本章主要讲解的是串口异步通信,异步通信是不需要时钟信号的,但是这里需要约定好两个设备的波特率。波特率表示每秒钟传送的码元符号的个数,所以它决定了数据帧里面每一个位的时间长度。两个要通信的设备的波特率一定要设置相同,常见的波特率是 4 800、9 600、11 5200 等。

## 2. 数据帧格式

数据帧格式需要提前约定好,串口通信的数据帧包括起始位、停止位、有效数据位以及校验位。

### (1) 起始位和停止位

串口通信的一个数据帧从起始位开始,直到停止位。数据帧中的起始位是由一个逻辑 0 的数据位表示,而数据帧的停止位可以是 0.5、1、1.5 或 2 个逻辑 1 的数据位表示,只要双方约定一致即可。

### (2) 有效数据位

数据帧的起始位之后接着是数据位,也称有效数据位,这就是我们真正需要的数据,有效数据位通常约定为 5、6、7 或者 8 个位长。有效数据位是低位(LSB)在前,高位(MSB)在后。

### (3) 校验位

校验位可以认为是一个特殊的数据位。校验位一般用来判断接收的数据位有无错误,检验方法有奇检验、偶检验、0 检验、1 检验以及无检验。

奇校验是指有效数据的和校验位中 1 的个数为奇数,比如一个 8 位长的有效数据为 10101001,总共有 4 个 1,为达到奇校验效果,校验位设置为 1,最后传输的数据是 8 位的有效数据加上 1 位的校验位总共 9 位。

偶校验与奇校验要求刚好相反,要求帧数据和校验位中 1 的个数为偶数,比如数据帧 11001010,此时数据帧 1 的个数为 4 个,所以偶校验位为 0。

0 校验是指不管有效数据中的内容是什么,校验位总为 0,1 校验是校验位总为 1。

无校验是指数据帧中不包含校验位。我们一般是使用无检验的情况。

# 3.2　STM32CubeMX 配置

下面介绍如何在 OneOS 下配置 STM32CubeMX 的 Serial 相关功能。生成的 OneOS 工程目录下有一个\board\CubeMX_Configboard\CubeMX_Config.ioc 文件,如图 3.5 所示。双击打开该文件(需要提前安装 STM32CubeMX)。

| oneos2.0 › projects › stm32f103zet6-atk-elite › board › CubeMX_Config | | |
|---|---|---|
| 名称 ^ | 修改日期 | 类型 |
| Inc | 2021/6/25 15:42 | 文件夹 |
| Src | 2021/6/25 15:42 | 文件夹 |
| .mxproject | 2021/4/29 17:12 | MXPROJECT 文件 |
| CubeMX_Config.ioc | 2021/4/29 17:12 | STM32CubeMX |

图 3.5　CubeMX_Config.ioc

选择 Connectivity→USART 3,然后在 Mode 中选择模式为 Asynchronous(异步)。然后单击 GPIO Settings(GIPO 选项卡)查看一下引脚是否正确,配置后的界面如图 3.6 所示。

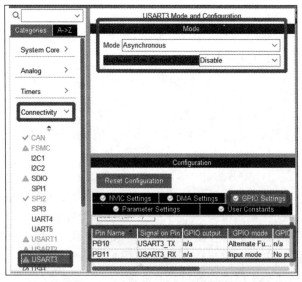

图 3.6　STM32CubeMX 配置界面

打开 USART3 后还需要使能 USART 的接收中断,单击 NVIC Settings(NVIC 选项卡),选中 Enable USART 中断,如图 3.7 所示。

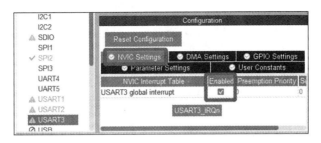

**图 3.7　配置 USART 的接收中断功能**

还可以在 STM32CubeMX 中使用 DMA 功能(也可以不使用),如果需要使用就单击切换到 DMA Settings(DMA 选项卡),然后单击 add 添加 DMA 功能,最后将 DMA 模式配置为 Circular 便可,如图 3.8 所示。

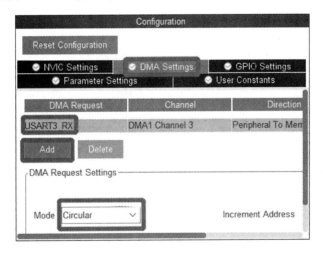

**图 3.8　添加 DMA 功能**

配置完成后单击 GENERATE CODE 生成 STM32CubeMX 工程代码,如图 3.9 所示。

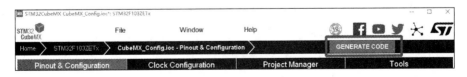

**图 3.9　生成工程代码**

现在已经通过 STM32CubeMX 生成了工程代码,但是 STM32CubeMX 不会配置 OneOS 的工程结构,我们还需要使用 OneOS-Cube 检查配置选项并且生成工程代码。方法如下：

① 在对应的 oneos\projects\xxxxx（project 文件夹）目录下打开 OneOS‑Cube 工具，在命令行输入 menuconfig 打开可视化配置界面；

② 通过空格或向右方向键选择 Drivers→Serial 下的 Enable serial drivers 选项；

```
(Top) → Drivers→ Serial
                                OneOS Configuration
-*- Enable serial drivers
[ ]      Enable serial idle timer
[*]       Enable serial close after sending
(512)    Set RX buffer size
(512)    Set TX buffer size
    posix serial--->
    rtt uart--->
```

③ 通过空格或向右方向键选择 Drivers→HAL 选项，Configure base hal in STM32CubeMX 提示在 STM32CubeMX 中配置 HAL，因前面已完成硬件配置，此处无须操作；

```
(Top) → Drivers→ HAL
                            OneOS Configuration
[ ] Enable Ethernet  ----
[ ] default system clock config
    *** Configure base hal in STM32CubeMX ***
```

④ 按 Esc 键退出 menuconfig，注意保存所修改的设置；

⑤ 命令行输入 scons --ide＝mdk5 命令，构建工程。

# 3.3 串口通信实验

## 3.3.1 功能设计

### (1) 例程功能

LED0 闪烁提示程序在运行。STM32 通过"USB 转串口"模块和上位机对话，STM32 收到上位机发过来的字符串（以回车换行结束）后，会在 LCD 屏幕显示当前接收到的字符串。如果用户按下按键 KEY0，则发送一串消息到上位机。注意，该模块连接后 STM32 使用的是串口 3 与上位机进行通信，串口 1 默认是 OneOS 的内核消息输出端口。

### (2) 硬件连接

在 STM32 中插入 LCD 屏幕，并且使用一个"正点原子 USB 转串口"模块，将 PB11 引脚通过杜邦线连接到模块的引脚 TXD、PB10 连接到 RXD。

### 3.3.2 软件设计

#### 1. 程序流程图

串口收发任务名为 serial_task,其会检测按键是否按下。如果按键按下,则通过串口 3 发送一串字符给上位机;如果接收到串口 3 的消息,则将其显示到 LCD 屏幕上。设计的流程图如图 3.10 所示。

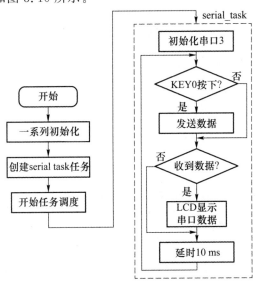

**图 3.10 程序流程图**

#### 2. 程序设计

根据上面的流程图可以编写如下的程序:

**(1) main 函数代码**

```
int main(void)
{
    SERIAL_Handler = os_task_create("serial_task",        /* 设置任务的名称 */
                                    serial_task,           /* 设置任务函数 */
                                    OS_NULL,               /* 任务传入的参数 */
                                    SERIAL_STK_SIZE,       /* 设置任务堆栈 */
                                    SERIAL_TASK_PRIO);     /* 设置任务的优先级 */
    OS_ASSERT(SERIAL_Handler);
    os_task_startup(SERIAL_Handler);                       /* 任务开始 */

    return 0;
}
```

**(2) 串口收发任务代码**

串口收发任务中将会初始化串口 3,然后循环查询按键情况和串口 3 接收数据的情况。如果按键 KEY0 按下,则向串口 3 发送字符串"STM32 serial test";如果串口 3 接收到数据,便将数据显示到 LCD 屏幕上。源代码如下:

```
/* 最大接收缓存字节数 */
#define USART3_MAX_RX_LEN      20
/* 接收缓冲,最大 USART3_MAX_RECV_LEN 个字节. */
uint8_t USART3_RX_BUF[USART3_MAX_RX_LEN];
/* *
 * @brief       serial_task
 * @param       parameter : 传入参数(未用到)
 * @retval      无
 */
static void serial_task(void * parameter)
{
    parameter = parameter;
    os_uint32_t rx_cnt = 0;
    const char * os_data = {"STM32 serial test\r\n"};
    os_uint8_t key;
    memset(USART3_RX_BUF, 0, USART3_MAX_RX_LEN);
    lcd_show_string(10, 10, 240, 24, 16, "STM32", RED);
    lcd_show_string(10, 30, 200, 16, 16, "Serial_test", RED);
    lcd_show_string(10, 50, 200, 16, 16, "ATOM@ALIENTEK", RED);
    lcd_show_string(10, 70, 200, 16, 16, "KEY0: Send Data", RED);
    lcd_show_string(10, 90, 200, 16, 16, "TX_data:", RED);
    lcd_show_string(10, 130, 200, 16, 16, "RX_data:", RED);
    os_device_t * os_uart_3 = os_usart_3_init();

for (int i = 0; i < key_table_size; i++)
{
    os_pin_mode(key_table[i].pin, key_table[i].mode);
}
while (1)
{
    key = key_scan(0);

    if (KEY0_PRES == key)
    {
        os_device_write_nonblock( os_uart_3,0,
                            (uint8_t *)os_data,
                                strlen(os_data)); /* 写操作 */
        /* 显示写到的字符串 */
        lcd_show_string(10, 110, 200, 16, 16, (char * )os_data, BLUE);
        os_kprintf("TX_data: %s\r\n",os_data); /* 显示发送数据 */
    }
    rx_cnt = os_device_read_nonblock(os_uart_3,0,
                            USART3_RX_BUF,USART3_MAX_RX_LEN);
    if (rx_cnt != 0 && rx_cnt > 0)
    {
        /* 显示读到的字符串 */
        lcd_show_string(10, 150, 200, 300, 16, (char * )USART3_RX_BUF, BLUE);
        memset(USART3_RX_BUF, 0, USART3_MAX_RX_LEN);
    }
```

```
        os_task_msleep(10);
    }
}
```

### (3) 串口 3 初始化函数

串口 3 调用系统的 API 接口函数进行初始化,由于 STM32CubeMX 将串口 3 配置完成了,所以此处可以直接调用系统的 API 函数。初始化过程中设置串口 3 的波特率为 115 200,其他采用默认配置(即 STM32CubeMX 中的配置)。初始化的步骤是查找设备→打开设备→管理(配置)设备。源代码如下:

```
/**
 * @brief      串口 3 设备初始化
 * @param      无
 * @retval     返回设备句柄
 */
os_device_t * os_usart_3_init()
{
    os_device_t * os_uart_3;
    os_uart_3 = os_device_find("uart3");   /* 寻找设备 */
    os_device_open(os_uart_3);             /* 打开设备 */
    struct serial_configure config = OS_SERIAL_CONFIG_DEFAULT;   /* 设置默认 */
    config.baud_rate = BAUD_RATE_115200;                         /* 设置波特率 */
    os_device_control(os_uart_3, OS_DEVICE_CTRL_CONFIG, &config);   /* 管理设备 */
    return os_uart_3;
}
```

## 3.3.3 下载验证

把硬件连接好,STM32CubeMX 中配置完成,然后将源代码编译下载进 STM32,打开串口调试助手,设置波特率为 115 200,其他参数默认便可。然后按下按键 KEY0 会发现,串口助手接收到字符串"STM32 serial test",如图 3.11 所示。

**图 3.11　串口调试助手接收 STM32 数据**

在发送框中输入字符串"Device",然后单击"发送"按钮会发现,STM32 的 LCD

屏幕上会出现字符串"Device",如图 3.12 所示。读者可以试着输入不同字符串,观察屏幕是否显示出该字符串。

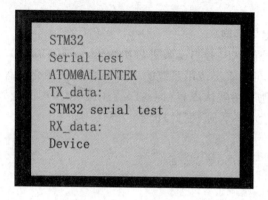

**图 3.12  LCD 屏幕显示串口数据**

# 第 4 章

# OneOS IIC 设备

本章将介绍在 OneOS 平台上,如何使用 STM32F103 的普通 I/O 口模拟 IIC 时序,并实现和 24C02 之间的双向通信,同时把结果显示在 TFTLCD 模块上。

本章分为如下几部分:

4.1　IIC 及 24C02

4.2　IIC 相关数据类型及 API 函数

4.3　OneOS-Cube 配置

4.4　IIC 实验

## 4.1　IIC 及 24C02

### 4.1.1　IIC 简介

IIC(Inter-Integrated Circuit)总线是一种由 PHILIPS 公司开发的两线式串行总线,用于连接微控制器以及其外围设备,也被成为 $I^2C$,两者是完全相同的,只是名词不一样而已。它是由数据线 SDA 和时钟线 SCL 构成的串行总线,可发送和接收数据,在 CPU 与被控 IC 之间、IC 与 IC 之间进行双向传送。

IIC 总线有如下特点:

① 总线是由数据线 SDA 和时钟线 SCL 构成的串行总线,数据线用来传输数据,时钟线用来同步数据收发。

② 总线上每一个器件都有一个唯一的地址识别,所以我们只需要知道器件的地址,根据时序就可以实现微控制器与器件之间的通信。

③ 数据线 SDA 和时钟线 SCL 都是双向线路,都通过一个电流源或上拉电阻连接到正的电压,所以当总线空闲的时候,这两条线路都是高电平。

④ 总线上数据的传输速率在标准模式下可达 100 kbit/s,在快速模式下可达 400 kbit/s,在高速模式下可达 3.4 Mbit/s。

⑤ 总线支持设备连接。在使用 IIC 通信总线时,可以有多个具备 IIC 通信能力的设备挂载在上面,同时支持多个主机和多个从机。连接到总线的接口数量只由总线电容是 400 pF 的限制决定。IIC 总线挂载多个器件的示意图如图 4.1 所示。

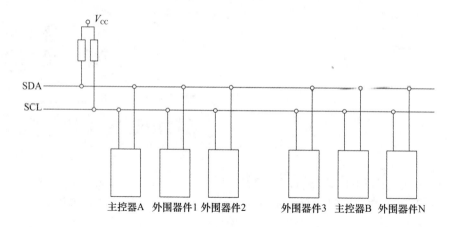

**图 4.1 IIC 总线挂载多个器件**

IIC 总线时序图如图 4.2 所示。

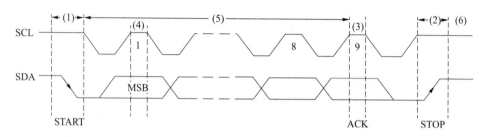

**图 4.2 IIC 总线时序图**

为了便于读者更好地了解 IIC 协议,我们从起始信号、停止信号、应答信号、数据有效性、数据传输以及空闲状态 6 个方面讲解,这里需要对应图 4.2 的标号来理解。

**(1)起始信号**

当 SCL 为高电平期间,SDA 由高到低跳变;起始信号是一种电平跳变时序信号,而不是一个电平信号。该信号由主机发出,在起始信号产生后,总线就处于被占用状态,准备数据传输。

**(2)停止信号**

当 SCL 为高电平期间,SDA 由低到高跳变;停止信号也是一种电平跳变时序信号,而不是一个电平信号。该信号由主机发出,在停止信号发出后,总线就处于空闲状态。

**(3)应答信号**

发送器每发送一个字节,就在时钟脉冲期间释放数据线,由接收器反馈一个应答信号。应答信号为低电平时,规定为有效应答位(ACK 简称应答位),表示接收器已经成功地接收了该字节;应答信号为高电平时,规定为非应答位(NACK),一般表示接收器接收该字节没有成功。

观察上图标号(3)就可以发现,有效应答的要求是从机在第 9 个时钟脉冲之前的低电平期间将 SDA 线拉低,并且确保在该时钟的高电平期间为稳定的低电平。如果接收器是主机,则在它收到最后一个字节后发送一个 NACK 信号,以通知被控发送器结束数据发送,并释放 SDA 线,以便主机接收器发送一个停止信号。

**(4) 数据有效性**

IIC 总线进行数据传送时,时钟信号为高电平期间,数据线上的数据必须保持稳定;只有在时钟线上的信号为低电平期间,数据线上的高电平或低电平状态才允许变化。数据在 SCL 的上升沿到来之前就需要准备好,并在下降沿到来之前必须稳定。

**(5) 数据传输**

在 IIC 总线上传送的每一位数据都有一个时钟脉冲相对应(或同步控制),即在 SCL 串行时钟的配合下,在 SDA 上逐位串行传送每一位数据。数据位的传输是边沿触发。

**(6) 空闲状态**

IIC 总线的 SDA 和 SCL 信号线同时处于高电平时,规定为总线的空闲状态。此时各个器件的输出级场效应管均处在截止状态,即释放总线,由两条信号线的各自上拉电阻把电平拉高。

了解前面的知识后,下面介绍 IIC 的基本的读/写通信过程,包括主机写数据到从机即写操作,主机到从机读取数据即读操作。下面先看一下写操作通信过程图,如图 4.3 所示。

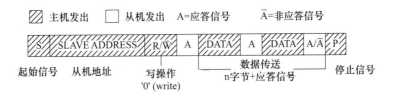

图 4.3 写操作通信过程图

主机首先在 IIC 总线上发送起始信号,那么这时总线上的从机都会等待接收由主机发出的数据。主机接着发送从机地址+0(写操作)组成的 8 bit 数据,所有从机接收到该 8 bit 数据后自行检验是否是自己设备的地址,假如是自己的设备地址,那么从机就会发出应答信号。主机在总线上接收到有应答信号后,才能继续向从机发送数据。注意,IIC 总线上传送的数据信号是广义的,既包括地址信号,又包括真正的数据信号。

接着讲解一下 IIC 总线的读操作过程,先看一下读操作通信过程图,如图 4.4 所示。

主机向从机读取数据的操作,一开始的操作与写操作有点相似,观察两个图也可以发现,都是由主机发出起始信号;接着发送从机地址+1(读操作)组成的 8 bit 数

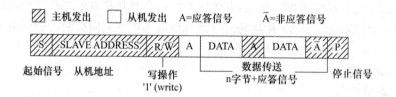

图 4.4　读操作通信过程图

据,从机接收到数据验证是否是自身的地址。那么在验证是自己的设备地址后,从机就会发出应答信号,并向主机返回 8 bit 数据,发送完之后从机就会等待主机的应答信号。假如主机一直返回应答信号,那么从机可以一直发送数据,也就是图中的(n字节＋应答信号)情况,直到主机发出非应答信号,从机才会停止发送数据。

24C02 的数据传输时序是基于 IIC 总线传输时序,下面讲解一下 24C02 的数据传输时序。

## 4.1.2　24C02 简介

24C02 是一个 2 kbit 的串行 EEPROM 存储器,内部含有 256 字节。24C02 里面还有一个 8 字节的页写缓冲器。该设备通过其 SCL 和 SDA 与其他设备通信,芯片的引脚图如图 4.5 所示。

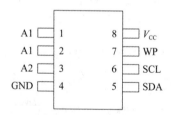

图 4.5　24C02 引脚图

图中有一个 WP,这个是写保护引脚,接高电平只读,接地允许读和写,本书配套的板子设计是把该引脚接地。每一个设备都有自己的设备地址,24C02 也不例外,但是 24C02 的设备地址包括不可编程部分和可编程部分。可编程部分由图 4.5 的硬件引脚 A0、A1 和 A2 决定。设备地址最后一位用于设置数据的传输方向,即读操作/写操作,0 是写操作,1 是读操作,具体格式如图 4.6 所示。

| 1 | 0 | 1 | 0 | $A_2$ | $A_1$ | $A_0$ | R/W |
|---|---|---|---|---|---|---|---|

MSB　　　　　　　　　　　　　　　　　　　　LSB

图 4.6　24C02 设备地址格式图

根据本书配套的板子设计,A0、A1 和 A2 均接地,所以 24C02 设备的读操作地址为 0xA1,写操作地址为 0xA0。

前面已经说过 IIC 总线的基本读/写操作,那么我们就可以在 IIC 总线时序的基础上理解 24C02 的数据传输时序。

下面把实验中的数据传输时序讲解一下,分别是对 24C02 的写时序和读时序。24C02 写时序图如图 4.7 所示。

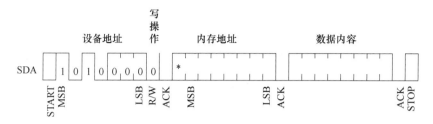

**图 4.7 24C02 写时序图**

图中,主机在 IIC 总线发送第一个字节的数据为 24C02 的设备地址 0xA0,用于寻找总线上的 24C02;在获得 24C02 的应答信号之后,继续发送第 2 个字节数据,该字节数据是 24C02 的内存地址;等到 24C02 的应答信号后,主机继续发送第 3 字节数据,这里的数据即写入第 2 字节内存地址的数据。主机完成写操作后,可以发出停止信号,终止数据传输。

上面的写操作只能单字节写入 24C02,效率比较低,所以 24C02 有页写入时序,大大提高了写入效率。下面看一下 24C02 页写时序图,如图 4.8 所示。

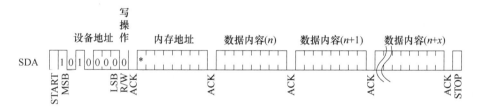

**图 4.8 24C02 页写时序**

在单字节写时序时,每次写入数据都需要先写入设备的内存地址才能实现,在页写时序中,只需要告诉 24C02 第一个内存地址 1,后面数据会按照顺序写入到内存地址 2、内存地址 3 等,大大节省了通信时间,提高了时效性。因为 24C02 每次只能传输 8 bit 数据,所以它的页大小也就是 1 字节。页写时序的操作方式跟上面的单字节写时序差不多,不过多解释了,参考页写时序。

说完两种写入方式之后,下面看一下 24C02 的读时序,如图 4.9 所示。

24C02 读取数据的过程是一个复合的时序,其中包含写时序和读时序。先看第一个通信过程,这里是写时序,起始信号产生后,主机发送 24C02 设备地址 0xA0,获取从机应答信号后,接着发送需要读取的内存地址。在读时序中,起始信号产生后,主机发送 24C02 设备地址 0xA1,获取从机应答信号后,接着从机返回刚刚在写时序

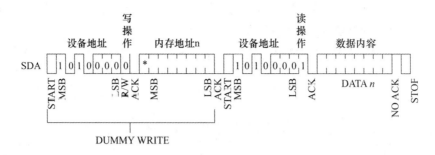

**图 4.9　24C02 读时序图**

中内存地址的数据,以字节为单位传输在总线上;假如主机获取数据后返回的是应答信号,那么从机会一直传输数据。当主机发出的是非应答信号并以停止信号发出为结束,从机就会结束传输。

以上时序的发生基于软件 IIC 的实现,不用硬件 IIC 实现。OneOS 支持软件 IIC,也支持硬件的 IIC,硬件 IIC 是调用 STM32 内部的 IIC 控制器,但是 ST 把硬件 IIC 设计得非常复杂,使用起来很不方便,这里采用软件模拟。OneOS 软件 IIC 和 ST 提供的硬件 IIC 接口十分类似,这其实是 OneOS 内部带我们完成了相关的代码,我们只需要在 OneOS-Cube 中配置一下,便可以像使用硬件 IIC 一样方便。

# 4.2　IIC 相关数据类型及 API 函数

## 4.2.1　IIC 相关的数据类型

i2c.h 文件中有 5 个结构体的数据类型,这 5 个结构体是嵌套关系,对于初学者而言有一定的难度,因此本节就来分析一下这 5 个结构体的成员内容和它们之间的关系。先来看一下成员的含义,分析如下:

```
/* 消息结构体,常用于 os_i2c_transfer 函数中
   这个结构体带有接收或发送消息的全部内容 */
struct os_i2c_msg
{
    os_uint16_t    addr;    /* IIC 器件地址 */
    os_uint16_t    flags;   /* 标志位,表示要进行的操作 */
    os_uint16_t    len;     /* 消息的长度 */
    os_uint8_t * buf;       /* 消息的内容 */
};
/* 私有数据结构体
   IIC 总线可以挂载多个设备 */
struct os_i2c_priv_data
{
    struct os_i2c_msg * msgs;
    os_size_t            number;
```

```
};
/* 总线上的设备描述结构体 */
struct os_i2c_bus_device
{
    struct os_device                parent;
    const struct os_i2c_bus_device_ops  * ops;
    os_uint16_t                     addr;
    os_uint16_t                     flags;
    struct os_mutex                 lock;
    os_uint32_t                     timeout;
    os_uint32_t                     retries;
    void *                          priv;
};
/* IIC 从设备描述结构体 */
struct os_i2c_client
{
    struct os_i2c_bus_device * bus;
    os_uint16_t                client_addr;
};
/* IIC 设备操作函数结构体 */
struct os_i2c_bus_device_ops
{
    os_size_t( * i2c_transfer)(struct os_i2c_bus_device * bus,
                               struct os_i2c_msg msgs[],
                               os_uint32_t            num);
    os_size_t( * i2c_slave_transfer)(struct os_i2c_bus_device * bus,
                               struct os_i2c_msg msgs[],
                               os_uint32_t            num);
    os_err_t( * i2c_bus_control)(struct os_i2c_bus_device * bus, void * arg);
};
```

上面的结构体可以分成两类,一类为消息描述的结构体,一类为设备描述的结构体。可以采用图示来总结它们的关系,如图 4.10 所示。

结构体 struct os_i2c_msg 中有一个成员为 flags,flags 是一个标志,可取值为以下宏定义,根据需要可以与其他宏使用位运算"|"组合起来使用:

```
#define OS_I2C_WR          0x0000      /* 写操作 */
#define OS_I2C_RD          (1u << 0)   /* 读操作 */
#define OS_I2C_ADDR_10BIT  (1u << 2)   /* IIC 地址是十位选项,在 24C02 不使用 */
#define OS_I2C_NO_START    (1u << 4)   /* 不加起始信号,直接传输数据 */
#define OS_I2C_IGNORE_NACK (1u << 5)   /* 忽视应答信号 */
#define OS_I2C_NO_READ_ACK (1u << 6)   /* 当 IIC 设备在读取应答时,我们不应答 */
```

## 4.2.2 IIC 的相关 API 函数

1.2 节学习到了系统调用接口,但这部分接口是通用的接口,对于 IIC 而言,这些接口类型并不够丰富,由此,IIC 还有一些专用 API 函数。IIC 有 7 个相关 API 函

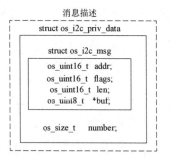

**图 4.10　IIC 设备的消息描述与设备描述**

数,如表 4.1 所列。

**表 4.1　IIC 相关的 API 函数**

| 函　　数 | 描　　述 |
| --- | --- |
| os_i2c_transfer（） | IIC 数据传输 |
| os_i2c_client_write（） | IIC 主设备数据发送 |
| os_i2c_client_read（） | IIC 主设备数据接收 |
| os_i2c_client_write_byte（） | IIC 主设备发送一个字节数据 |
| os_i2c_client_read_byte（） | IIC 主设备接收一个字节数据 |
| os_i2c_master_send（） | IIC 总线设备数据发送 |
| os_i2c_master_recv（） | IIC 总线设备数据接收 |

　　读者会发现,IIC 相关的 API 函数较多,但是在实际使用中并不会全部接触到,通常用函数 os_device_find()查找 IIC 设备,然后使用函数 os_i2c_transfer()进行数据的接收或者发送。

### 1. 函数 os_i2c_transfer()

该函数用于 IIC 数据传输,函数原型如下:

```
os_size_t os_i2c_transfer(struct os_i2c_bus_device    * bus,
                          struct                      os_i2c_msg msgs[],
                          os_uint32_t                 num);
```

该函数 os_i2c_transfer()的参数如表 4.2 所列。

返回值:函数 os_i2c_transfer ()的返回值如表 4.3 所列。

表 4.2　函数 os_i2c_transfer()相关形参描述

| 参　数 | 描　述 |
|---|---|
| bus | IIC 总线设备句柄 |
| msgs[] | 待传输的消息数组指针 |
| num | 消息数组的元素个数 |

表 4.3　函数 os_i2c_transfer()相关返回值描述

| 返回值 | 描　述 |
|---|---|
| 消息数组的元素个数 | 成功 |
| =0 | 失败 |

## 2. 函数 os_i2c_client_write()

该函数用于 IIC 主设备发送数据,函数原型如下:

```
os_err_t os_i2c_client_write(struct os_i2c_client    * client,
                             os_uint32_t              cmd,
                             os_uint8_t               cmd_len,
                             os_uint8_t               * buff,
                             os_uint32_t              len);
```

该函数 os_i2c_client_write()的参数如表 4.4 所列。

返回值:函数 os_i2c_client_write()的返回值如表 4.5 所列。

表 4.4　函数 os_i2c_client_write()相关形参

| 参　数 | 描　述 |
|---|---|
| client | 设备指针 |
| cmd | 命令字(1~4 字节) |
| cmd_len | 命令字长度(取值 1~4) |
| buff | 数据缓存指针 |
| len | 数据长度 |

表 4.5　函数 os_i2c_client_write()相关返回值

| 返回值 | 描　述 |
|---|---|
| OS_EOK | 发送成功 |
| OS_ERROR | 发送失败 |

## 3. 函数 os_i2c_client_read()

该函数用于 IIC 主设备发送数据,函数原型如下:

```
os_err_t os_i2c_client_read(struct os_i2c_client    * client,
                            os_uint32_t              cmd,
                            os_uint8_t               cmd_len,
                            os_uint8_t               * buff,
                            os_uint32_t              len);
```

该函数 os_i2c_client_read()的参数如表 4.6 所列。

返回值:函数 os_i2c_client_read()的返回值如表 4.7 所列。

表 4.6　函数 os_i2c_client_read( )相关形参

| 参　　数 | 描　　述 |
| --- | --- |
| client | 设备指针 |
| cmd | 命令字(1~4 字节) |
| cmd_len | 命令字长度(取值 1~4) |
| buff | 数据缓存指针 |
| len | 数据长度 |

表 4.7　函数 os_i2c_client_read( )相关返回值

| 返回值 | 描　　述 |
| --- | --- |
| OS_EOK | 接收成功 |
| OS_ERROR | 接收失败 |

### 4. 函数 os_i2c_client_write_byte( )

该函数用于 IIC 主设备发送数据,函数原型如下:

```
os_err_t os_i2c_client_write_byte(struct os_i2c_client  * client,
                                  os_uint32_t            cmd,
                                  os_uint8_t             cmd_len,
                                  os_uint8_t             data);
```

该函数 os_i2c_client_write_byte( )的参数如表 4.8 所列。

返回值:函数 os_i2c_client_write_byte( )的返回值如表 4.9 所列。

表 4.8　函数 os_i2c_client_write_byte( )相关形参

| 参　　数 | 描　　述 |
| --- | --- |
| client | 设备指针 |
| cmd | 命令字(1~4 字节) |
| cmd_len | 命令字长度(取值 1~4) |
| data | 待发送的数据(1 字节) |

表 4.9　函数 os_i2c_client_write_byte( )相关返回值

| 返回值 | 描　　述 |
| --- | --- |
| OS_EOK | 发送成功 |
| OS_ERROR | 发送失败 |

### 5. 函数 os_i2c_client_read_byte( )

该函数用于 IIC 主设备接收数据,函数原型如下:

```
os_uint8_t os_i2c_client_read_byte(struct os_i2c_client  * client,
                                   os_uint32_t            cmd,
                                   os_uint8_t             cmd_len);
```

该函数 os_i2c_client_read_byte( )的参数如表 4.10 所列。

返回值:函数 os_i2c_client_read( )的返回值如表 4.11 所列。

表 4.10　函数 os_i2c_client_read_byte( )相关形参

| 参　　数 | 描　　述 |
| --- | --- |
| client | 设备指针 |
| cmd | 命令字(1~4 字节) |
| cmd_len | 命令字长度(取值 1~4) |

表 4.11　函数 os_i2c_client_read_byte( )相关返回值

| 返回值 | 描　　述 |
| --- | --- |
| 接收到的数据 | 接收到的数据(1 字节) |
| 接收到的数据 | 接收到的数据(1 字节) |

## 6. 函数 os_i2c_master_send()

该函数用于 IIC 主设备发送数据,函数原型如下:

```
os_size_t os_i2c_master_send(struct os_i2c_bus_device  * bus,
                             os_uint16_t                 addr,
                             os_uint16_t                 flags,
                             const os_uint8_t           * buf,
                             os_uint32_t                 count);
```

该函数 os_i2c_master_send()的参数如表 4.12 所列。

返回值:函数 os_i2c_client_read()的返回值如表 4.13 所列。

**表 4.12  函数 os_i2c_master_send()相关形参**

| 参　数 | 描　述 | 参　数 | 描　述 |
|--------|--------|--------|--------|
| bus | IIC 总线指针 | buf | 数据缓存指针 |
| addr | 传输地址 | count | 数据长度 |
| flags | 传输标志 | | |

**表 4.13  函数 os_i2c_master_send()相关返回值**

| 返回值 | 描　述 |
|--------|--------|
| 成功发送的数据量 | 以字节为单位 |
| = 0 | 发送失败 |

## 7. 函数 os_i2c_master_recv()

该函数用于 IIC 主设备发送数据,函数原型如下:

```
os_size_t os_i2c_master_recv(struct os_i2c_bus_device  * bus,
                             os_uint16_t                 addr,
                             os_uint16_t                 flags,
                             os_uint8_t                 * buf,
                             os_uint32_t                 count);
```

该函数 os_i2c_master_recv()的参数如表 4.14 所列。

返回值:函数 os_i2c_master_recv()的返回值如表 4.15 所列。

**表 4.14  函数 os_i2c_master_recv()相关形参**

| 参　数 | 描　述 | 参　数 | 描　述 |
|--------|--------|--------|--------|
| bus | IIC 总线指针 | buf | 数据缓存指针 |
| addr | 传输地址 | count | 数据长度 |
| flags | 传输标志 | | |

**表 4.15  函数 os_i2c_master_recv()相关返回值**

| 返回值 | 描　述 |
|--------|--------|
| 成功接收的数据量 | 以字节为单位 |
| = 0 | 接收失败 |

# 4.3　OneOS-Cube 配置

使用软件模拟 IIC 驱动进行 IIC 设备的控制,使用时需进行 IIC 驱动的配置。配置步骤如下:

① 在对应的 oneos\projects\xxxxx(projects 文件夹) 目录下打开 OneOS-Cube 工具,在命令行输入 menuconfig 打开可视化配置界面。

② 通过空格或向右方向键选择(Top)→Drivers,其中的 IIC 选择使用模拟 I2C1 通道。设置 IIC 总线速率为 100 kbps(也就是 10 μs 延时);然后使能 at24cxx eeprom,并设置名字为 soft_i2c1。地址为 7 位,也就是前面所讲的 at24 地址为 0xa0 的前 7 位,也就是 0xa0≫1,最终可以得到 0x50。在 Enable I2C1 BUS(software simulation)选项中要求配置 pin number,也就是配置模拟 IIC 的引脚。pin number 的计算方式如下:

> pin number 的计算方式:pin number = 端口序列号 * 16 + 引脚号

其中,GPIOA 的端口序列号为 0,GPIOB 为 1,GPIOC 为 2…依此类推。举个例子:I/O 引脚为 PC8,则 pin number=2×16+8=40,IIC_SCL 引脚为 PB6,则它的 pinnumber=1×16+6=22;同理 IIC_SCL 的引脚为 PB7,PB6 的 pin number=1×16+7=23。

```
(Top) → Drivers→ I2C
                                    OneOS Configuration
[ * ] Using I2C device drivers
[ * ]      Use GPIO to simulate I2C
(10)          simulate I2C bus delay(us)
[ * ]         Enable I2C1 BUS (software simulation)   --->
[ ]           Enable I2C2 BUS (software simulation)   ----
[ ]           Enable I2C3 BUS (software simulation)   ----
[ * ]         Enable I2C4 BUS (software simulation)   --->
[ * ]      Use at24cxx eeprom
(soft_i2c1) at24xx i2c bus name
(0x50)        at24xx i2c addr(7bit)
```

③ 按 Esc 键退出 menuconfig,注意保存所修改的设置。

④ 命令行输入 scons --ide=mdk5 命令,构建工程。

# 4.4 IIC 实验

## 4.4.1 功能设计

### 1. 例程功能

每按下 KEY1,MCU 通过 IIC 总线向 24C02 写入数据,通过按下 KEY0 来控制 24C02 读取数据。

### 2. 硬件资源

➤ KEY0 和 KEY1 按键;

➤ EEPROM AT24C02;

> TFTLCD 模块。

## 3. 原理图

24C02 和开发板的连接如图 4.11 所示。24C02 的 SCL 和 SDA 分别连接在 STM32 的 PB6 和 PB7 上。本实验通过软件模拟 IIC 信号建立起与 24C02 的通信,进行数据发送与接收,使用按键 KEY0 和 KEY1 去触发,LCD 屏幕进行显示。

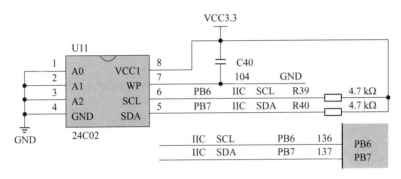

图 4.11　IIC 连接原理

## 4.4.2　软件设计

### 1. 程序流程图

24C02 读/写任务名为 iic_task,用来检测按键是否按下。如果按键 KEY1 被按下,则 MCU 将字符串 test 写入 24C02 中,24C02 写入的首地址为 0x00;如果按键 KEY0 被按下,则从首地址为 0x00 处读取 5 个字节并将其显示到 LCD 屏幕上。程序设计两个 LED 灯以 200 ms 为周期,交替闪烁。流程图如图 4.12 所示。

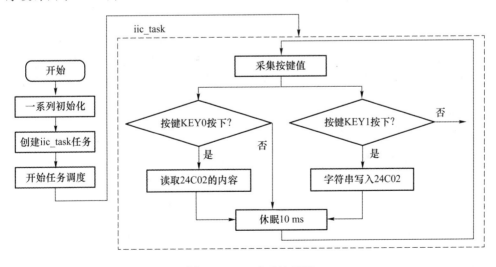

图 4.12　IIC 实验流程图

## 2. 程序解析

本章的程序涉及的程序块数量较多,这里只讲解代码中的重要部分,完整的源码文件可参考本书配套资料。

### (1) main 函数代码

在 main 函数中创建一个任务,该任务为 24C02 读/写任务,任务名为 iic_task。源代码如下所示:

```
/* IIC_TASK 任务 配置
 * 包括:任务句柄 任务优先级 堆栈大小 创建任务
 */
#define IIC_TASK_PRIO      5              /* 任务优先级 */
#define IIC_STK_SIZE       512            /* 任务堆栈大小 */
os_task_t * IIC_Handler;                  /* 任务控制块 */
void iic_task(void * parameter);          /* 任务函数 */

int main(void)
{
    IIC_Handler = os_task_create("iic_task",        /* 设置任务的名称 */
                                 iic_task,           /* 设置任务函数 */
                                 OS_NULL,            /* 任务传入的参数 */
                                 IIC_STK_SIZE,       /* 设置任务堆栈 */
                                 IIC_TASK_PRIO);     /* 设置任务的优先级 */
    OS_ASSERT(IIC_Handler);
    os_task_startup(IIC_Handler);                    /* 任务开始 */

    return 0;
}
```

### (2) 24C02 读/写任务代码

24C02 读/写任务先创建 IIC 设备结构体(struct os_i2c_client),接着使用 os_device_find() 函数查找 IIC 设备并且将找到的设备赋值给刚刚创建的结构体,然后设置从机的地址就完成了所有的初始化。最后,循环读取按键的数值,如果按键 KEY1 按下便向 24C02 写入字符串,如果按键 KEY0 按下便读取字符串并将其显示到 LCD 屏幕中。源代码如下:

```
#define AT24C02_I2C_BUS_NAME    "soft_i2c1"
#define AT24C02_I2C_ADDR        (0xA0 >> 1)
/* 要写入到 24c02 的字符串数组 */
const os_uint8_t g_text_buf[] = {"test"};
#define TEXT_SIZE sizeof(g_text_buf)        /* TEXT 字符串长度 */
struct os_i2c_client * at24c02_i2c = OS_NULL;
/**
 * @brief       iic_task
 * @param       parameter:传入参数(未用到)
 * @retval      无
```

```
    */
static void iic_task(void * parameter)
{
    parameter = parameter;
    os_err_t ret = OS_EOK;
    os_uint8_t key;
    os_uint8_t data_buf[TEXT_SIZE];
    lcd_show_string(30, 50, 200, 16, 16, "STM32", RED);
    lcd_show_string(30, 70, 200, 16, 16, "I2C test", RED);
    lcd_show_string(30, 90, 200, 16, 16, "ATOM@ALIENTEK", RED);
    lcd_show_string(30, 110, 200, 16, 16, "KEY1:Write  KEY0:Read", RED);
    at24c02_i2c = os_calloc(1, sizeof(struct os_i2c_client));

    if (OS_NULL == at24c02_i2c)
    {
        os_kprintf("AT24C02 i2c malloc failed.\r\n");
        ret = OS_ENOMEM;
    }
    at24c02_i2c->bus = (struct os_i2c_bus_device * )
                        os_device_find(AT24C02_I2C_BUS_NAME);
    if (OS_NULL == at24c02_i2c->bus)
    {
        os_kprintf("at24c02 i2c bus % s not find! \r\n", AT24C02_I2C_BUS_NAME);
        ret = OS_ERROR;
    }
    OS_ASSERT(OS_EOK == ret);
    at24c02_i2c->client_addr = AT24C02_I2C_ADDR;
    for (os_uint8_t i = 0; i < key_table_size; i++)
    {
        os_pin_mode(key_table[i].pin, key_table[i].mode);
    }
    while (1)
    {
        key = key_scan(0);
    switch (key)
    {
        case KEY1_PRES:
            lcd_fill(0, 150, 239, 319, WHITE);  /* 清除半屏 */
            lcd_show_string(30, 150, 200, 16, 16,
                            "Start Write 24C02....", BLUE);
            example_at24c01_write(0, (os_uint8_t * )g_text_buf, TEXT_SIZE);
            lcd_show_string(30, 150, 200, 16, 16,
                            "24C02 Write Finished!", BLUE);   /* 提示传送完成 */
            break;

        case KEY0_PRES:
            lcd_show_string(30, 150, 200, 16, 16,
                            "Start Read 24C02.... ", BLUE);
```

```
                example_at24c01_read(0, (os_uint8_t *)data_buf, TEXT_SIZE);
                lcd_show_string(30, 150, 200, 16, 16,
                            "The Data Readed Is：  ", BLUE);    /* 提示传送完成 */
                lcd_show_string(30, 170, 200, 16, 16,
                            (char *)data_buf, BLUE);    /* 显示读到的字符串 */
                break;
            default：
                break;
            }
            os_task_msleep(10);
        }
    }
```

### (3) 24C02 读/写函数代码

24C02 的读/写函数都使用消息结构体 struct os_i2c_msg msgs 保存要写入/读取数据。注意，进行写数据操作的时候，结构体成员 flags 应该包含 OS_I2C_NO_START。24C02 页写时序图如图 4.13 所示。可见，图片后面的数据内容写入方式不包含起始信号。

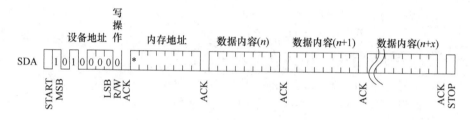

图 4.13　24C02 页写时序

经过上述分析可以写出如下源码：

```
/* *
 * @brief      example_at24c01_write 写 at24c01
 * @param      reg_add：地址
 * @param      buf：读取的数据缓冲区
 * @param      len：读取的大小
 * @retval        无
 */
static void example_at24c01_write(os_uint8_t reg_add, os_uint8_t * buf, os_uint8_t
len)
{
    struct os_i2c_msg msgs[2];
    msgs[0].addr    = AT24C02_I2C_ADDR;
    msgs[0].flags   = OS_I2C_WR;
    msgs[0].len     = 1;
    msgs[0].buf     = &reg_add;
    msgs[1].addr    = AT24C02_I2C_ADDR;
    msgs[1].flags   = OS_I2C_WR | OS_I2C_NO_START;
```

```
    msgs[1].len        = len;
    msgs[1].buf        = buf;
    at24c02_i2c->bus->ops->i2c_transfer(at24c02_i2c->bus, msgs, 2);
}
/**
 * @brief          example_at24c01_read 读取 at24c01
 * @param          reg_add：地址
 * @param          buf：读取的数据缓冲区
 * @param          len：读取的大小
 * @retval         无
 */
static void example_at24c01_read(os_uint8_t reg_add, os_uint8_t * buf, os_uint8_t
len)
{
    struct os_i2c_msg msgs[2];
    msgs[0].addr       = AT24C02_I2C_ADDR;
    msgs[0].flags      = OS_I2C_WR;
    msgs[0].len        = 1;
    msgs[0].buf        = &reg_add;
    msgs[1].addr       = AT24C02_I2C_ADDR;
    msgs[1].flags      = OS_I2C_RD;
    msgs[1].len        = len;
    msgs[1].buf        = buf;
    at24c02_i2c->bus->ops->i2c_transfer(at24c02_i2c->bus, msgs, 2);
}
```

### 4.4.3　下载验证

将程序下载到开发板后,先按下 KEY1 写入数据,然后再按 KEY0 读取数据,最终 LCD 显示的内容如图 4.14 所示。

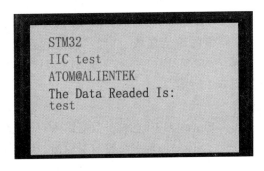

**图 4.14　IIC 实验程序运行效果图**

# 第5章

# OneOS SPI 设备

本章将介绍如何在 OneOS 上驱动 SPI 设备，并实现对外部 Nor Flash 的读/写，并把结果显示在 TFTLCD 模块上。

本章分为如下几部分：

5.1　SPI 及 Nor Flash 芯片

5.2　SPI API 函数

5.3　STM32CubeMX 配置

5.4　SPI 实验

## 5.1　SPI 及 Nor Flash 芯片

### 5.1.1　SPI 介绍

我们将从结构、时序和寄存器3个部分来介绍 SPI。

**1. SPI 框图**

SPI 是 Serial Peripheral interface 缩写，顾名思义就是串行外围设备接口。SPI 通信协议是原 Motorola 公司首先在其 MC68HCXX 系列处理器上定义的。SPI 接口是一种高速的、全双工同步的通信总线，已经广泛应用在众多 MCU、存储芯片、A/D 转换器和 LCD 之间。STM32F103 也有 3 个 SPI 接口，本实验使用的是 SPI1。

SPI 的结构框图如图 5.1 所示。

**(1) SPI 的引脚信息**

➤ MISO(Master In / Slave Out)：主设备数据输入，从设备数据输出。

➤ MOSI(Master Out / Slave In)：主设备数据输出，从设备数据输入。

➤ SCLK(Serial Clock)：时钟信号，由主设备产生。

➤ CS(Chip Select)：从设备片选信号，由主设备产生。

**(2) SPI 的工作原理**

主机和从机都有一个串行移位寄存器，主机通过向它的 SPI 串行寄存器写入一个字节来发起一次传输。串行移位寄存器通过 MOSI 信号线将字节传送给从机，从

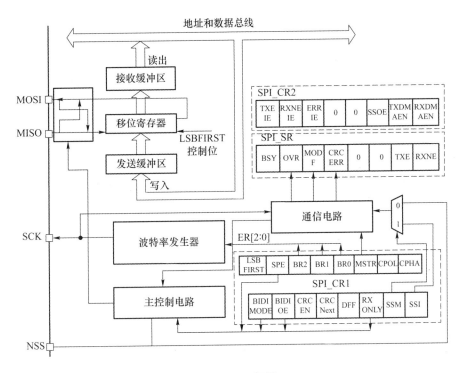

图 5.1　SPI 框图

机也将自己串行移位寄存器中的内容通过 MISO 信号线返回给主机。这样,两个移位寄存器中的内容就被交换。外设的写操作和读操作是同步完成的。如果只是进行写操作,主机只须忽略接收到的字节。反之,若主机要读取从机的一个字节,就必须发送一个空字节引发从机传输。

**(3) SPI 的传输方式**

SPI 总线具有 3 种传输方式:全双工、单工以及半双工传输方式。

➤ 全双工通信,就是在任何时刻,主机与从机之间都可以同时进行数据的发送和接收。

➤ 单工通信,就是在同一时刻,只有一个传输的方向,即发送或者是接收。

➤ 半双工通信,就是在同一时刻,只能为一个方向传输数据。

## 2. SPI 工作模式

STM32 要与具有 SPI 接口的器件进行通信,就必须遵循 SPI 的通信协议。每一种通信协议都有各自的读/写数据时序,当然 SPI 也不例外。SPI 通信协议具备 4 种工作模式,在讲这 4 种工作模式之前,首先要知道两个单词 CPOL 和 CPHA。

CPOL,详称 Clock Polarity,就是时钟极性。当主从机没有数据传输的时候(即空闲状态),若 SCL 线的电平状态是高电平,则 CPOL＝1;若空闲状态时低电平,则 CPOL＝0。

CPHA,详称 Clock Phase,就是时钟相位。这里先科普一下数据传输的常识:同步通信时,数据的变化和采样都是在时钟边沿上进行的,每一个时钟周期都会有上升沿和下降沿两个边沿,那么数据的变化和采样就分别安排在两个不同的边沿。由于数据在产生和到它稳定是需要一定的时间,那么假如我们在第一个边沿信号把数据输出了,从机只能从第 2 个边沿信号去采样这个数据。

CPHA 实质指数据的采样时刻,CPHA ＝ 0 的情况就表示数据的采样是从第一个边沿信号上(即奇数边沿)开始,具体是上升沿还是下降沿则是由 CPOL 决定的。这里就存在一个问题:当开始传输第一个 bit 的时候,第一个时钟边沿就采集该数据了,那数据是什么时候输出来的呢? 那么就有两种情况:一是 CS 使能的边沿,二是上一帧数据的最后一个时钟沿。

CPHA＝1 的情况就是表示数据采样是从第 2 个边沿(即偶数边沿)开始的。注意一点,它的边沿极性要和上面 CPHA＝0 不同。前面是奇数边沿采样数据,从 SCL 空闲状态直接跳变,空闲状态是高电平,那么它就是下降沿,反之就是上升沿。由于 CPHA＝1 是偶数边沿采样,所以需要根据偶数边沿判断,假如第一个边沿(即奇数边沿)是下降沿,那么偶数边沿的边沿极性就是上升沿。

由于 CPOL 和 CPHA 都有两种不同状态,所以 SPI 分成了 4 种模式。开发时使用比较多的是模式 0 和模式 3。SPI 工作模式表如表 5.1 所列。

表 5.1 SPI 工作模式表

| SPI 工作模式 | CPOL | CPHA | SCL 空闲状态 | 采样边沿 | 采样时刻 |
| --- | --- | --- | --- | --- | --- |
| 0 | 0 | 0 | 低电平 | 上升沿 | 奇数边沿 |
| 1 | 0 | 1 | 低电平 | 下降沿 | 偶数边沿 |
| 2 | 1 | 0 | 高电平 | 下降沿 | 奇数边沿 |
| 3 | 1 | 1 | 高电平 | 上升沿 | 偶数边沿 |

我们分析一下 CPOL＝0&CPHA＝0 的时序。串行时钟的奇数边沿上沿采样的情况如图 5.2 所示,由于配置了 CPOL＝0,可以看到,当数据未发送或者发送完毕时,SCL 的状态是低电平;CPHA＝0 表示是奇数边沿采集。所以传输的数据会在奇数边沿上升沿被采集,MOSI 和 MISO 数据的有效信号需要在 SCK 奇数边沿保持稳定且被采样;在非采样时刻,MOSI 和 MISO 的有效信号才发生变化。

现在分析一下 CPOL＝0&CPHA＝1 的时序。图 5.3 是串行时钟的偶数边沿下降沿采样的情况。由于 CPOL＝0,所以 SCL 的空闲状态依然是低电平;CPHA＝1 数据表示是从偶数边沿采样;从图可以知道,是下降沿。这里有一个误区,空闲状态是低电平的情况下,不是应该上升沿吗,为什么这里是下降沿? 首先明确这里是偶数边沿采样,那么看图就很清晰,SCL 低电平空闲状态下,上升沿是在奇数边沿上,下降沿是在偶数边沿上。

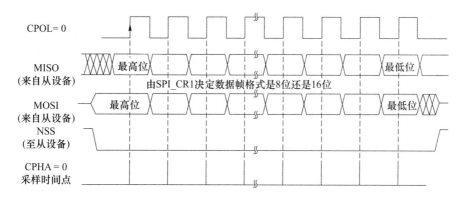

**图 5.2 串行时钟的奇数边沿上升沿采样时序图**

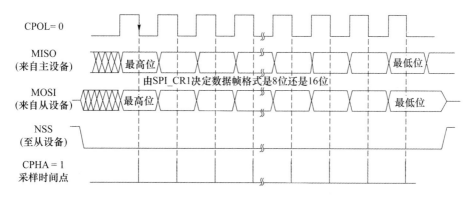

**图 5.3 串行时钟的偶数边沿下降沿采样图**

图 5.4 这种情况和第一种情况相似,但这里是 CPOL=1,即 SCL 空闲状态为高电平,在 CPHA=0 即奇数边沿采样的情况下,数据在奇数边沿下降沿要保持稳定并等待采样。

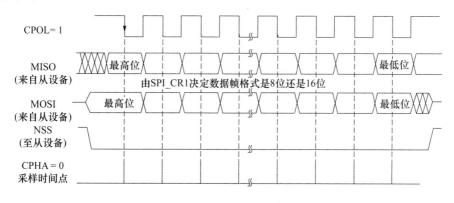

**图 5.4 串行时钟的奇数边沿下降沿采样图**

图 5.5 是 CPOL=1&&CPHA=1 的情形,可以看到未发送数据和发送数据完

毕时,SCL 的状态是高电平,奇数边沿的边沿极性是上升沿,偶数边沿的边沿极性是下降沿。因为 CPHA=1,所以数据在偶数边沿上升沿被采样。在奇数边沿的时候 MOSI 和 MISO 会发生变化,在偶数边沿时候是稳定的。

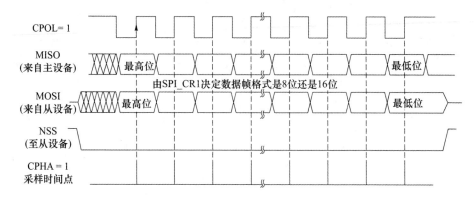

**图 5.5 串行时钟的偶数边沿上升沿采样图**

### 5.1.2 Nor Flash

#### 1. Flash

Flash 是常见的用于存储数据的半导体器件,它具有容量大、可重复擦写、按"扇区/块"擦除、掉电后数据可继续保存的特性。常见的 Flash 主要有 Nor Flash 和 Nand Flash 两种类型,它们的特性如表 5.2 所列。Nor 和 Nand 是两种数字门电路,可以简单地认为 Flash 内部存储单元使用哪种门作存储单元就是哪类型的 Flash。U 盘、SSD、eMMC 等为 Nand 型,而 Nor Flash 则根据设计需要灵活应用于各类 PCB 上,如 BIOS、手机等。

**表 5.2 Nor Flash 和 Nand Flash 特性对比**

| 特　性 | Nor Flash | Nand Flash |
|---|---|---|
| 容量 | 较小 | 很大 |
| 同容量存储器成本 | 较贵 | 较便宜 |
| 擦除单元 | 以"扇区/块"擦除 | 以"扇区/块"擦除 |
| 读写单元 | 可以基于字节读写 | 必须以"块"为单位读写 |
| 读取速度 | 较高 | 较低 |
| 写入速度 | 较低 | 较高 |
| 集成度 | 较低 | 较高 |
| 介质类型 | 随机存储 | 连续存储 |
| 地址线和数据线 | 独立分开 | 共用 |
| 坏块 | 较少 | 较多 |
| 是否支持 XIP | 支持 | 不支持 |

Nor Flash 与 Nand 在数据写入前都需要有擦除操作,但实际上 Nor Flash 的一个 bit 可以从 1 变成 0,而要从 0 变 1 就要擦除后再写入,Nand Flash 这两种情况都需要擦除。擦除操作的最小单位为"扇区/块",这意味着有时候即使只写一字节的数据,则这个扇区/块上之前的数据都可能会被擦除。

Nor 的地址线和数据线分开,它可以按"字节"读/写数据,符合 CPU 的指令译码执行要求。所以假如 Nor 上存储了代码指令,CPU 给 Nor 一个地址,Nor 就能向 CPU 返回一个数据让 CPU 执行,中间不需要额外的处理操作,这体现于表 5.2 中的支持 XIP 特性(eXecute In Place)。因此,可以用 Nor Flash 直接作为嵌入式 MCU 的程序存储空间。

Nand 的数据和地址线共用,只能按"块"来读/写数据。假如 Nand 上存储了代码指令,CPU 给 Nand 地址后,它无法直接返回该地址的数据,所以不符合指令译码要求。

若代码存储在 Nand 上,则可以把它先加载到 RAM 存储器上,再由 CPU 执行。所以在功能上可以认为 Nor 是一种断电后数据不丢失的 RAM,但它的擦除单位与 RAM 有区别,且读/写速度比 RAM 要慢得多。

Flash 也有对应的缺点,使用过程中需要尽量去规避这些问题:一是 Flash 的使用寿命,另一个是可能的位反转。

使用寿命体现在读/写上是 Flash 的擦除次数都是有限的(Nor Flash 普遍是 10 万次左右),当它的使用接近寿命的时候,可能会出现写操作失败。由于 Nand 通常是整块擦写,块内有一位失效整个块就会失效,这被称为坏块。使用 Nand Flash 最好通过算法扫描介质找出坏块并标记为不可用,因为坏块上的数据是不准确的。

位反转是数据位写入时为 1,但经过一定时间的环境变化后可能实际变为 0 的情况,反之亦然。位反转的原因很多,可能是器件特性也可能与环境、干扰有关,由于位反转的问题可能存在,所以 Flash 存储器需要"探测/错误更正(EDC/ECC)"算法来确保数据的正确性。

Flash 芯片有很多种芯片型号,比如 W25Q128、BY25Q128、NM25Q128,它们是来自不同厂商的同种规格 Nor Flash 芯片,内存空间都是 128M 字,即 16 MB,它们的很多参数、操作都是一样的。

这么多的芯片就不一一介绍了,就拿其中一款型号进行介绍即可,其他的型号类似。下面以 NM25Q128 为例,认识一下具体的 Nor Flash 的特性。

NM25Q128 是一款大容量 SPI Flash 产品,其容量为 16 MB。它将 16 MB 的容量分为 256 个块(Block),每个块大小为 64 KB,每个块又分为 16 个扇区(Sector),每一个扇区 16 页,每页 256 字节,即每个扇区 4 KB。NM25Q128 的最小擦除单位为一个扇区,也就是每次必须擦除 4 KB。这样就需要给 NM25Q128 开辟一个至少 4 KB 的缓存区,对 SRAM 要求比较高,要求芯片必须有 4 KB 以上 SRAM 才能很好地操作。

NM25Q128 的擦写周期多达 10 万次,具有 20 年的数据保存期限,支持电压为 2.7～3.6 V。NM25Q128 支持标准的 SPI,还支持双输出/四输出的 SPI,最大 SPI 时钟可以到 80 MHz(双输出时相当于 160 MHz,四输出时相当于 320 MHz)。

NM25Q128 芯片的引脚图如图 5.6 所示。

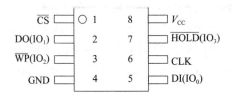

**图 5.6　NM25Q128 芯片引脚图**

芯片引脚连接如下:$\overline{CS}$即片选信号输入,低电平有效;DO 是 MISO 引脚,在 CLK 引脚的下降沿输出数据;$\overline{WP}$是写保护引脚,高电平可读可写,低电平仅仅可读; DI 是 MOSI 引脚,主机发送的数据、地址和命令从 SI 引脚输入到芯片内部,在 CLK 引脚的上升沿捕获捕获数据;CLK 是串行时钟引脚,为输入/输出提供时钟脉冲; HOLD 是保持引脚,低电平有效。

STM32F103 通过 SPI 总线连接到 NM25Q128 对应的引脚即可启动数据传输。

## 2．Nor Flash 工作时序

前面对于 NM25Q128 的介绍中也提及其存储的体系,NM25Q128 有写入、读取 还有擦除的功能,下面就对这 3 种操作的时序进行分析。

读操作时序如图 5.7 所示。可见,读数据指令是 03H,可以读出一个字节或者多 个字节。发起读操作时,先把$\overline{CS}$片选引脚拉低,然后通过 MOSI 引脚把 03H 发送芯 片,之后再发送要读取的 24 位地址,这些数据在 CLK 上升沿时采样。芯片接收完 24 位地址之后,就会把相对应地址的数据在 CLK 引脚下降沿从 MISO 引脚发送出 去。从图中可以看出,只要 CLK 一直在工作,那么通过一条读指令就可以把整个芯 片存储区的数据读出来。当主机把 CS 引脚拉高时,数据传输停止。

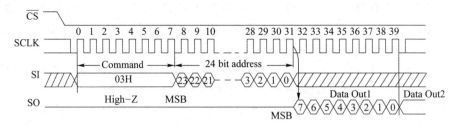

**图 5.7　NM25Q128 读操作时序图**

页写时序如图 5.8 所示。

发送页写指令之前,需要先发送写使能指令。然后主机拉低$\overline{CS}$引脚,通过 MOSI 引脚把 02H 发送到芯片,接着发送 24 位地址,最后就可以发送需要写的字节数据到

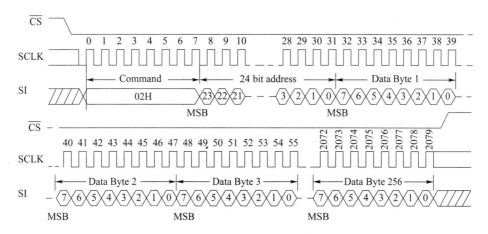

图 5.8 NM25Q128 页写时序

芯片。完成数据写入之后,需要拉高$\overline{CS}$引脚,停止数据传输。

扇区擦除时序如图 5.9 所示。

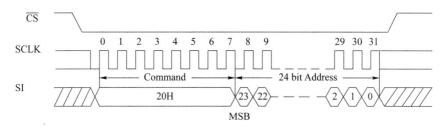

图 5.9 扇区擦除时序图

扇区擦除指的是将一个扇区擦除,通过前面的介绍也知道,NM25Q128 的扇区大小是 4 KB。擦除扇区后,扇区的位全置 1,即扇区字节为 FFh。同样的,在执行扇区擦除之前,需要先执行写使能指令。这里需要注意的是当前 SPI 总线的状态,假如总线状态是 BUSY,那么这个扇区擦除是无效的,所以在拉低 CS 引脚准备发送数据前,需要先要确定 SPI 总线的状态,这就需要执行读状态寄存器指令,读取状态寄存器的 BUSY 位,需要等待 BUSY 位为 0 才可以执行擦除工作。

接着按时序图分析,主机先拉低$\overline{CS}$引脚,通过 MOSI 引脚发送指令代码 20h 到芯片,接着把 24 位扇区地址发送到芯片,然后需要拉高$\overline{CS}$引脚,通过读取寄存器状态等待扇区擦除操作完成。

此外还有对整个芯片进行擦除的操作,时序比扇区擦除更加简单,不用发送 24 bit 地址,只需要发送指令代码 C7h 到芯片即可实现芯片的擦除。

NM25Q128 手册中还有许多种方式的读/写/擦除操作,这里只分析本实验用到的,其他可以参考 NM25Q128 手册。

# 5.2 SPI API 函数

开发 Flash 中常用的 API 函数有 4 个,如表 5.3 所列。

表 5.3　SPI 操作层相关的 API 函数

| 函　数 | 描　述 |
| --- | --- |
| os_spi_send() | 发送一次数据 |
| os_spi_recv() | 接收一次数据 |
| os_spi_send_then_recv() | 先发送后接收 |
| os_spi_transfer() | 传输一次数据 |

## 1. 函数 os_spi_send()

该函数用于发送一次 SPI 数据,忽略接收到的数据,函数原型如下:

```
OS_INLINE os_size_t os_spi_send(struct os_spi_device  * device,
                                const void            * send_buf,
                                os_size_t             length);
```

该函数 os_spi_send()的参数如表 5.4 所列。

返回值:函数 os_spi_send()的返回值如表 5.5 所列。

表 5.4　函数 os_spi_send()相关形参描述

| 参　数 | 描　述 |
| --- | --- |
| device | SPI 设备指针 |
| send_buf | 发送数据缓冲区指针 |
| length | 发送数据字节数 |

表 5.5　函数 os_spi_send()相关返回值描述

| 返回值 | 描　述 |
| --- | --- |
| 0 | 发送失败 |
| 非 0 值 | 成功发送的字节数 |

## 2. 函数 os_spi_recv()

该函数用于接收一次 SPI 数据,函数原型如下:

```
OS_INLINE os_size_t os_spi_recv(struct os_spi_device  * device,
                                void                  * recv_buf,
                                os_size_t             length);
```

该函数 os_spi_recv()的参数如表 5.6 所列。

返回值:函数 os_spi_recv()的返回值如表 5.7 所列。

表 5.6　函数 os_spi_recv()相关形参描述

| 参　数 | 描　述 |
| --- | --- |
| device | SPI 设备指针 |
| Recv_buf | 接收数据缓冲区指针 |
| length | 接收数据字节数 |

表 5.7　函数 os_spi_recv()相关返回值描述

| 返回值 | 描　述 |
| --- | --- |
| 0 | 接收失败 |
| 非 0 值 | 成功接收的字节数 |

### 3. 函数 os_spi_send_then_recv()

该函数用于先发送数据,再接收从设备发送的数据,并且中间片选不释放。函数原型如下:

```
os_err_t os_spi_send_then_recv(struct os_spi_device  * device,
                               const void             * send_buf,
                               os_size_t              send_length,
                               void                   * recv_buf,
                               os_size_t              recv_length);
```

该函数 os_spi_send_then_recv()的参数如表 5.8 所列。

返回值:函数 os_spi_send_then_recv()的返回值如表 5.9 所列。

表 5.8　函数 os_spi_send_then_recv()相关形参

| 参　数 | 描　　述 |
| --- | --- |
| device | SPI 从设备指针 |
| send_buf | 发送数据缓冲区指针 |
| send_length | 发送数据缓冲区数据字节数 |
| recv_buf | 接收数据缓冲区指针 |
| recv_length | 接收数据字节数 |

表 5.9　函数 os_i2c_client_read()相关返回值

| 返回值 | 描　　述 |
| --- | --- |
| OS_EOK | 成功 |
| OS_EIO | 失败 |

### 4. 函数 os_spi_transfer()

该函数用于 IIC 主设备发送数据,函数原型如下:

```
os_size_t os_spi_transfer(struct os_spi_device  * device,
                          const void             * send_buf,
                          void                   * recv_buf,
                          os_size_t              length);
```

该函数 os_spi_transfer()的参数如表 5.10 所列。

返回值:函数 os_spi_transfer()的返回值如表 5.11 所列。

表 5.10　函数 os_spi_transfer()相关形参描述

| 参　数 | 描　　述 |
| --- | --- |
| device | SPI 设备指针 |
| send_buf | 发送数据缓冲区指针 |
| recv_buf | 接收数据缓冲区指针 |
| length | 发送/接收 数据字节数 |

表 5.11　函数 os_spi_transfer()相关返回值描述

| 返回值 | 描　　述 |
| --- | --- |
| 0 | 传输失败 |
| 非 0 值 | 成功传输的字节数 |

## 5.3　STM32CubeMX 配置

下面讲解在 OneOS 下如何配置 STM32CubeMX 的 SPI 相关功能。生成的

OneOS 工程目录下有一个\board\CubeMX_Configboard\CubeMX_Config. ioc 文件,如图 5.10 所示。

**图 5.10   CubeMX_Config. ioc**

选择 Connectivity→SPI2,配置如图 5.11 所示。单击 Clock Configuration 检查时钟配置,然后单击 GENERATE CODE 生成代码。

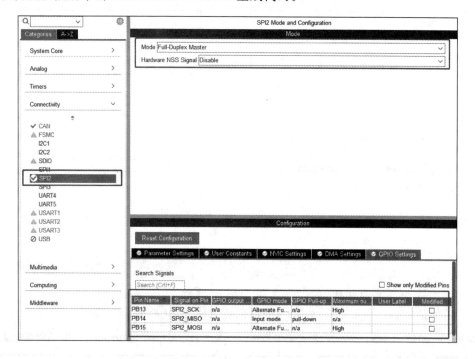

**图 5.11   STM32CubeMX 配置**

现在我们已经通过 STM32CubeMX 生成了工程代码,但是 STM32CubeMX 不会配置 OneOS 的工程结构,我们还需要使用 OneOS-Cube 检查配置选项并且生成工程代码。方法如下:

① 在对应的 oneos\projects\xxxxx(project 文件夹) 目录下打开 OneOS-Cube 工具,在命令行输入 menuconfig 打开可视化配置界面;

② 在配置界面中选择 Drivers;

③ 在新的配置界面中选择 SPI;

④ 配置 SPI,如 Using SPI mode support,源码如下:

```
(Top) → Drivers→ SPI
                              OneOS Configuration
[ * ] Using SPI Bus/Device device drivers
[ ]       Enable QSPI mode
[ ]       SPI MSD
[ * ]     Using serial flash universal driver
[ * ]         Using auto probe flash JEDEC SFDP parameter
[ * ]         Using defined supported flash chip information table
[ ]           Show more SFUD debug information
[ * ]         Using SPI mode support   --->
[ ]           Using QSPI mode support   ----
[ * ]         Extern flash sfud port cfg   --->
[ ]       Using W25QXX NorFlash
[ ] Using enc28j60 spi net module   ----
[ ] Enable SDCARD (SPI)   ----
[ ] Enable NRF24L01
```

⑤ Extern flash sfud port cfg 的配置如下所示:

```
(Top) → Drivers → SPI → Using SPI Bus/Device device dris →
        Using serial flash universal driver → Extern flash sfud port cfg
                      OneOS Configuration
(NM25Q128) Extern flash dev name
(sfud_bus) Extern flash bus name
(nor_flash) Extern flash name
(16777216) Extern flash size
(4096) Extern flash block size
(4096) Extern flash page size
```

⑥ Esc 键退出 menuconfig,注意保存所修改的设置;

⑦ 命令行输入 scons --ide=mdk5 命令,构建工程。

# 5.4 SPI 实验

## 5.4.1 功能设计

### 1. 例程功能

通过 KEY1 按键来控制 Nor Flash 的写入,通过按键 KEY0 来控制 Nor Flash 的读取,并在 LCD 模块上显示相关信息。

### 2. 硬件资源

➢ KEY0 和 KEY1 按键;

➢ Flash NM25Q128;

➢ TFTLCD;

➢ 串口 1。

### 3. 原理图

Nor Flash 和开发板的连接如图 5.12 所示。

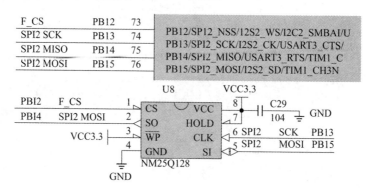

图 5.12　Nor Flash 和开发板的连接

可见,NM25Q128 的 $\overline{\text{CS}}$、SCK、MISO 和 MOSI 分别连接在 PB12、PB13、PB14 和 PB15 上。本实验还支持多种型号的 SPI Flash 芯片,比如 BY25Q128、NM25Q128、W25Q128 等。

## 5.4.2　软件设计

### 1. 程序流程图

Flash 读/写任务名为 user _task,任务函数为 user _task( )。Flash 读/写任务会检测按键是否按下,如果按键 KEY1 被按下,则 MCU 便将字符串"This is SPI test."写入 Flash。如果按键 KEY0 被按下,则读取字节并将其显示到 LCD 屏幕上。流程图如图 5.13 所示。

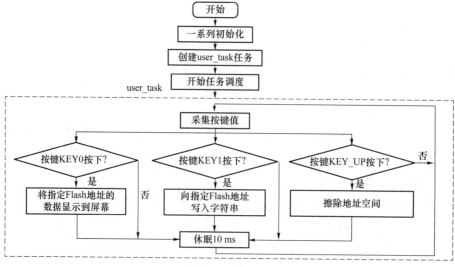

图 5.13　流程图

## 2. 程序解析

读/写函数代码以及擦除代码:

```
#define W25Q_SPI_DEVICE_NAME    "spi20"      /* NM25Q128 接入的 SPI 设备名 */
struct os_spi_device * spi_dev_w25q;         /* NM25Q128 接入的 SPI 设备 */
#define WRITE_READ_ADDR 0x000000             /* NM25Q128 读取写入的地址(24 bit) */
/* 写入 W25Q128 的数据内容 */
const os_uint8_t write_string[] = {"This is SPI test."};
#define WRITE_LEN sizeof(write_string)/* 写入 NM25Q128 的数据长度 */
static os_uint8_t * send_buf;                /* 发送缓存 */
static os_uint8_t * recv_buf;                /* 接收缓存 */
* @brief                                     w25q_erase
* @param                                     addr : 要擦除的地址
* @retval                                    无
*/
void w25q_erase(os_uint32_t addr)
{
    /* 先擦除要写入的地址 */
    send_buf = (os_uint8_t *)os_malloc(6);
    send_buf[0] = 0x06;                          /* 写使能命令 */
    send_buf[1] = 0x05;                          /* 读取状态寄存器命令 */
    send_buf[2] = 0x20;                          /* 擦除命令 */
    send_buf[3] = (os_uint8_t)(addr >> 16);      /* 指定擦除的地址(24 bit) */
    send_buf[4] = (os_uint8_t)(addr >> 8);
    send_buf[5] = (os_uint8_t)(addr);
    recv_buf = (os_uint8_t *)os_malloc(1);
    recv_buf[0] |= 1 << 0;
    os_pin_write(OS_SPI_FLASH_CS_PIN, PIN_LOW);  /* 使能 NM25Q128 片选 */
    os_spi_send(spi_dev_w25q, send_buf, 1);      /* 发送写使能命令 */
    do {                                         /* 等待空闲 */
    os_spi_send_then_recv(spi_dev_w25q, &send_buf[1], 1, recv_buf, 1);
    } while((recv_buf[0] & 0x01) == 0x01);
    os_spi_send(spi_dev_w25q, &send_buf[2], 4);  /* 擦除指定地址的数据 */
    do {                                         /* 等待空闲 */
    os_spi_send_then_recv(spi_dev_w25q, &send_buf[1], 1, recv_buf, 1);
    } while((recv_buf[0] & 0x01) == 0x01);
    os_pin_write(OS_SPI_FLASH_CS_PIN, PIN_HIGH); /* 释放 NM25Q128 片选 */
    os_free(send_buf);
    os_free(recv_buf);
}


/**
* @brief        usrt_task
* @param        parameter : 传入参数(未用到)
* @retval       无
*/
void user_task(void * parameter)
{
```

```
    parameter = parameter;
    os_uint8_t key = 0;

    lcd_show_string(30,  50, 200, 16, 16, "STM32", RED);
    lcd_show_string(30,  70, 200, 16, 16, "SPI TEST", RED);
    lcd_show_string(30,  90, 200, 16, 16, "ATOM@ALIENTEK", RED);
    lcd_show_string(30, 110, 200, 16, 16, "KEY_UP:Erase", RED);
    lcd_show_string(30, 130, 200, 16, 16, "KEY1  :Write", RED);
    lcd_show_string(30, 150, 200, 16, 16, "KEY0  :Read", RED);
    lcd_show_string(30, 190, 200, 16, 16, "SPI FLASH Ready!", BLUE);

for (os_uint8_t i = 0; i<key_table_size; i++)
{
    os_pin_mode(key_table[i].pin, key_table[i].mode);
}

while(1)
{
    key = key_scan(0);

    switch (key)
    {
        case WKUP_PRES:                      /* 擦除要写入的地址空间 */
        {
            w25q_erase(WRITE_READ_ADDR);
            os_kprintf("W25128Q Erase Finished! \r\n", write_string);
            lcd_show_string(30, 210, 200, 16, 16,
                        "W25Q128 Erase Finished!", BLUE);
            lcd_show_string(30, 230, 200, 16, 16,
                        "                        ", BLUE);

            break;
        }
        case KEY1_PRES:                      /* 通过 SPI 往 NM25Q128 写入数据 */
        {
            w25q_erase(WRITE_READ_ADDR); /* 先擦除要写入的地址空间 */
            /* 往指定地址写入数据 */
            send_buf = (os_uint8_t *)os_malloc(6);
            send_buf[0] = 0x06;          /* 写使能命令 */
            send_buf[1] = 0x02;          /* 写页命令 */
            /* 指定写入的地址(24bits) */
            send_buf[2] = (os_uint8_t)(WRITE_READ_ADDR >> 16);
            send_buf[3] = (os_uint8_t)(WRITE_READ_ADDR >> 8);
            send_buf[4] = (os_uint8_t)(WRITE_READ_ADDR);
            send_buf[5] = 0x05;          /* 读取状态寄存器命令 */
            recv_buf = (os_uint8_t *)os_malloc(1);
            recv_buf[0] |= 1 << 0;
            /* 使能 W25Q128 片选 */
```

```
        os_pin_write(OS_SPI_FLASH_CS_PIN, PIN_LOW);
        os_spi_send(spi_dev_w25q, &send_buf[0], 1);
        do {      /* 等待空闲 */
            os_spi_send_then_recv(spi_dev_w25q, &send_buf[5],
                                1, recv_buf, 1);
        } while((recv_buf[0] & 0x01) == 0x01);
        os_spi_send_then_send(spi_dev_w25q, &send_buf[1],
                                4, write_string, WRITE_LEN);
        do {      /* 等待空闲 */
            os_spi_send_then_recv(spi_dev_w25q, &send_buf[5],
                                1, recv_buf, 1);
        } while((recv_buf[0] & 0x01) == 0x01);
        /* 释放 NM25Q128 片选 */
        os_pin_write(OS_SPI_FLASH_CS_PIN, PIN_HIGH);
        os_kprintf("Write \" % s\" to W25128Q by SPI. \r\n", write_string);
        lcd_show_string(30, 210, 200, 16, 16,
                        "W25Q128 Write Finished!", BLUE);
        lcd_show_string(30, 230, 200, 16, 16,
                        "                        ", BLUE);
        os_free(send_buf);
        os_free(recv_buf);

        break;
    }
    case KEY0_PRES: /* 通过 SPI 从 W25Q128 读取数据 */
    {
        send_buf = (os_uint8_t * )os_malloc(4);
        recv_buf = (os_uint8_t * )os_malloc(WRITE_LEN);
        send_buf[0] = 0x03; /* NM25Q128 读取命令 */
        /* 指定读取的地址(24 bit) */
        send_buf[1] = (os_uint8_t)(WRITE_READ_ADDR >> 16);
        send_buf[2] = (os_uint8_t)(WRITE_READ_ADDR >> 8);
        send_buf[3] = (os_uint8_t)(WRITE_READ_ADDR);
        os_pin_write(OS_SPI_FLASH_CS_PIN, PIN_LOW); /* 使能 NM25Q128 片选 */
        /* 读取 NM25Q128 指定地址中指定长度的数据 */
        os_spi_send_then_recv(spi_dev_w25q, send_buf,
                                4, recv_buf, WRITE_LEN);
        /* 释放 NM25Q128 片选 */
        os_pin_write(OS_SPI_FLASH_CS_PIN, PIN_HIGH);
        os_kprintf("Read \" % s\" from W25Q128 by SPI. \r\n", recv_buf);
        lcd_show_string(30, 210, 200, 16, 16,
                        "W25Q128 Read Data: ", BLUE);
        lcd_show_string(30, 230, 200, 16, 16, (char * )recv_buf, BLUE);
        os_free(send_buf);
        os_free(recv_buf);

        break;
    }
    default:
```

```
            break;
        }

        os_task_msleep(10);
    }
}

int main(void)
{
    spi_dev_w25q = (struct os_spi_device *)os_device_find(W25Q_SPI_DEVICE_NAME);
    OS_ASSERT_EX(OS_NULL != spi_dev_w25q,
                "Can't find %s device! \r\n", W25Q_SPI_DEVICE_NAME);

    USER_Handler = os_task_create("user_task",          /* 设置任务的名称 */
                                user_task,               /* 设置任务函数 */
                                OS_NULL,                 /* 任务传入的参数 */
                                USER_STK_SIZE,           /* 设置任务堆栈 */
                                USER_TASK_PRIO);         /* 设置任务的优先级 */
    OS_ASSERT(USER_Handler);
    os_task_startup(USER_Handler);                      /* 任务开始 */

    return 0;
}
```

### 5.4.3  下载验证

将配套资料的相应程序下载到开发板后,我们按下按键 KEY1,LCD 显示的内容如图 5.14 所示。

接着按下按键 KEY0,LCD 显示如图 5.15 所示。

图 5.14  按下按键 KEY1 后程序运行效果图

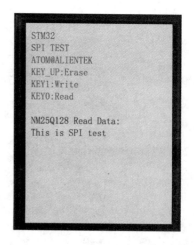

图 5.15  按下按键 KEY0 后程序运行效果图

# 第 6 章

# OneOS RTC 设备

OneOS 操作系统提供了 RTC 设备驱动,本章学习 OneOS 操作系统中 RTC 设备驱动的使用。

本章分为如下几部分:

6.1 RTC 简介

6.2 RTC 相关函数

6.3 STM32CubeMX 配置

6.4 RTC 实验

## 6.1 RTC 简介

RTC 是指实时时钟,可以提供精准的实时时间,为电子系统提供精确的时间基准。目前,RTC 大多采用精度较高的晶体振荡器作为时钟源,有些时候为了能够在系统掉电后让 RTC 保持正常工作,会外加电池供电,使得 RTC 的时间信息一直保持有效。

## 6.2 RTC 相关函数

OneOS 操作系统中提供了 RTC 设备的相关操作 API 函数,如表 6.1 所列。

表 6.1 设备模型统一 API 接口

| 函　　数 | 描　　述 |
| --- | --- |
| set_date() | 设置日期,年、月、日 |
| set_time() | 设置时间,时、分、秒 |
| rtc_get() | 获取 1970 年 01 月 01 日 0:00:00 到现在的秒数 |

### 1. 函数 set_data()

该函数用于实现设置日期的年、月、日信息,函数原型如下:

```
os_err_t set_date(os_uint32_t year, os_uint32_t month, os_uint32_t day)
```

函数 set_data()的相关形参如表 6.2 所列。

表 6.2　函数 set_data()的相关形参描述

| 参　数 | 描　述 |
|---|---|
| year | 待设置生效的年份 |
| month | 待设置生效的月份 |
| day | 待设置生效的日 |

返回值:OS_EOK 表示设置成功,OS_ERROR 表示设置失败(未发现 RTC 设备、输入参数不合法),其他表示设置失败。

函数 set_data()的使用示例如下所示:

```
set_date(2021, 6, 9);
```

使用实例表示将 RTC 的日期信息设置为 2021 年 6 月 9 日。

## 2. 函数 set_time()

该函数用于实现设置时、分、秒信息,函数原型如下:

```
os_err_t set_time(os_uint32_t hour,
                  os_uint32_t minute,
                  os_uint32_t second)
```

函数 set_time()的相关形参如表 6.3 所列。

表 6.3　函数 set_time()的相关形参描述

| 参　数 | 描　述 |
|---|---|
| hour | 待设置生效的时 |
| minute | 待设置生效的分 |
| second | 待设置生效的秒 |

返回值:OS_EOK 表示设置成功,OS_ERROR 表示设置失败(未发现 RTC 设备、输入参数不合法),其他表示设置失败。

函数 set_time()的使用示例如下所示:

```
set_time(15, 21, 0);
```

使用示例表示将 RTC 的时间信息设置为 15 时 21 分 0 秒。

## 3. 函数 rtc_get()

该函数用于获取 1970 年 01 月 01 日 0:00:00 到现在的秒数,函数原型如下所示：

```
time_t rtc_get(void)
```

函数 rtc_get() 的相关形参如表 6.4 所列。

表 6.4  函数 rtc_get() 的相关形参描述

| 参　数 | 描　述 |
|---|---|
| 无 | 无 |

返回值：返回 1970 年 01 月 01 日 0：00：00 到现在的秒数。

函数 rtc_get() 的使用示例如下所示：

```
now = rtc_get();
```

使用示例表示获取 1970 年 01 月 01 日 0：00：00 到现在的秒数。

# 6.3  STM32CubeMX 配置

本次实验使用 STM32 的硬件 RTC 测试 OneOS 操作系统中的 RTC 设备，于是需要在 STM32CubeMX 中使能 RTC，步骤如下：

① 打开 oneos\projects\xxxxx（project 文件夹）\board\CubeMX_Config 下的 STM32CubeMX 工程文件，如图 6.1 所示。

图 6.1  STM32CubeMX 工程文件夹

② 打开 STM32CubeMX 工程后，对 RTC 进行如图 6.2 所示配置。

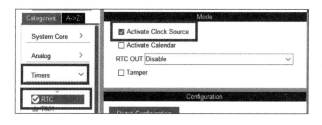

图 6.2  RTC 配置图

同时还需要选择硬件 RTC 的时钟源,本实验中硬件 RTC 的时钟源选择使用板载的外置 32.768 kHz 石英晶体振荡器,如图 6.3 所示。

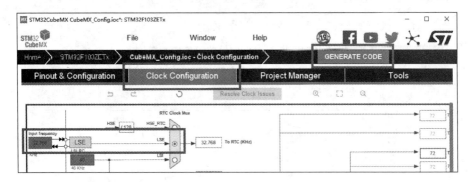

图 6.3　RTC 时钟源配置图

③ 在 oneos\projects\xxxxx(project 文件夹)目录下打开 OneOS - Cube 工具,在命令行输入 menuconfig 打开可视化配置界面;

④ 通过空格或向右方向键选择(Top)→Drivers→RTC 下的选项 Using RTC drivers;

⑤ 按 Esc 键退出 menuconfig,注意保存所修改的设置;

⑥ 命令行驶入 scons --ide＝mdk5 命令,构建工程。

# 6.4　RTC 实验

## 6.4.1　功能设计

### 1. 例程功能

使用 LCD 显示屏实时显示 RTC 的实时时间信息。

### 2. 硬件资源

本实验用到的硬件资源有:

➢ TFTLCD 模块;

➢ RTC。

## 6.4.2　软件设计

### 1. 程序流程图(见图 6.4)

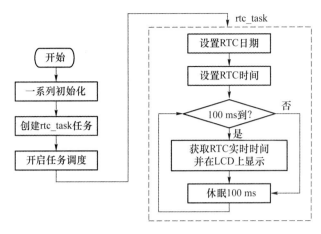

图 6.4　程序流程图

## 2. 程序解析

当系统初始化完成后,创建 RTC 任务。

```
int main(void)
{
    RTC_Handler = os_task_create("rtc_task",          /* 设置任务的名称 */
                                 rtc_task,            /* 设置任务函数 */
                                 OS_NULL,             /* 任务传入的参数 */
                                 RTC_STK_SIZE,        /* 设置任务堆栈 */
                                 RTC_TASK_PRIO);      /* 设置任务的优先级 */
    OS_ASSERT(RTC_Handler);
    os_task_startup(RTC_Handler);                     /* 任务开始 */

    return 0;
}
```

接着在 RTC 任务完成一些必要的初始化,并设置 RTC 的日期和时间信息。

```
/**
 * @brief      rtc_task
 * @param      parameter : 传入参数(未用到)
 * @retval     无
 */
static void rtc_task(void * parameter)
{
    parameter = parameter;  /* 消除警告 */
    os_err_t ret = OS_EOK;
    time_t now = 0;
    os_uint8_t t = 0;
    os_uint8_t tbuf[40];
    lcd_show_string(30, 50, 200, 16, 16, "STM32", RED);
    lcd_show_string(30, 70, 200, 16, 16, "RTC test", RED);
```

```
lcd_show_string(30, 90, 200, 16, 16, "ATOM@ALIENTEK", RED);
ret = set_date(2021, 6, 9); /* 设置日期 */
if (ret != OS_EOK)
{
    os_kprintf("set RTC date failed %d", (int)ret);
}
ret = set_time(15, 21, 0); /* 设置时间 */
if (ret != OS_EOK)
{
    os_kprintf("set RTC time failed %d", (int)ret);
}
while (1)
{
    t++;
    if ((t % 10) == 0)                      /* 每 100 ms 更新一次显示数据 */
    {
        now = rtc_get();
        os_snprintf((char *)tbuf, sizeof(tbuf), ctime(&now));
        lcd_show_string(30, 120, 210, 16, 16, (char *)tbuf, BLUE);
    }
    os_task_msleep(10);
}
}
```

## 6.4.3  下载验证

代码编译成功之后,下载代码到开发板上,可以看到,LCD 上显示的实时时间从程序中设定的 2021 年 6 月 9 日 15 时 21 分 0 秒开始,逐秒往上加,如图 6.5 所示。

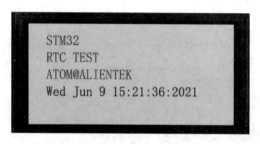

**图 6.5  RTC 设备实验测试图**

# 第 7 章

# OneOS Clocksource 设备

OneOS 操作系统提供了 Clocksource 设备驱动,下面就来学习 OneOS 操作系统中的 Clocksource 设备驱动。

本章分为如下几部分:

7.1　Clocksource 简介

7.2　Clocksource 相关函数

7.3　STM32CubeMX 配置

7.4　Clocksource 实验

## 7.1　Clocksource 简介

Clocksource 驱动设备能够提供高精度的实时计时,需要选择系统中一个高精度的硬件定时器作为 Clocksource 设备的时钟源。但对于 STM32F103 来说,支持作为 Clocksource 的硬件定时器只有 DWT 和 SysTick。需要注意的是,STM32F103 的其他硬件定时器并不支持用作 Clocksource 的时钟源,因为 OneOS 操作系统要求 Clocksource 的时钟源只能为 DWT、SysTick 和其他 32 位的硬件定时器。

Clocksource 能够提供纳秒级的高精度 CPU 忙延时,相比于 OneOS 操作系统提供的毫秒级 os_task_msleep() 延时函数,优势在于具有更高的延时精度;但也有劣势,Clocksource 提供的延时函数为 CPU 忙延时,也就是说在进行 Clocksource 延时时,CPU 会一直在当前任务中等待,直到延时结束或者当前任务的时间片用完而触发任务调度。因此,在系统实时性要求高的场景下,尽量少用 Clocksource 的延时,或者延时时间尽量短。

## 7.2　Clocksource 相关函数

Clocksource 相关的函数 API 如表 7.1 所列。

## 1. 函数 os_clocksource_gettime( )

该函数用于实现获取当前时间戳,函数原型如下:

```
os_uint64_t os_clocksource_gettime(void)
{
    /* 如果 Clocksource 设备存在
     * 则计算 Clocksource 设备的时间值
     */
    if (gs_best_cs != OS_NULL)
    {
        return os_clocksource_gettime_cs(gs_best_cs);
    }
    /* 如果 Clocksource 设备不存在
     * 则计算 SysTick 的时间值
     */
    else
    {
        return (os_uint64_t)os_tick_get() * NSEC_PER_SEC / OS_TICK_PER_SECOND;
    }
}
```

函数 os_clocksource_gettime( )的相关形参如表 7.2 所列。

表 7.1　Clocksource 相关函数

| 函　数 | 描　述 |
|---|---|
| os_clocksource_gettime( ) | 获取当前时间戳 |
| os_clocksource_ndelay( ) | CPU 忙延时 |

表 7.2　函数 os_clocksource_gettime( )相关形参

| 参　数 | 描　述 |
|---|---|
| 无 | 无 |

返回值:当前时间戳,单位为纳秒。

## 2. 函数 os_clocksource_ndelay( )

该函数用于实现纳秒级的 CPU 忙延时,函数原型如下:

```
void os_clocksource_ndelay(os_uint64_t nsec)
{
    os_uint64_t count_tmp, count_delta, count_half;
    /* 获取 Clocksource 设备 */
    os_clocksource_t * cs = gs_best_cs;
    /* 如果 Clocksource 设备不存在,则使用 for 循环延时 */
    if (cs == OS_NULL)
    {
        __os_clocksource_ndelay(nsec);
        return;
    }
    /* 获取延时前的 Clocksource 设备计数值
     * 并循环读取 Clocksource 设备的计数值
     * 直到延时时间到后退出
```

```
        */
    count_tmp = cs->read(cs);
    count_delta = nsec * cs->mult_t >> cs->shift_t;
    count_half = (cs->mask >> 1) + 1;
    while (count_delta > 0)
    {
        if (count_delta > cs->mask)
        {
            count_tmp += count_half;
            count_delta -= count_half;
        }
        else if (count_delta > count_half)
        {
            count_tmp += count_delta >> 1;
            count_delta -= count_delta >> 1;
        }
        else
        {
            count_tmp += count_delta;
            count_delta = 0;
        }
        while ((((count_tmp  - cs->read(cs)) & cs->mask) <= count_half);
    }
}
```

函数 os_clocksource_ndelay()的相关形参如表 7.3 所列。

表 7.3　函数 os_clocksource_ndelay( )的相关形参描述

| 参　　数 | 描　　述 |
|---|---|
| nsec | 延时时间,单位:纳秒 |

返回值:无。

# 7.3　STM32CubeMX 配置

本实验只用到 DWT 或者 SysTick,所以不用配置 STM32CubeMX 工程,但需要对 menuconfig 作相应的配置,配置如下:

① 通过空格或向右方向键选择（Top）→ Drivers → Time 下的选项 clocksource 使能 clcoksource 提供高精度的时间戳;

② 选择 DWT 或者 SysTick 作为 Clocksource 设备的时钟源,因为目前 SysTick 需要用作系统内核的时钟,因此只能使用 DWT 作为 Clocksource 设备的时钟源,使能(Top)→ Drivers → Time → cortex-m hardware timer config 下的 cortex-m dwt for clocksource,使用 DWT 作为 Clocksourcw 设备的时钟源:

```
(Top) → Drivers→ Timer
        ↑ ↑ ↑ ↑ ↑ ↑              OneOS Configuration
- * - Using timer driver
- * -    clocksource
[ * ]        clocksource show
[ ]          Timekeeping
- * -    clockevent
[ * ]        clockevent show
[ * ]    hrtimer(soft timer)
[ * ]        hrtimer for kernel tick
         cortex-m hardware timer config   --->
```

③ 打开 cortex-m hardware timer config 配置,如以下所示:

```
(Top) → Drivers→ Timer→ Using timer driver → cortex-m hardware timer confi
        ↑ ↑ ↑ ↑ ↑ ↑                         OneOS Configuration
    cortex-m systick config (systick for clocksource)   --->
[ * ] cortex-m dwt for clocksource
```

④ 按 Esc 键退出 menuconfig,注意保存所修改的设置;

⑤ 命令行驶入 scons --de=mdk5 命令,构建工程。

# 7.4  Clocksource 实验

## 7.4.1  功能设计

### 1. 例程功能

使用 KEY_UP 和 KEY1 分别触发使用函数 os_task_msleep()和函数 os_clocksource_ndelay()延时 1 000 ms;与系统 tick 的比较,测试 Clocksource 延时的精度,并在 LCD 显示屏上显示相关结果。

### 2. 硬件资源

本实验用到的硬件资源有:

➢ KEY_UP 和 KEY1 按键;

➢ TFTLCD 模块。

## 7.4.2  软件设计

### 1. 程序流程图

根据上述例程功能分析得到流程图,如图 7.1 所示。

### 2. 程序解析

当系统初始化完成后,先创建一个 clocksource 任务。

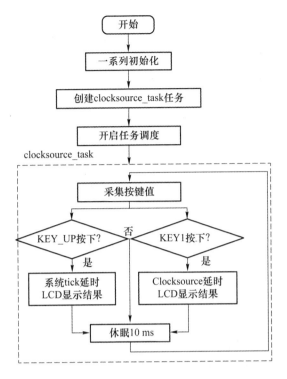

**图 7.1 Clocksource 流程图**

```
/* CLOCKSOURCE_TASK 任务 配置
* 包括：任务句柄 任务优先级 堆栈大小 创建任务
*/
#define CLOCKSOURCE_TASK_PRIO      1              /* 任务优先级 */
#define CLOCKSOURCE_STK_SIZE       512            /* 任务堆栈大小 */
os_task_t * CLOCKSOURCE_Handler;                  /* 任务控制块 */
void clocksource_task(void * parameter);          /* 任务函数 */
int main(void)
{
  CLOCKSOURCE_Handler = os_task_create("clocksource_task",  /* 设置任务的名称 */
                        clocksource_task,           /* 设置任务函数 */
                        OS_NULL,                    /* 设置传入的参数 */
                        CLOCKSOURCE_STK_SIZE,/* 设置任务堆栈 */
                        CLOCKSOURCE_TASK_PRIO);

  OS_ASSERT(CLOCKSOURCE_Handler);;
  os_task_startup(CLOCKSOURCE_Handler);            /* 任务开始 */

  return 0;
}
```

当 KEY_UP 被按下时，先记录当前系统 tick 和 Clocksource 设备的计数值，然后调用函数 os_task_msleep（）延时 1 000 ms,延时后再次记录系统 tick 和 Clocksource 设备的计数值,最后将系统 tick 和 Clocksource 设备延时前后两次的计数值和时间差显示在 LCD 屏幕上,以作比较。

当 KEY1 被按下时,先记录当前的系统 tick 和 Clocksource 设备的计数值,然后调用 os_clocksource_ndelay（）延时 1 000 ms,延时后再次记录系统 tick 和 Clocksource 设备的计数值,最后将系统 tick 和 Clocksource 设备延时前后两次的计数值和时间差显示在 LCD 屏幕上,以作比较。

```c
/ * *
 * @brief        clocksource_task
 * @param        parameter：传入参数（未用到）
 * @retval       无
 * /
static void clocksource_task(void * parameter)
{
    parameter = parameter;
    os_uint8_t key = 0;
    os_uint64_t start = 0;
    os_uint64_t now = 0;
    os_tick_t tick_start = 0;
    os_tick_t tick_now = 0;
    lcd_show_string(30, 50, 200, 16, 16, "STM32", RED);
    lcd_show_string(30, 70, 200, 16, 16, "Clocksource test", RED);
    lcd_show_string(30, 90, 200, 16, 16, "ATOM@ALIENTEK", RED);
    lcd_show_string(30, 110, 200, 16, 16, "KEY_UP:calculate msleep", RED);
    lcd_show_string(30, 130, 200, 16, 16, "KEY1:calculate ndelay", RED);
    for (os_uint8_t i = 0; i < key_table_size;  i++)
    {
        os_pin_mode(key_table[i].pin, key_table[i].mode);
    }
    while (1)
    {
        key = key_scan(0);
    switch (key)
    {
    case WKUP_PRES:
        tick_start = os_tick_get();
        start = os_clocksource_gettime();          / * 单位为:纳秒 * /
        os_task_msleep(1000);                      / * 延时 1 000 ms * /
        tick_now = os_tick_get();
        now = os_clocksource_gettime();            / * 单位为:纳秒 * /
        lcd_fill(0, 150, 239, 319, WHITE);         / * 清除半屏 * /
        lcd_show_string(30, 150, 200, 16, 16,
                        "msleep start tick: ",BLUE);
        lcd_show_string(30, 170, 200, 16, 16,
                        "msleep now   tick: ", BLUE);
```

```
        lcd_show_string(30, 190, 200, 16, 16,
                        "msleep delta tick: ", BLUE);
    lcd_show_string(30, 210, 200, 16, 16,
                    "msleep start time: ", BLUE);
    lcd_show_string(30, 230, 200, 16, 16,
                    "msleep now   time: ", BLUE);
    lcd_show_string(30, 250, 200, 16, 16,
                    "msleep delta time: ", BLUE);
    lcd_show_string(239, 210, 200, 16, 16, "ms", BLUE);
    lcd_show_string(239, 230, 200, 16, 16, "ms", BLUE);
    lcd_show_string(239, 250, 200, 16, 16, "ms", BLUE);
    lcd_show_num(183, 150, tick_start, 6, 16, BLUE);
    lcd_show_num(183, 170, tick_now, 6, 16, BLUE);
    lcd_show_num(183, 190, tick_now - tick_start, 6, 16, BLUE);
    /* 将单位转为毫秒,并显示 */
    lcd_show_num(183, 210, start / NSEC_PER_MSEC, 6, 16, BLUE);
    /* 将单位转为毫秒,并显示 */
    lcd_show_num(183, 230, now / NSEC_PER_MSEC, 6, 16, BLUE);
    /* 将单位转为毫秒,并显示 */
    lcd_show_num(183, 250, (now/ NSEC_PER_MSEC
                            - start/ NSEC_PER_MSEC),
                            6, 16, BLUE);

    break;
case KEY1_PRES:
    tick_start = os_tick_get();
    start = os_clocksource_gettime();            /* 单位为:纳秒 */
    os_clocksource_ndelay(1000 * NSEC_PER_MSEC); /* 延时 1 000 ms */
    tick_now = os_tick_get();
    now = os_clocksource_gettime();              /* 单位为:纳秒 */
    lcd_fill(0, 150, 239, 319, WHITE);           /* 清除半屏 */
    lcd_show_string(30, 150, 200, 16, 16,
                    "ndelay start tick: ", BLUE);
    lcd_show_string(30, 170, 200, 16, 16,
                    "ndelay now   tick: ", BLUE);
    lcd_show_string(30, 190, 200, 16, 16,
                    "ndelay delta tick: ", BLUE);
    lcd_show_string(30, 210, 200, 16, 16,
                    "ndelay start time: ", BLUE);
    lcd_show_string(30, 230, 200, 16, 16,
                    "ndelay now   time: ", BLUE);
    lcd_show_string(30, 250, 200, 16, 16,
                    "ndelay delta time: ", BLUE);
    lcd_show_string(239, 210, 200, 16, 16, "ms", BLUE);
    lcd_show_string(239, 230, 200, 16, 16, "ms", BLUE);
    lcd_show_string(239, 250, 200, 16, 16, "ms", BLUE);
    lcd_show_num(183, 150, tick_start, 6, 16, BLUE);
    lcd_show_num(183, 170, tick_now, 6, 16, BLUE);
    lcd_show_num(183, 190, tick_now - tick_start, 6, 16, BLUE);
```

```
        /* 将单位转为毫秒,并显示 */
    lcd_show_num(183, 210, start / NSEC_PER_MSEC, 6, 16, BLUE);
        /* 将单位转为毫秒,并显示 */
    lcd_show_num(183, 230, now / NSEC_PER_MSEC, 6, 16, BLUE);
        /* 将单位转为毫秒,并显示 */
    lcd_show_num(183, 250, (now/ NSEC_PER_MSEC
                    - start/ NSEC_PER_MSEC),
                    6, 16, BLUE);
        break;
    default:
        break;
    }

    os_task_msleep(10);
    }
}
```

### 7.4.3  下载验证

代码编译成功之后,下载代码到开发板上。按下 KEY_UP 按键后可以看到,
LCD 显示如图 7.2 所示。可以看到,延时后系统 tick 和 Clocksource 设备的值和时
间差,这里的 tick 值为 tick 的计数值;由于设置的 Tick 频率为 100 Hz,因此延时
1 000 ms 时系统的 tick 计时器的前后差值为 100。

按下 KEY1 按键后可以看到,LCD 显示如图 7.3 所示。可以看到,延时延后系
统 tick 和 Clocksource 设备的值和时间差。

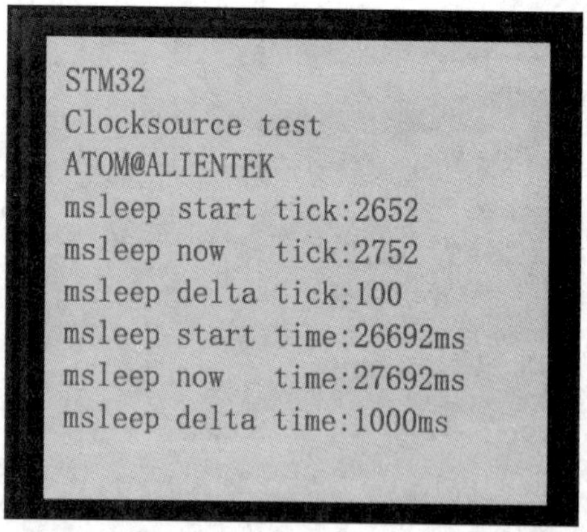

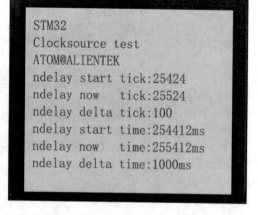

图 7.2  Clocksource 实验测试图一

图 7.3  Clocksource 实验测试图二

# 第 8 章

# OneOS Clockevent 设备

OneOS 操作系统提供了 Clockevent 设备驱动,本章就来学习 OneOS 操作系统中的 Clockevent 设备驱动。

本章分为如下几部分:

8.1　Clockevent 简介

8.2　Clockevent 相关函数

8.3　STM32CubeMX 配置

8.4　Clockevent 实验

## 8.1　Clockevent 简介

STM32 上有许多硬件定时器,Clockevent 设备就是对定时器硬件的应用抽象,屏蔽了硬件定时器底层的配置,它能够自动根据设置进行定时并产生中断回调时间。

Clockevent 能够根据设定好的时间进行单次或者周期的触发中断,达到与裸机编程时使用定时器中断相同的效果;优势在于 OneOS 操作系统对底层的硬件定时器操作做了封装,用户只需要简单配置 Clockevent 即可。

## 8.2　Clockevent 相关函数

Clockevent 相关的函数 API 如表 8.1 所列。

表 8.1　Clockevent 相关函数

| 函　　数 | 描　　述 |
| --- | --- |
| os_clockevent_register_isr() | 设置 Clockevent 设备超时中断函数 |
| os_clockevent_start_oneshot() | 单次触发方式启动 Clockevent 设备 |
| os_clockevent_start_period() | 周期触发方式启动 Clockevent 设备 |
| os_clockevent_stop() | 停止 Clockevent 设备 |

## 1. 函数 os_clockevent_register_isr( )

该函数用于实现设置 Clockevent 超时中断函数,当 Clockevent 超时将会调用,函数原型如下:

```
void os_clockevent_register_isr(  os_clockevent_t * cc,
                                  void ( * event_handler)(os_clockevent_t * ce))
{
    if (ce == gs_best_ce && ce->event_handler != OS_NULL)
    {
        os_kprintf(  "best ce handler replace from % p to % p\r\n",
                    ce->event_handler, event_handler);
    }

    /* 设置 Clockevent 设备的中断回调函数 */
    ce->event_handler = event_handler;
}
```

函数 os_clockevent_register_isr()的相关形参如表 8.2 所列。

表 8.2 函数 **os_clockevent_register_isr( )**的相关形参描述

| 参　　数 | 描　　述 |
|---|---|
| ce | clockevent 设备指针 |
| event_handler | 超时中断函数 |

返回值:无。

## 2. 函数 os_clockevent_start_oneshot( )

该函数用于实现单次触发方式启动 Clockevent,函数原型如下:

```
void os_clockevent_start_oneshot(os_clockevent_t * ce, os_uint64_t nsec)
{
    os_base_t level;
    OS_ASSERT(ce != NULL);
    nsec = max(nsec, ce->min_nsec);
    /* 通过 Clocksource 高精度时间戳获取下次触发时间 */
    ce->next_nsec    = os_clocksource_gettime() + nsec;
    /* 单次触发 */
    ce->period_nsec  = 0;
    ce->period_count = 0;
    level = os_irq_lock();
    os_clockevent_next(ce, OS_TRUE);
    os_irq_unlock(level);
}
```

函数 os_clockevent_start_oneshot()的相关形参如表 8.3 所列。

表 8.3  函数 os_clockevent_start_oneshot()的相关形参描述

| 参　　数 | 描　　述 |
|---|---|
| ce | clockevent 设备指针 |
| nsec | 定时时间,单位:纳秒 |

返回值:无。

## 3. 函数 os_clockevent_start_period()

该函数用于实现周期触发方式启动 Clockevent,函数原型如下:

```
void os_clockevent_start_period(os_clockevent_t * ce, os_uint64_t nsec)
{
    os_base_t level;
    OS_ASSERT(ce != NULL);
    nsec = max(nsec, ce->min_nsec);
    /* 通过 Clocksource 高精度时间戳获取下次触发时间 */
    ce->next_nsec    = os_clocksource_gettime() + nsec;
    /* 周期触发 */
    ce->period_nsec  = nsec;
    ce->period_count = nsec * ce->mult >> ce->shift;
    if (ce->period_count == 0)
    {
        ce->period_count = 1;
    }
    level = os_irq_lock();
    os_clockevent_next(ce, OS_TRUE);
    os_irq_unlock(level);
}
```

函数 os_clockevent_start_period()的相关形参如表 8.4 所列。

表 8.4  函数 os_clockevent_start_period()的相关形参描述

| 参　　数 | 描　　述 |
|---|---|
| ce | clockevent 设备指针 |
| nsec | 定时时间,单位:纳秒 |

返回值:无。

## 4. 函数 os_clockevent_stop()

该函数用于实现停止 Clockevent 设备,函数原型如下:

```
void os_clockevent_stop(os_clockevent_t * ce)
{
    OS_ASSERT(ce != NULL);
    /* 下次触发时间和周期清 0 */
    ce->next_nsec    = 0;
```

```
    ce->period_nsec = 0;
    if (ce->ops->stop != NULL)
    {
        /* 停止定时器中断 */
        ce->ops->stop(ce);
    }
}
```

函数 os_clockevent_stop()的相关形参如表 8.5 所列。

表 8.5　函数 os_clockevent_stop()的相关形参描述

| 参　　数 | 描　　述 |
| --- | --- |
| ce | clockevent 设备指针 |

返回值:无。

# 8.3　STM32CubeMX 配置

本实验使用 TIM2 作为 Clockevent 的时钟源,于是需要在 STM32CubeMX 中使能 TIM2。步骤如下:

① 打开 oneos\projects\xxxxx(project 文件夹)\board\CubeMX_Config 下的 STM32CubeMX 工程文件,如图 8.1 所示。

图 8.1　STM32CubeMX 工程文件夹

② 打开 STM32CubeMX 工程后,对 TIM2 进行如图 8.2 所示配置。

③ 在 oneos\projects\xxxxx(project 文件夹)目录下打开 OneOS-Cube 工具,在命令行输入 menuconfig 打开可视化配置界面;

④ 通过空格或向右方向键选择(Top)→Drivers,在 Timer 下选择选项 Clockevent。Clockevent 依赖 Clocksource 提供高精度时间戳。

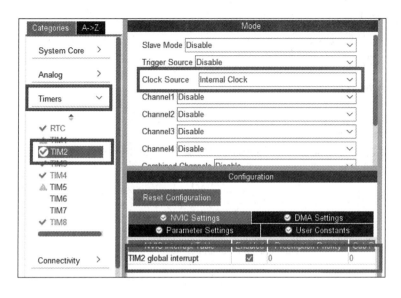

图 8.2　TIM2 配置图

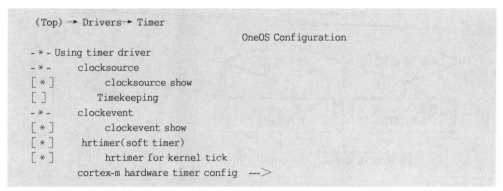

⑤ 按 Esc 键退出 menuconfig,注意保存所修改的设置;

⑥ 命令行驶入 scons --ide=mdk5 命令,构建工程。

# 8.4　Clockevent 实验

## 8.4.1　功能设计

### 1. 例程功能

使用 KEY_UP 和 KEY1 分别设置 Clockevent 的触发方式为单次触发或者周期触发,使得 Clockevent 在设置的 1 s 时间到达后更新 LCD 屏幕相应区域的颜色。

### 2. 硬件资源

本实验用到的硬件资源有:

> ➤ KEY_UP 和 KEY1 按键；
> ➤ TFTLCD 模块；
> ➤ TIM2。

## 8.4.2 软件设计

### 1. 程序流程图

根据上述例程功能分析得到程序流程图，如图 8.3 所示。

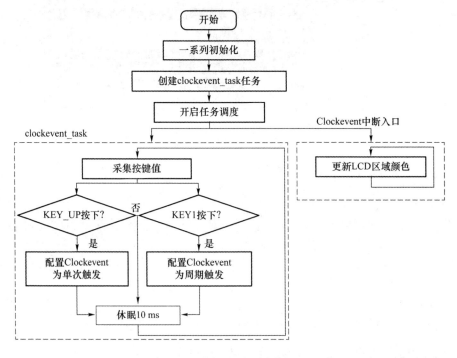

**图 8.3 Clockevent 流程图**

### 2. 程序解析

当系统初始化完成后，先配置 TIM2 为 Clockevent 设备，并设置 Clockevent 的中断回调函数、触发模式和触发周期。

```
/* 查找设备 */
os_clockevent = (os_clockevent_t *)os_device_find("tim2");
if (os_clockevent == OS_NULL)
{
        os_kprintf("tim2 device no find\r\n");
        return OS_ERROR;
}
/* 打开设备 */
os_device_open((os_device_t *)os_clockevent);
```

```
/* 设置 clockevent 设备超时中断函数 */
os_clockevent_register_isr(os_clockevent, os_clockevent_callback);
/* 设置周期触发模式,触发时间为 1 s */
os_clockevent_start_period(os_clockevent, NSEC_PER_SEC);
```

其中,设置的 Clockevent 中断回调函数 os_clockevnet_callback()如下所示:

```
static void os_clockevent_callback(os_clockevent_t * os_clockevent)
{
    static os_uint8_t callback_count = 0;
    /* 更新 LCD 颜色 */
    lcd_fill(6, 131, 233, 313, lcd_discolor[++callback_count % 11]);
}
```

接着,创建一个 Clockevent 任务:

```
/* CLOCKEVENT_TASK 任务 配置
 * 包括:任务句柄 任务优先级 堆栈大小 创建任务
 */
#define CLOCKEVENT_TASK_PRIO    1                /* 任务优先级 */
#define CLOCKEVENT_STK_SIZE     512              /* 任务堆栈大小 */
os_task_t * CLOCKEVENT_Handler;                  /* 任务控制块 */
void clockevent_task(void * parameter);          /* 任务函数 */
        int main(void)
{
    os_task_msleep(200);
    /* 查找设备 */
    os_clockevent = (os_clockevent_t *)os_device_find("tim2");
    OS_ASSERT_EX(OS_NULL != os_clockevent, "tim2 device no find\r\n");
    /* 打开设备 */
    os_device_open((os_device_t *)os_clockevent);
    /* 设置 clockevent 设备超时中断函数 */
    os_clockevent_register_isr(os_clockevent, os_clockevent_callback);
    /* 设置周期触发模式,触发时间为 1 s */
    os_clockevent_start_period(os_clockevent, NSEC_PER_SEC);
    CLOCKEVENT_Handler = os_task_create("clockevent_task",  /* 设置任务的名称 */
                        clockevent_task,        /* 设置任务函数 */
                        OS_NULL,                /* 设置传入的参数 */
                        CLOCKEVENT_STK_SIZE,    /* 设置任务堆栈 */
                        CLOCKEVENT_TASK_PRIO);  /* 设置任务的优先
                                                   级 */

    OS_ASSERT(CLOCKEVENT_Handler);
    os_task_startup(CLOCKEVENT_Handler);                    /* 任务开始 */
    return 0;
}
```

KEY 任务负责读取 KEY_UP 和 KEY1 两个按键的状态并作相应的按键解释。

当 KEY_UP 被按下时,设置 Clockevent 设备为单次触发模式;当 KEY1 被按下时,设置 Clockevent 设备为周期触发模式。

```
/ **
 * @brief        clockevent_task
 * @param        parameter：传入参数（未用到）
 * @retval       无
 */
static void clockevent_task(void * parameter)
{
    parameter = parameter;
    os_uint8_t key = 0;
    lcd_show_string(30, 50, 200, 16, 16, "STM32", RED);
    lcd_show_string(30, 70, 200, 16, 16, "Clockevent test", RED);
    lcd_show_string(30, 90, 200, 16, 16, "ATOM@ALIENTEK", RED);
    lcd_show_string(30, 110, 200, 16, 16, "KEY_UP:Single Trigger", RED);
    lcd_show_string(30, 130, 200, 16, 16, "KEY1:Cycle Trigger", RED);
    for (os_uint8_t i = 0; i < key_table_size; i++)
    {
        os_pin_mode(key_table[i].pin, key_table[i].mode);
    }
    while (1)
    {
        key = key_scan(0);
        switch (key)
        {
            case WKUP_PRES:
                /* 设置单次触发模式，触发时间为 1 s */
                os_clockevent_start_oneshot(os_clockevent, NSEC_PER_SEC);
                break;
            case KEY1_PRES:
                /* 设置周期触发模式，触发时间为 1 s */
                os_clockevent_start_period(os_clockevent, NSEC_PER_SEC);
                break;
            default:
                break;
        }
        os_task_msleep(10);
    }
}
/ **
 * @brief        os_clockevent_callback 回调函数
 * @param        os_clockevent：控制块
 * @retval       无
 */
static void os_clockevent_callback(os_clockevent_t * os_clockevent)
{
    static os_uint8_t callback_count = 0;
    lcd_fill(6, 151, 233, 313, lcd_discolor[++callback_count % 11]);
}
```

### 8.4.3 下载验证

代码编译成功之后,下载代码到开发板上。每当按下 KEY_UP 按键后, Clockevent 被设置为单次触发模式,可以在 1 s 后观察到 LCD 的颜色发生了一次变化,如图 8.4 所示。

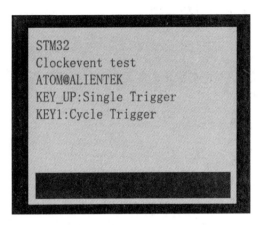

**图 8.4 Clockevent 实验测试图一**

当按下 KEY1 按键后,Clockevent 被设置为周期触发模式,可以观察到 LCD 每间隔 1 s 就发生一次变化。

# 第**9**章

# OneOS CAN 设备

OneOS 操作系统提供了 CAN 设备驱动,本章就来学习 OneOS 操作系统中 CAN 设备驱动的使用。

本章分为如下几部分:

9.1　CAN 简介

9.2　CAN 相关函数

9.3　STM32CubeMX 配置

9.4　CAN 实验

## 9.1　CAN 简介

CAN 是 Controller Area Network(控制器局域网络)的缩写,是 ISO 国际标准(ISO 11898)的串行通信协议,在当前汽车产业中被广泛使用,是欧洲汽车网络的标准协议。

CAN 控制器根据两根线上的电位差来判断总线电平。总线电平可以分为显性电平和隐性电平,二者必居其一。发送方通过使总线电平发生变化,将消息发送给接收方。CAN 的连接示意图如图 9.1 所示。

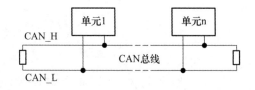

**图 9.1　CAN 连接示意图**

可以看出,CAN 总线的起止端都有一个电阻,这是 CAN 总线的终端电阻,终端电阻的值一般介于 $100\sim140\ \Omega$ 之间,经典值是 $120\ \Omega$;终端电阻用作阻抗匹配,以减少回波反射。在实际电路中,在 CAN 总线的两个终端节点上,即最近端和最远端,各接入一个终端电阻,而处于中间部分的节点则不能接入终端电阻,否则将导致通信出错。

CAN 协议具有以下特点:

- 多主控制。在总线空闲时,多个单元都可以发送消息(多主控制),而两个以上的单元同时开始发送消息时,根据标识符(Identifier,以下称为 ID)决定优先级。ID 并不表示发送的目的地址,而表示访问总线的消息优先级。两个以上的单元同时开始发送消息时,对各消息 ID 的每个位进行逐个仲裁比较。仲裁获胜(被判定为优先级最高)的单元可继续发送消息,仲裁失利的单元则立刻停止发送而进行接收工作。

- 系统的柔软性。与总线相连的单元没有类似于"地址"的信息。因此,在总线上增加单元时,连接在总线上的其他单元的软硬件以及应用层都不需要改变。

- 通信速度较快,通信距离远。最高 1 Mbps(距离小于 40 m),最远可达 10 km(速率低于 5 kbps)。

- 具有错误检测、错误通知和错误恢复功能。所有单元都可以检测错误(错误检测功能),检测出错误的单元会立即同时通知其他单元(错误通知功能),正在发送消息的单元一旦检测出错误,会强制结束当前的发送。强制结束发送的单元会不断、反复地重新发送此消息,直到发送成功为止(错误恢复功能)。

- 故障封闭功能。CAN 协议可以判断出错误的类型是总线上暂时的数据错误(如外部噪声等)还是持续的数据错误(如单元内部故障、驱动器故障、断线等)。由此功能可知,当总线上发生持续错误时,可将引起此故障的单元从总线上隔离出去。

- 连接节点多。CAN 协议的总线是可同时连接多个单元的总线。可连接的单元总线理论上是没有限制的,但实际上可连接的单元数受总线上的时间延迟及电气负载的限制。降低通信速度,可连接的单元数增加;提高通信速度,可连接的单元数减少。

CAN 协议是通过以下 5 种类型的帧进行的,如表 9.1 所列。

表 9.1 CAN 协议各种帧及其用途

| 帧类型 | 帧用途 |
|---|---|
| 数据帧 | 用于发送单元向接收单元传送数据的帧 |
| 遥控帧 | 用于接收单元向具有相同 ID 的发送单元请求数据的帧 |
| 错误帧 | 用于检测出错误时向其他单元通知错误的帧 |
| 过载帧 | 用于接收单元通知其尚未做好接收准备的帧 |
| 间隔帧 | 用于将数据帧及遥控帧与前面的帧分离开来的帧 |

# 9.2 CAN 相关函数

OneOS 操作系统中使用设备驱动模型统一的 API 接口来访问 CAN 硬件控制

器,相关 API 接口如表 9.2 所列。

表 9.2　设备模型统一 API 接口

| 函　数 | 描　述 |
| --- | --- |
| os_device_find() | 查找设备 |
| os_device_open() | 打开设备 |
| os_device_read_block() | 读取数据(阻塞) |
| os_device_read_nonblock() | 读取数据(非阻塞) |
| os_device_write_block() | 写入数据(阻塞) |
| os_device_write_nonblock() | 写入数据(非阻塞) |
| os_device_control() | 控制设备 |
| os_device_close() | 关闭设备 |

### 1. 查找 CAN 设备

应用程序可使用函数 os_device_find()以及 CAN 设备的名称来查找 CAN 设备并获取 CAN 设备的设备句柄,使用示例如下:

```
static os_device_t * can_dev;
can_dev = os_device_find("can");
```

### 2. 打开 CAN 设备

应用程序可使用函数 os_device_open()以及 CAN 设备的设备句柄打开 CAN 设备,第一次打开 CAN 设备的时候,将会检测设备是否已经初始化,没有初始化则会调用默认的初始化接口初始化 CAN 设备。使用示例如下:

```
os_device_open(can_dev);
```

### 3. 控制 CAN 设备

应用程序可使用函数 os_device_control()对 CAN 设备进行配置。函数 os_device_control()通过 arg(控制参数)和 cmd(控制命令)的不同对 CAN 设备不同的参数进行配置,arg 根据 cmd 的不同而不同,cmd 可以取以下值:

```
#define OS_DEVICE_CTRL_SET_CB      IOC_UNKNOWN(3)    /* 设置 rx 或 tx 回调函数 */
#define OS_DEVICE_CTRL_CONFIG      IOC_UNKNOWN(7)    /* 配置设备 */
#define OS_CAN_CMD_SET_FILTER      IOC_CAN(1)        /* 设置硬件过滤表 */
#define OS_CAN_CMD_SET_BAUD        IOC_CAN(2)        /* 设置波特率 */
#define OS_CAN_CMD_SET_MODE        IOC_CAN(3)        /* 设置 CAN 工作模式 */
#define OS_CAN_CMD_SET_PRIV        IOC_CAN(4)        /* 设置发送优先级 */
#define OS_CAN_CMD_GET_STATUS      IOC_CAN(5)        /* 获取 CAN 设备状态 */
#define OS_CAN_CMD_SET_STATUS_IND  IOC_CAN(6)        /* 设置状态回调函数 */
#define OS_CAN_CMD_SET_BUS_HOOK    IOC_CAN(7)        /* 设置 CAN 总线钩子函数 */
```

### 4. 设置 CAN 设备波特率

应用程序可使用函数 os_device_control()以及 OS_CAN_CMD_SET_BAUD 命令设置 CAN 设备的波特率。OneOS 提供的 CAN 设备波特率如下所示：

```
enum CANBAUD
{
    CAN1MBaud =  1000UL *   1000,  /*   1 Mbps */
    CAN800kBaud = 1000UL *   800,  /* 800 Kbps */
    CAN500kBaud = 1000UL *   500,  /* 500 Kbps */
    CAN250kBaud = 1000UL *   250,  /* 250 Kbps */
    CAN125kBaud = 1000UL *   125,  /* 125 Kbps */
    CAN100kBaud = 1000UL *   100,  /* 100 Kbps */
    CAN50kBaud =  1000UL *    50,  /*  50 Kbps */
    CAN20kBaud =  1000UL *    20,  /*  20 Kbps */
    CAN10kBaud =  1000UL *    10   /*  10 Kbps */
};
```

使用示例如下：

```
os_device_control(can_dev, OS_CAN_CMD_SET_BAUD, (void * )CAN500kBaud);
```

### 5. 设置 CAN 设备工作模式

应用程序可使用函数 os_device_control()以及 OS_CAN_CMD_SET_MODE 命令设置 CAN 设备的工作模式。OneOS 提供的 CAN 设备工作模式如下所示：

```
#define OS_CAN_MODE_NORMAL                0 /* 正常模式 */
#define OS_CAN_MODE_LISEN                 1 /* 静默模式 */
#define OS_CAN_MODE_LOOPBACK              2 /* 回环模式 */
#define OS_CAN_MODE_LOOPBACKANLISEN       3 /* 回环静默模式 */
```

使用示例如下：

```
os_device_control(can_dev, OS_CAN_CMD_SET_MODE, (void * )OS_CAN_MODE_LOOPBACK);
```

### 6. 获取 CAN 设备状态

应用程序可使用函数 os_device_control()以及 OS_CAN_CMD_GET_STATUS 命令获取 CAN 设备的状态。OneOS 提供的 CAN 设备状态结构体如下所示：

```
struct os_can_status
{
    os_uint32_t rcverrcnt;
    os_uint32_t snderrcnt;
    os_uint32_t errcode;
    os_uint32_t rcvpkg;
    os_uint32_t dropedrcvpkg;
    os_uint32_t sndpkg;
    os_uint32_t dropedsndpkg;
```

```
    os_uint32_t bitpaderrcnt;
    os_uint32_t formaterrcnt;
    os_uint32_t ackerrcnt;
    os_uint32_t biterrcnt;
    os_uint32_t crcerrcnt;
    os_uint32_t rcvchange;
    os_uint32_t sndchange;
    os_uint32_t lasterrtype;
};
```

使用示例如下：

```
static struct os_can_status status;
os_device_control(can_dev, OS_CAN_CMD_GET_STATUS, &status);
```

## 7. 设置 CAN 设备硬件过滤表

应用程序可使用函数 os_device_control()以及 OS_CAN_CMD_SET_FILTER 命令设置 CAN 设备的硬件过滤表。OneOS 提供的 CAN 设备硬件过滤表控制块如下所示：

```
struct os_can_filter_config
{
    /* 过滤表数量 */
    os_uint32_t                count;
    /* 过滤表激活选项
     * 1 表示初始化过滤表控制块
     * 0 表示不初始化过滤表控制块
     */
    os_uint32_t                actived;
    /* 过滤表指针,可指向一个过滤表数组 */
    struct os_can_filter_item * items;
};
```

其中，os_can_filter_item 为过滤结构体，filter 结构体如下所示：

```
struct os_can_filter_item
{
    /* 为适配扩展长度 29 位,标准格式时 11 位 */
    os_uint32_t id: 29;
    /* 标识扩展帧位 */
    os_uint32_t ide: 1;
    /* 标识远程帧位 */
    os_uint32_t rtr: 1;
    os_uint32_t mode: 1;   /* Filter table mode */
    /* ID 掩码
     * 0 表示对应位不关心
     * 1 表示对应位必须匹配
     */
```

```
        os_uint32_t mask;
        /*  -1 表示不指定过滤表号,对应的过滤表控制块也不会被初始化
         *  正数为过滤表号,对应的过滤表控制块会被初始化
         */
        os_int32_t  hdr;
# ifdef OS_CAN_USING_HDR
        /* 过滤表回调函数 */
        os_err_t ( * ind)(os_device_t dev, void * args, os_int32_t hdr, os_size_t size);
        /* 回调函数参数 */
        void * args;
# endif
};
```

为了方便初始化过滤表,OneOS 提供了过滤表的初始化宏,宏定义如下所示:

```
# define OS_CAN_FILTER_ITEM_INIT(id, ide, rtr, mode, mask)    \
    {                                                         \
        (id), (ide), (rtr), (mode), (mask), -1,              \
    }
```

## 8. CAN 设备发送数据

应用程序可以使用函数 os_device_write_block()或函数 os_device_write_noblock()使 CAN 设备发送数据,CAN 设备的消息结构体如下所示:

```
struct os_can_msg
{
    os_uint32_t id: 29;              /* 为适配扩展长度 29 位,标准格式时 11 位 */
    os_uint32_t ide: 1;             /* 标识扩展帧位 */
    os_uint32_t rtr: 1;             /* 标识远程帧位 */
    os_uint32_t rsv: 1;             /* 保留位 */
    os_uint32_t len: 8;             /* 数据长度位 */
    os_uint32_t priv: 8;            /* 报文发送优先级 */
    os_int32_t  hdr: 8;             /* 硬件过滤表号 */
    os_uint32_t reserved: 8;        /* 保留位 */
    os_uint8_t  data[8];            /* CAN 数据 */
};
```

## 9. CAN 设备接收数据

应用程序可以使用函数 os_device_read_block()或函数 os_device_read_noblock() 使 CAN 设备接收数据,CAN 设备的消息结构体同发送数据的消息结构体一致。

## 10. 设置 CAN 设备发送和接收回调函数

应用程序可使用函数 os_device_control()以及 OS_DEVICE_CTRL_SET_CB 命令设置 CAN 设备发送或接收回调函数,使用示例如下:

```
OS_USEDstatic os_err_t can_cb(os_device_t * dev,
                              struct os_device_cb_info * info)
```

```
{
    /* do something */
}
struct os_device_cb_info cb_info;
os_device_control(can_dev, OS_DEVICE_CTRL_SET_CB, &cb_info);
```

其中,主要设置设备回调函数信息结构体 os_device_cb_info 中的成员变量 type 和 cb 即可。

os_device_cb_info 成员变量 type 如下所示:

```
enum os_device_cb_type
{
    OS_DEVICE_CB_TYPE_RX = 0,    /* 设置接收回调函数 */
    OS_DEVICE_CB_TYPE_TX,        /* 设置发送回调函数 */
    OS_DEVICE_CB_TYPE_NUM,       /* 回调函数的数量 */
};
```

os_device_cb_info 成员变量 cb 则为指向回调函数的指针。

使用示例如下:

```
static os_err_t can_callback(os_device_t * dev, struct os_device_cb_info * info)
{
    /* do something */
}
struct os_device_cb_info cb_info =
{
    /* 设置 CAN 发送回调函数 */
    .type = OS_DEVICE_CB_TYPE_TX,
    /* 设置 CAN 接收回调函数 */
    /* .type = OS_DEVICE_CB_TYPE_RX, */
    .cb   = can_callback,
};
os_device_control(can_dev, OS_DEVICE_CTRL_SET_CB, &cb_info);
```

### 11. 关闭 CAN 设备

应用程序可使用函数 os_device_close()以及 CAN 设备句柄关闭 CAN 设备,使用示例如下:

```
os_device_close(can_dev);
```

# 9.3  STM32CubeMX 配置

本实验使用了 STM32 的硬件 CAN 测试 OneOS 操作系统中的 CAN 设备,于是需要在 STM32CubeMX 中使能 CAN。步骤如下:

① 打开 oneos\projects\xxxxx(project 文件夹)\board\CubeMX_Config 下的 STM32CubeMX 工程文件,如图 9.2 所示。

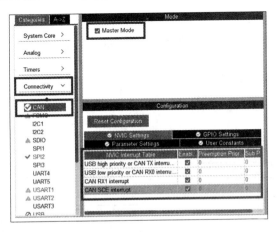

图 9.2　STM32CubeMX 工程文件夹

② 打开 STM32CubeMX 工程后,对 TIM2 进行如下配置,如图 9.3 所示。

图 9.3　CAN 配置图

③ 接着在 oneos\projects\xxxxx(project 文件夹)目录下打开 OneOS - Cube 工具,在命令行输入 menuconfig 打开可视化配置界面。

④ 通过空格或向右方向键选择(Top)→ Drivers → CAN 下的选项 Using CAN drivers:

⑤ 按 Esc 键退出 menuconfig,注意保存所修改的设置。

⑥ 命令行输入 scons --ide=mdk5 命令,构建工程。

# 9.4　CAN 实验

## 9.4.1　功能设计

### 1. 例程功能

使用 KEY_UP 切换 CAN 设备的工作模式为正常模式还是回环模式,使用

KEY0 进行 CAN 设备的数据发送,同时在 LCD 显示屏上显示 CAN 设备的当前工作模式、发送的数据和接收的数据。

### 2. 硬件资源

本实验用到的硬件资源有:

- KEY_UP 和 KEY0 按键;
- TFTLCD 模块;
- CAN。

## 9.4.2 软件设计

### 1. 程序流程图

根据上述例程功能分析得到程序流程图,如图 9.4 所示。

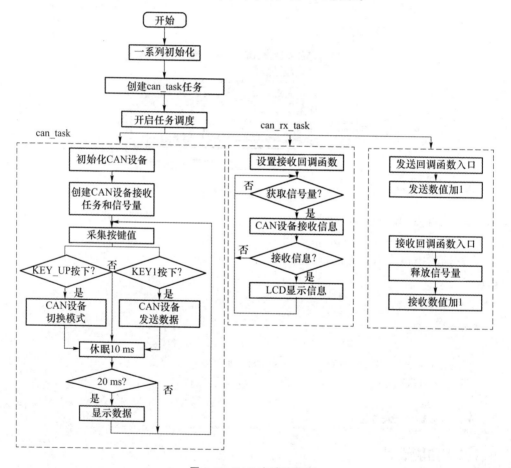

**图 9.4 CAN 实验流程图**

## 2. 程序解析

当系统初始化完成后,创建 CAN 任务。

```
int main(void)
{
    CAN_Handler = os_task_create("can_task",      /* 设置任务的名称 */
                                 can_task,        /* 设置任务函数 */
                                 OS_NULL,         /* 任务传入的参数 */
                                 CAN_STK_SIZE,    /* 设置任务堆栈 */
                                 CAN_TASK_PRIO);  /* 设置任务的优先级 */
    OS_ASSERT(CAN_Handler);
    os_task_startup(CAN_Handler);                 /* 任务开始 */

    return 0;
}
```

在 CAN 任务完成 CAN 设备的初始化和其他一些必要的初始化,并创建 CAN 设备接收任务。

```
/* 部分代码省略 */

can_dev = os_device_find("can");
OS_ASSERT(can_dev);
/* 部分代码省略 */
os_sem_init(&rx_sem, "rx_sem", 0, OS_SEM_MAX_VALUE);
res = os_device_open(can_dev);
OS_ASSERT(res == OS_EOK);
res = os_device_control(can_dev, OS_CAN_CMD_SET_BAUD, (void *)baud);
res = os_device_control(can_dev, OS_CAN_CMD_SET_MODE, (void *)mode);
can_task = os_task_create("can_rx", can_rx_task, OS_NULL, 1024, 25);
OS_ASSERT(can_task);
os_task_startup(can_task);
```

接着在 CAN 任务里面循环执行按键扫描和发送数据的更新,同时,如果有按键被按下,做相应的按键解释。

```
while(1) {
    key = key_scan(0);
    if (key == KEY0_PRES) {
        /* CAN 设备发送数据,代码省略 */
    } else if (key == WKUP_PRES) {
        /* 切换 CAN 设备工作模式,代码省略 */
    }
    t++;
    os_task_msleep(10);
    if (t == 20) {
        /* 更新发送数据 */
        t = 0;
```

```
        cnt ++ ;
        lcd_show_xnum(30 + 48, 150, cnt, 3, 16, 0X80, BLUE);
    }
}
```

在 CAN 设备接收任务中,先设置好 CAN 设备的接收回调函数。在 CAN 设备的接收回调函数中释放接收信号量,让 CAN 设备接收任务获取接收信号量,以触发 CAN 设备数据的接收。

```
static os_err_t can_rx_call(os_device_t * dev, struct os_device_cb_info * info)
{
    os_sem_post(&rx_sem);
    rx_count ++ ;
    return OS_EOK;
}
static void can_rx_task(void * parameter)
{
    /* 部分代码省略 */
    struct os_device_cb_info cb_info =
    {
        .type = OS_DEVICE_CB_TYPE_RX,
        .cb   = can_rx_call,
    };
    os_device_control(can_dev, OS_DEVICE_CTRL_SET_CB, &cb_info);
    while (1)
    {
        /* 部分代码省略 */
        os_sem_wait(&rx_sem, OS_WAIT_FOREVER);
        if (os_device_read_nonblock(can_dev, 0, &rxmsg, sizeof(rxmsg)) < = 0) {
            continue;
        }
        /* 显示 CAN 设备接收的数据,代码省略 */
    }
}
```

## 9.4.3  下载验证

代码编译成功之后,下载代码到开发板上。每当按下 KEY_UP 按键后,则切换 CAN 设备的工作模式,并在 LCD 显示屏上实时显示 CAN 设备当前的工作模式,如图 9.5 所示。

当 CAN 设备的工作模式为回环模式时,按下 KEY0 按键后,CAN 设备会发送相应的数据,同时接收发送的数据,并将发送和接收的数据实时地显示在 LCD 显示屏上,如图 9.6 所示。

图 9.5　CAN 设备实验测试图一

图 9.6　CAN 设备实验测试图二

当 CAN 设备的工作模式为正常模式时,需要两块开发板才能进行实验测试,开发板 1 和开发板 2 的连接方式如图 9.7 所示。

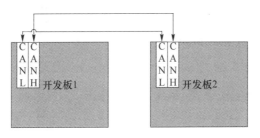

图 9.7　CAN 设备实验测试图三

当按下开发板 1 的 KEY0 按键后,开发板 1 的 CAN 设备会发送相应的数据,同时开发板 2 的 CAN 设备会接收开发板 1 的 CAN 设备发送的数据,并且开发板 1 发送的数据和开发板 2 接收的数据会显示到各自的 LCD 显示屏上,如图 9.8 所示。

图 9.8　CAN 设备实验测试图四

# 组件篇

OneOS 源码的 components 目录下都是和组件相关的程序代码,具有丰富的组件是 OneOS 的一个特点;OneOS 具有多达十几种基础组件,这些组件提供网络协议、云平台接入、远程升级、文件系统、日志系统、测试框架、调试工具等众多通用服务功能。OneOS 采用模块化设计,各个组件相互独立,耦合性低,易于灵活裁减,组件与组件之间可以通过互相配合来完成复杂的功能;组件部分对外提供接口和服务,向上可支持轻应用、定位服务和物联网云服务等开发,为 IoT 嵌入式设备应用开发提供了完整的解决方案。本篇就来介绍 OneOS 的部分组件。

# 第 10 章

# DLOG 日志系统

OneOS 操作系统提供了 DLOG 日志系统组件,极大地方便了开发,本章就来学习 OneOS 操作系统中的 DLOG 日志系统组件的使用。

本章分为如下几部分:

10.1　DLOG 日志系统简介

10.2　DLOG 日志系统相关函数

10.3　STM32CubeMX 配置

10.4　DLOG 日志系统实验

## 10.1　DLOG 日志系统简介

记录发生的某个事件并显示或者保存到文件,这就是日志(log)。

DLOG 日志系统就是用来生成日志的一个组件,通过查看 DLOG 日志系统生成的日志可以帮助用户在开发中快速锁定和分析程序中的 BUG。

DLOG 日志系统主要有以下特点:

- 默认支持输出到串口终端,此外还支持添加后端以实现多路日志,可支持串口、网络、文件、闪存等形式的后端;
- 输出被设计为任务线程安全的方式,并支持异步输出模式;
- 支持在中断等复杂上下文环境中使用;
- 支持浮点数格式;
- 支 持 4 个 等 级,优 先 级 由 高 到 低 分 别 为 DLOG _ ERROR、DLOG _ WARNING、DLOG_INFO、DLOG_DEBUG;
- 支持按等级进行全局过滤,优先级低于配置等级的日志将不被输出;
- 支持标签方式过滤,添加标签过滤后,低于标签等级的日志将不被输出,并且全局过滤也不再对此标签起作用,直到标签过滤器被删除;
- 支持全局标签过滤,设置全局标签后其他标签将不输出,直到删除全局标签为止;
- 支持全局关键字过滤,设置全局关键字后,只有包含此关键字的日志会被输出,直到删除全局关键字;

- 支持全部编译和部分编译两种使用方式,在部分编译的方式下可以有效降低 ROM 空间的使用;
- 输出格式可进行配置,配置项包含时间、任务、函数名称、文件行号、颜色等;
- 支持使用 Shell 进行配置,简单易用。

DLOG 日志系统的系统框图如图 10.1 所示。

图 10.1　DLOG 系统框图

DLOG 前端:可以使用 OneOS 操作系统提供的 LOG_X 形式的宏接口,实现前端日志的输出。除了 LOG_X 形式的宏接口,DLOG 前端还兼容了 Linux syslog 接口。

DLOG 核心:包括了前过滤器、格式化模块、后过滤器、异步输出模块和同步输出模块。前过滤器主要是对标签过滤、全局过滤和全局标签过滤依据设置进行过滤;格式化模块主要控制输出日志的格式,包括浮点数打印、颜色输出和日志的附加信息;后过滤器则对全局关键字进行过滤;异步和同步输出模块则将日志输出到 DLOG 后端,区别在于异步输出会暂时缓存当前要输出的日志,在专门的日志输出线程得到 CPU 使用权时,再将日志统一输出,同步输出则立即在当前线程中向后端输出日志。

DLOG 后端:支持将日志通过 UART、SPI、USB 输出,同时还支持将日志保存至文件或者通过网络进行传输。

# 10.2　DLOG 日志系统相关函数

DLOG 日志等级宏定义如下所示:

```
#define DLOG_ERROR      3
#define DLOG_WARNING    4
#define DLOG_INFO       6
#define DLOG_DEBUG      7
```

DLOG 日志等级描述如表 10.1 所列。

**表 10.1 DLOG 日志等级描述**

| 日志等级 | 描　述 |
|---|---|
| DLOG_ERROR | 错误级别（最高级别） |
| DLOG_WARNING | 警告级别 |
| DLOG_INFO | 信息级别 |
| DLOG_DEBUG | 调试级别（最低级别） |

DLOG 日志系统的 API 函数如表 10.2 所列。

**表 10.2 DLOG 日志文件系统相关 API 函数**

| 函　数 | 描　述 |
|---|---|
| dlog_backend_register() | 该函数用于向 DLOG 日志模块注册日志后端 |
| dlog_backend_unregister() | 该函数用于向 DLOG 日志模块注销日志后端 |
| dlog_tag_lvl_filter_set() | 该函数用于配置标签过滤器等级 |
| dlog_tag_lvl_filter_get() | 该函数用于获取标签过滤器等级 |
| dlog_tag_lvl_filter_del() | 该函数用于删除标签过滤器等级 |
| dlog_global_filter_tag_set() | 该函数用于配置全局过滤器的标签 |
| dlog_global_filter_tag_get() | 该函数用于获取全局过滤器的标签 |
| dlog_global_filter_tag_del() | 该函数用于删除全局过滤器的标签 |
| dlog_global_filter_kw_set() | 该函数用于配置全局过滤器的关键字 |
| dlog_global_filter_kw_get() | 该函数用于获取全局过滤器的关键字 |
| dlog_global_filter_kw_del() | 该函数用于删除全局过滤器的关键字 |
| LOG_E() | 该宏为 DLOG_ERROR 等级日志输出 |
| LOG_W() | 该宏为 LOG_LVL_WARNING 等级日志输出 |
| LOG_I() | 该宏为 LOG_LVL_INFO 等级日志输出 |
| LOG_D() | 该宏为 LOG_LVL_DEBUG 等级日志输出 |
| LOG_RAW() | 常规日志输出 |
| LOG_HEX() | 十六进制日志输出 |

## 1. 函数 dlog_backend_register()

该函数用于实现向 DLOG 日志模块注册日志后端，函数原型如下：

```
os_err_t dlog_backend_register(dlog_backend_t * backend);
```

函数 dlog_backend_register() 的相关形参如表 10.3 所列。

**表 10.3　函数 dlog_backend_register( )的相关形参描述**

| 参　数 | 描　述 |
|--------|--------|
| backend | DLOG 日志后端对象结构体指针 |

返回值:OS_EOK 表示操作成功,OS_EPERM 表示 DLOG 模块为未初始化或初始化未成功。

### 2. 函数 dlog_backend_unregister( )

该函数用于实现向 DLOG 日志模块注销日志后端,函数原型如下:

```
os_err_t dlog_backend_unregister(dlog_backend_t * backend);
```

函数 dlog_backend_unregister( )的相关形参如表 10.4 所列。

**表 10.4　函数 dlog_backend_unregister( )的相关形参描述**

| 参　数 | 描　述 |
|--------|--------|
| backend | DLOG 日志后端对象结构体指针 |

返回值:OS_EOK 表示操作成功,OS_EPERM 表示 DLOG 模块未初始化或初始化未成功。

### 3. 函数 dlog_tag_lvl_filter_set( )

该函数用于实现配置标签过滤器等级,函数原型如下:

```
os_err_t dlog_tag_lvl_filter_set(const char * tag, os_uint16_t level);
```

函数 dlog_tag_lvl_filter_set( )的相关形参如表 10.5 所列。

**表 10.5　函数 dlog_tag_lvl_filter_set( )的相关形参描述**

| 参　数 | 描　述 |
|--------|--------|
| tag | 标签名称指针 |
| level | 设置的标签过滤器等级 |

返回值:OS_EOK 表示操作成功,OS_ERROR 表示调试日志模块没有初始化,OS_ENOMEM 表示申请标签过滤器空间失败。

### 4. 函数 dlog_tag_lvl_filter_get( )

该函数用于实现获取标签过滤器等级,函数原型如下:

```
os_err_t dlog_tag_lvl_filter_get(const char * tag, os_uint16_t * level);
```

函数 dlog_tag_lvl_filter_get( )的相关形参如表 10.6 所列。

表 10.6　函数 dlog_tag_lvl_filter_get( )的相关形参描述

| 参　　数 | 描　　述 |
|---|---|
| tag | 标签名称指针 |
| level | 存储的标签过滤器等级的指针 |

返回值:OS_EOK 表示操作成功,OS_ERROR 表示调试日志模块没有初始化或者没有找到对应的标签。

### 5. 函数 dlog_tag_lvl_filter_del( )

该函数用于实现删除标签过滤器等级,函数原型如下:

```
os_err_t dlog_tag_lvl_filter_del(const char * tag);
```

函数 dlog_tag_lvl_filter_del( )的相关形参如表 10.7 所列。

表 10.7　函数 dlog_tag_lvl_filter_del( )的相关形参描述

| 参　　数 | 描　　述 |
|---|---|
| tag | 标签名称指针 |

返回值:OS_EOK 表示操作成功,OS_ERROR 表示调试日志模块没有初始化或者没有找到对应的标签。

### 6. 函数 dlog_global_filter_tag_set( )

该函数用于实现配置全局过滤器的标签,函数原型如下:

```
void dlog_global_filter_tag_set(const char * tag);
```

函数 dlog_global_filter_tag_set( )的相关形参如表 10.8 所列。

表 10.8　函数 dlog_global_filter_tag_set( )的相关形参描述

| 参　　数 | 描　　述 |
|---|---|
| tag | 标签名称指针 |

返回值:无。

### 7. 函数 dlog_global_filter_tag_get( )

该函数用于实现获取全局过滤器的标签,函数原型如下:

```
const char * dlog_global_filter_tag_get(void);
```

函数 dlog_global_filter_tag_get( )的相关形参如表 10.9 所列。

表 10.9　函数 dlog_global_filter_tag_get( )的相关形参描述

| 参　数 | 描　述 |
| --- | --- |
| 无 | 无 |

返回值:全局过滤器的标签名称指针。

## 8. 函数 dlog_global_filter_tag_del( )

该函数用于实现删除全局过滤器的标签,函数原型如下:

```
void dlog_global_filter_tag_del(void);
```

函数 dlog_global_filter_tag_del( )的相关形参如表 10.10 所列。

表 10.10　函数 dlog_global_filter_tag_del( )的相关形参描述

| 参　数 | 描　述 |
| --- | --- |
| 无 | 无 |

返回值:无。

## 9. 函数 dlog_global_filter_kw_set( )

该函数用于实现配置全局过滤器的关键字,函数原型如下:

```
void dlog_global_filter_kw_set(const char * keyword);
```

函数 dlog_global_filter_kw_set( )的相关形参如表 10.11 所列。

表 10.11　函数 dlog_global_filter_kw_set( )的相关形参描述

| 参　数 | 描　述 |
| --- | --- |
| keyword | 关键字字符串指针 |

返回值:无。

## 10. 函数 dlog_global_filter_kw_get( )

该函数用于实现获取全局过滤器的关键字,函数原型如下:

```
const char * dlog_global_filter_kw_get(void);
```

函数 dlog_global_filter_kw_get( )的相关形参如表 10.12 所列。

表 10.12　函数 dlog_global_filter_kw_get( )的相关形参描述

| 参　数 | 描　述 |
| --- | --- |
| 无 | 无 |

返回值:全局过滤器的关键字字符串指针。

## 11. 函数 dlog_global_filter_kw_del()

该函数用于实现删除全局过滤器的关键字,函数原型如下:

```
void dlog_global_filter_kw_del(void);
```

函数 dlog_global_filter_kw_del()的相关形参如表 10.13 所列。

表 10.13　函数 dlog_global_filter_kw_del()的相关形参描述

| 参　数 | 描　述 |
|---|---|
| 无 | 无 |

返回值:无。

## 12. 函数 LOG_E()

该函数实际上是一个宏定义,用于实现等级为 DLOG_ERROR 的日志输出,宏定义如下:

```
#define LOG_E(tag, fmt, ...)
```

函数 LOG_E()的相关形参如表 10.14 所列。

返回值:无。

## 13. 函数 LOG_W()

该函数实际上是一个宏定义,用于实现等级为 DLOG_WORNING 的日志输出,宏定义如下:

```
#define LOG_W(tag, fmt, ...)
```

函数 LOG_W()的相关形参如表 10.15 所列。

表 10.14　函数 LOG_E()的相关形参描述

| 参　数 | 描　述 |
|---|---|
| tag | 标签名称 |
| fmt | 格式化前的字符串 |
| ... | 可变参数 |

表 10.15　函数 LOG_W()的相关形参描述

| 参　数 | 描　述 |
|---|---|
| tag | 标签名称 |
| fmt | 格式化前的字符串 |
| ... | 可变参数 |

返回值:无。

## 14. 函数 LOG_I()

该函数实际上是一个宏定义,用于实现等级为 DLOG_INFO 的日志输出,宏定义如下:

```
#define LOG_I(tag, fmt, ...)
```

函数 LOG_I() 的相关形参如表 10.16 所列。

返回值:无。

### 15. 函数 LOG_D()

该函数实际上是一个宏定义,用于实现等级为 DLOG DEBUG 的日志输出,宏定义如下:

```
#define LOG_D(tag, fmt,...)
```

函数 LOG_D() 的相关形参如表 10.17 所列。

表 10.16 函数 LOG_I() 的相关形参描述

| 参　数 | 描　述 |
| --- | --- |
| tag | 标签名称 |
| fmt | 格式化前的字符串 |
| ... | 可变参数 |

表 10.17 函数 LOG_D() 的相关形参描述

| 参　数 | 描　述 |
| --- | --- |
| tag | 标签名称 |
| fmt | 格式化前的字符串 |
| ... | 可变参数 |

返回值:无。

### 16. 函数 LOG_RAW()

该函数实际上是一个宏定义,用于实现常规的日志输出,宏定义如下:

```
#define LOG_RAW(fmt,...)
```

函数 LOG_RAW() 的相关形参如表 10.18 所列。

返回值:无。

### 17. 函数 LOG_HEX()

该函数实际上是一个宏定义,用于实现把数据转化为十六进制的日志输出,宏定义如下:

```
#define LOG_HEX(tag, width, buf, size)
```

函数 LOG_HEX() 的相关形参如表 10.19 所列。

表 10.18 函数 LOG_RAW() 的相关形参描述

| 参　数 | 描　述 |
| --- | --- |
| fmt | 格式化前的字符串 |
| ... | 可变参数 |

表 10.19 函数 LOG_HEX() 的相关形参描述

| 参　数 | 描　述 |
| --- | --- |
| tag | 标签名称 |
| width | 每行的宽度 |
| buf | 输出数据指针 |
| size | 输出数据大小 |

返回值:无。

# 10.3 STM32CubeMX 配置

由于本实验使用 USART1 进行 DLOG 日志的输出，USART1 默认已经配置好了，无须再次配置，所以不用配置 STM32CubeMX 工程，但需要对 menuconfig 做相应的配置，配置如下：

① 通过空格或向右方向键选择（Top）→ Components → Dlog 下的选项 Enable dlog 使能 DLOG 日志系统。DLOG 日志系统的配置项如表 10.20 所列。

```
(Top) → Components→ Dlog
                                              OneOS Configuration
- * - Enable dlog
        The log global output level. (Warning)  --->
        The log compile level. (Debug)  --->
[ * ]     Enable ISR log.
[ * ]     Enable runtime log filter.
[ * ]     Enable async output mode.
(2048)        The async output buffer size.
(2048)        The async output task stack size.
(30)          The async output task stack priority.
[ ]     Enable syslog
        Log format--->
        Dlog backend option--->
```

**表 10.20 DLOG 日志系统配置项描述**

| 配置项 | 描　　述 |
|---|---|
| Enable dlog | 使能 DLOG 日志系统 |
| The log global output level | DLOG 最低输出等级 |
| The log compile level | DLOG 最低编译等级 |
| Enable ISR log | 使能中断中使用 DLOG 输出 |
| Enable runtime log filter | 使能 DLOG 过滤器 |
| Enable async output mode | 使能异步输出模式 |
| The async output buffer size | 设置异步输出时日志缓存的大小 |
| The async output task stack size | 设置异步输出任务的堆栈大小 |
| The async output task priority | 设置异步输出任务的优先级 |
| Enable syslog | 使能 syslog |
| Log format | 配置输出格式化 |
| Dlog backend option | 配置 DLOG 后端 |

② 按 Esc 键退出 menuconfig，注意保存所修改的设置。

③ 命令行输入 scons --ide=mdk5 命令，构建工程。

# 10.4　DLOG 日志系统实验

## 10.4.1　功能设计

### 1. 例程功能

Shell 中使用命令对 DLOG 日志系统进行输出测试、设置和获取全局等级过滤、设置和获取和删除标签等级过滤、设置和获取和删除全局标签等级过滤、设置和获取和删除全局关键字等级过滤,并将结果同时显示在 LCD 显示屏上。

### 2. 硬件资源

本实验用到的硬件资源有:

➢　TFTLCD 模块;

➢　USART1。

## 10.4.2　软件设计

### 1. 程序流程(见图 10.2)

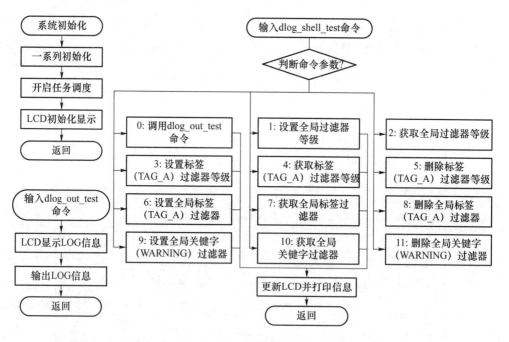

图 10.2　程序流程图

### 2. 程序解析

在系统初始化时,使用宏定义 SH_CMD_EXPORT 向系统注册用于实验的两条

Shell 命令。

```
SH_CMD_EXPORT(dlog_out_test, dlog_out_test, "DLOG output test");
SH_CMD_EXPORT(dlog_shell_test, dlog_shell_test, "DLOG SHELL test");
```

当系统初始化完成后,先在 LCD 显示屏上显示一些初始化信息,随后等待 Shell 命令输入。

```
int main(void)
{
    lcd_show_string(10, 10, 200, 16, 16, "STM32", RED);
    lcd_show_string(10, 30, 200, 16, 16, "DLOG SHELL test", RED);
    lcd_show_string(10, 50, 200, 16, 16, "ATOM@ALIENTEK", RED);
    return 0;
}
```

调用 dlog_out_test 命令后,执行函数 dlog_out_test();该函数用于在 LCD 上显示要使用 LOG_x 输出的 LOG 日志,并调用 LOG_x 输出两种标签 4 种等级的 LOG 日志。

```
static void dlog_out_test(void)
{
    lcd_fill(0,70,lcddev.width,lcddev.height,WHITE);
    lcd_show_string(20, 70, 200, 16, 16, "TAG_A:TAG_A DLOG_ERROR", BLUE);
    /* 省略部分 LCD 显示代码 */
    LOG_E(TAG_A, "TAG_A DLOG_ERROR");
    LOG_W(TAG_A, "TAG_A DLOG_WARNING");
    LOG_I(TAG_A, "TAG_A DLOG_INFO");
    LOG_D(TAG_A, "TAG_A DLOG_DEBUG");
    LOG_E(TAG_B, "TAG_B DLOG_ERROR");
    LOG_W(TAG_B, "TAG_B DLOG_WARNING");
    LOG_I(TAG_B, "TAG_B DLOG_INFO");
    LOG_D(TAG_B, "TAG_B DLOG_DEBUG");
}
```

调用 dlog_shell_test 命令后,执行函数 dlog_shell_test();该函数根据输入命令参数的不同,可设置、获取和删除全局过滤器等级、标签过滤器等级、全局标签过滤器等级和全局关键字过滤器等级,并且还可以调用 dlog_out_test 命令测试修改某种过滤器等级后的 LOG 日志输出情况。

```
static os_err_t dlog_shell_test(os_int32_t argc, char ** argv)
{
    os_uint8_t item_num = strtol(argv[1], OS_NULL, 0);
    /* 部分代码省略 */
    if (argc != 2 || item_num > 11)
    {
        /* 打印命令帮助信息,代码省略 */
        return OS_ERROR;
```

```
    }
    /* 部分代码省略 */
    /* 选择要调用的命令 */
    switch (item_num)
    {
        case 0：
            /* 调用 dlog_out_test,代码省略 */
            break;
        case 1：
            /* 设置全局过滤器等级,代码省略 */
            break;
        case 2：
            /* 获取全局过滤器等级,代码省略 */
            break;
        case 3：
            /* 设置标签过滤器等级,代码省略 */
            break;
        case 4：
            /* 获取标签过滤器等级,代码省略 */
            break;
        case 5：
            /* 删除标签过滤器等级,代码省略 */
            break;
        case 6：
            /* 设置全局标签过滤器,代码省略 */
            break;
        case 7：
            /* 获取全局标签过滤器,代码省略 */
            break;
        case 8：
            /* 删除全局标签过滤器,代码省略 */
            break;
        case 9：
            /* 设置全局关键字过滤器,代码省略 */
            break;
        case 10：
            /* 获取全局关键字过滤器,代码省略 */
            break;
        case 11：
            /* 删除全局关键字过滤器,代码省略 */
            break;
    }
    /* LCD 显示和打印辅助信息,代码省略 */
    /* 执行命令,代码省略 */
    return OS_EOK;
}
```

### 10.4.3　下载验证

代码编译成功之后,下载代码到开发板上。在终端输入 dlog_out_test 命令后会打印相应的 DLOG 日志到终端上，如图 10.3 所示。

```
sh>dlog_out_test
[1014] E/TAG_A: TAG_A DLOG_ERROR [dlog_out_test][57]
[1015] W/TAG_A: TAG_A DLOG_WARNING [dlog_out_test][58]
[1015] I/TAG_A: TAG_A DLOG_INFO [dlog_out_test][59]
[1016] E/TAG_B: TAG_B DLOG_ERROR [dlog_out_test][62]
[1017] W/TAG_B: TAG_B DLOG_WARNING [dlog_out_test][63]
[1017] I/TAG_B: TAG_B DLOG_INFO [dlog_out_test][64]
```

**图 10.3　DLOG 日志系统实验测试图一**

输入 dlog_shell_test 命令后会在终端打印出命令的帮助信息，如图 10.4 所示。

```
sh>dlog_shell_test
Usage fail
Usage: dlog_shell_test parameter(0~11)
       parameter:  0 - TEST 0: DLOG OUTPUT TEST
                   1 - TEST 1: Sets the global filter level
                   2 - TEST 2: Gets the global filter level
                   3 - TEST 3: Sets the tag (TAG_A) filter level
                   4 - TEST 4: Gets the tag (TAG_A) filter level
                   5 - TEST 5: Remove the tag (TAG_A) filter level
                   6 - TEST 6: Set the global tag (TAG_A) filter
                   7 - TEST 7: Gets the global label filter
                   8 - TEST 8: Remove the global tag (TAG_A) filter
                   9 - TEST 9: Set the global keyword (WARNING) filter
                  10 - TEST 10: Gets the global keyword filter
                  11 - TEST 11: Remove the global keyword filter
```

**图 10.4　DLOG 日志系统实验测试图二**

根据命令帮助信息输入 dlog_shell_test 0，则调用 dlog_out_test 命令。因为此时还未修改 DLOG 日志系统的其他配置，所以结果与图 10.3 一致，如图 10.5 所示。

```
sh>dlog_shell_test 0

/*********************************/
TEST 0: DLOG OUTPUT TEST
TEST CMD:
    dlog_out_test
/*********************************/
[35808] E/TAG_A: TAG_A DLOG_ERROR [dlog_out_test][57]
[35808] W/TAG_A: TAG_A DLOG_WARNING [dlog_out_test][58]
[35809] I/TAG_A: TAG_A DLOG_INFO [dlog_out_test][59]
[35810] E/TAG_B: TAG_B DLOG_ERROR [dlog_out_test][62]
[35810] W/TAG_B: TAG_B DLOG_WARNING [dlog_out_test][63]
[35811] I/TAG_B: TAG_B DLOG_INFO [dlog_out_test][64]
```

**图 10.5　DLOG 日志系统实验测试图三**

根据命令帮助信息，输入 dlog_shell_test 1，则调用 Shell 命令设置全局过滤器等级，随后再输入 dlog_shell_test 0 测试 DLOG 输出。如图 10.6 所示，可以看到，命令参数 1 将 DLOG 日志系统的全局等级设置为 7，也就是优先级最低的调试等级，接着在输出测试中就出现了调试信息，符合预期。

根据命令帮助信息，输入 dlog_shell_test 2，则调用 Shell 命令获取全局过滤器等级。如图 10.7 所示，可以看到，获取到的等级与上一步中设置的等级一致，符合预期。

```
sh>dlog_shell_test 1

/*********************************/
TEST 1: Sets the global filter level
TEST CMD:
    dlog_glvl_ctrl -s -l 7
/*********************************/
Set global level(debug) success!
sh>dlog_shell_test 0

/*********************************/
TEST 0: DLOG OUTPUT TEST
TEST CMD:
    dlog_out_test
/*********************************/
[63786] E/TAG_A: TAG_A DLOG_ERROR [dlog_out_test][57]
[63787] W/TAG_A: TAG_A DLOG_WARNING [dlog_out_test][58]
[63788] I/TAG_A: TAG_A DLOG_INFO [dlog_out_test][59]
[63788] D/TAG_A: TAG_A DLOG_DEBUG [dlog_out_test][60]
[63789] E/TAG_B: TAG_B DLOG_ERROR [dlog_out_test][62]
[63789] W/TAG_B: TAG_B DLOG_WARNING [dlog_out_test][63]
[63790] I/TAG_B: TAG_B DLOG_INFO [dlog_out_test][64]
[63791] D/TAG_B: TAG_B DLOG_DEBUG [dlog_out_test][65]
```

图 10.6    DLOG 日志系统实验测试图四

```
sh>dlog_shell_test 2

/*********************************/
TEST 2: Gets the global filter level
TEST CMD:
    dlog_glvl_ctrl -g
/*********************************/
Global level is: debug
```

图 10.7    DLOG 日志系统实验测试图五

　　根据命令帮助信息,输入 dlog_shell_test 3,则调用 Shell 命令设置标签 A 的过滤等级,随后再输入 dlog_shell_test 0 测试 DLOG 输出。如图 10.8 所示,可以看到,标签 A 的过滤等级被设置为警告等级,接着在输出测试中就看不到标签 A 中信息等级和调试等级的日志了,但标签 B 不受影响,符合预期。

```
sh>dlog_shell_test 3
/*********************************/

/*********************************/
TEST 3: Sets the tag (TAG_A) filter level
TEST CMD:
    dlog_tlvl_ctrl -s -t TAG_A -l 4
/*********************************/
Set tag success, tag: TAG_A, level: warning
sh>dlog_shell_test 0

/*********************************/
TEST 0: DLOG OUTPUT TEST
TEST CMD:
    dlog_out_test
/*********************************/
[107355] E/TAG_A: TAG_A DLOG_ERROR [dlog_out_test][57]
[107356] W/TAG_A: TAG_A DLOG_WARNING [dlog_out_test][58]
[107356] E/TAG_B: TAG_B DLOG_ERROR [dlog_out_test][62]
[107357] W/TAG_B: TAG_B DLOG_WARNING [dlog_out_test][63]
[107358] I/TAG_B: TAG_B DLOG_INFO [dlog_out_test][64]
[107358] D/TAG_B: TAG_B DLOG_DEBUG [dlog_out_test][65]
```

图 10.8    DLOG 日志系统实验测试图六

根据命令帮助信息,输入 dlog_shell_test 4,则调用 Shell 命令获取标签 A 的过滤等级。如图 10.9 所示,可以看到,获取到的标签 A 过滤等级为警告等级,与上一步的设置一致,符合预期。

```
sh>dlog_shell_test 4

/*****************************************/
TEST 4: Gets the tag (TAG_A) filter level
TEST CMD:
    dlog_tlvl_ctrl -g -t TAG_A
/*****************************************/
The tag(TAG_A) level is: warning.
```

**图 10.9　DLOG 日志系统实验测试图七**

根据命令帮助信息,输入 dlog_shell_test 5,则调用 Shell 命令删除标签 A 的过滤等级,随后再输入 dlog_shell_test 0 测试 DLOG 输出。如图 10.10 所示,设置的标签 A 过滤等级被删除,接着在输出测试中就又看到了标签 A 信息等级和调试等级的日志了,符合预期。

```
sh>dlog_shell_test 5

/*****************************************/
TEST 5: Remove the tag (TAG_A) filter level
TEST CMD:
    dlog_tlvl_ctrl -d -t TAG_A
/*****************************************/
Del tag(TAG_A) success.
sh>dlog_shell_test 0

/*****************************************/
TEST 0: DLOG OUTPUT TEST
TEST CMD:
    dlog_out_test
/*****************************************/
[152681] E/TAG_A: TAG_A DLOG_ERROR [dlog_out_test][57]
[152681] W/TAG_A: TAG_A DLOG_WARNING [dlog_out_test][58]
[152682] I/TAG_A: TAG_A DLOG_INFO [dlog_out_test][59]
[152682] D/TAG_A: TAG_A DLOG_DEBUG [dlog_out_test][60]
[152683] E/TAG_B: TAG_B DLOG_ERROR [dlog_out_test][62]
[152684] W/TAG_B: TAG_B DLOG_WARNING [dlog_out_test][63]
[152684] I/TAG_B: TAG_B DLOG_INFO [dlog_out_test][64]
[152685] D/TAG_B: TAG_B DLOG_DEBUG [dlog_out_test][65]
```

**图 10.10　DLOG 日志系统实验测试图八**

根据命令帮助信息,输入 dlog_shell_test 6,则调用 Shell 命令设置全局标签 A 过滤,随后再输入 dlog_shell_test 0 测试 DLOG 输出。如图 10.11 所示,此时标签 A 的日志信息被显示,标签 B 的日志信息不见了,符合预期。

根据命令帮助信息,输入 dlog_shell_test 7,则调用 Shell 命令获取全局标签过滤。如图 10.12 所示,获取到的全局标签过滤标签 A 与上一步的设置一致,符合预期。

```
sh>dlog_shell_test 6

/*******************************/
TEST 6: Set the global tag (TAG_A) filter
TEST CMD:
    dlog_gtag_ctrl -s -t TAG_A
/*******************************/
Set global filter tag(TAG_A) success
sh>dlog_shell_test 0

/*******************************/
TEST 0: DLOG OUTPUT TEST
TEST CMD:
    dlog_out_test
/*******************************/
[171056] E/TAG_A: TAG_A DLOG_ERROR [dlog_out_test][57]
[171057] W/TAG_A: TAG_A DLOG_WARNING [dlog_out_test][58]
[171058] I/TAG_A: TAG_A DLOG_INFO [dlog_out_test][59]
[171058] D/TAG_A: TAG_A DLOG_DEBUG [dlog_out_test][60]
```

图 10.11　DLOG 日志系统实验测试图九

```
sh>dlog_shell_test 7

/*******************************/
TEST 7: Gets the global label filter
TEST CMD:
    dlog_gtag_ctrl -g
/*******************************/
The global filter tag is TAG_A
```

图 10.12　DLOG 日志系统实验测试图十

根据命令帮助信息,输入 dlog_shell_test 8,则调用 Shell 命令删除全局标签过滤,随后再输入 dlog_shell_test 0 测试 DLOG 输出。如图 10.13 所示,设置的全局标签过滤被删除,接着在输出测试中就又看到了标签 B 的日志了,符合预期。

```
sh>dlog_shell_test 8

/*******************************/
TEST 8: Remove the global tag (TAG_A) filter
TEST CMD:
    dlog_gtag_ctrl -d -t TAG_A
/*******************************/
Del global filter tag success.
sh>dlog_shell_test 0

/*******************************/
TEST 0: DLOG OUTPUT TEST
TEST CMD:
    dlog_out_test
/*******************************/
[189031] E/TAG_A: TAG_A DLOG_ERROR [dlog_out_test][57]
[189031] W/TAG_A: TAG_A DLOG_WARNING [dlog_out_test][58]
[189032] I/TAG_A: TAG_A DLOG_INFO [dlog_out_test][59]
[189032] D/TAG_A: TAG_A DLOG_DEBUG [dlog_out_test][60]
[189033] E/TAG_B: TAG_B DLOG_ERROR [dlog_out_test][62]
[189034] W/TAG_B: TAG_B DLOG_WARNING [dlog_out_test][63]
[189034] I/TAG_B: TAG_B DLOG_INFO [dlog_out_test][64]
[189035] D/TAG_B: TAG_B DLOG_DEBUG [dlog_out_test][65]
```

图 10.13　DLOG 日志系统实验测试图十一

根据命令帮助信息,输入 dlog_shell_test 9,则调用 Shell 命令设置全局关键字过滤,随后再输入 dlog_shell_test 0 测试 DLOG 输出。如图 10.14 所示,此时只有包含关键字"WARNING"的日志被输出,符合预期。

```
sh>dlog_shell_test 9

/*******************************/
TEST 9: Set the global keyword (WARNING) filter
TEST CMD:
    dlog_gkw_ctrl -s -k WARNING
/*******************************/
Set global filter keyword(WARNING) success
sh>dlog_shell_test 0

/*******************************/
TEST 0: DLOG OUTPUT TEST
TEST CMD:
    dlog_out_test
/*******************************/
[192900] W/TAG_A: TAG_A DLOG_WARNING [dlog_out_test][58]
[192901] W/TAG_B: TAG_B DLOG_WARNING [dlog_out_test][63]
```

**图 10.14　DLOG 日志系统实验测试图十二**

根据命令帮助信息,输入 dlog_shell_test 10,则调用 Shell 命令获取全局关键字过滤。如图 10.15 所示,获取到的全局关键字过滤与上一步的设置一致,符合预期。

```
sh>dlog_shell_test 10

/*******************************/
TEST 10: Gets the global keyword filter
TEST CMD:
    dlog_gkw_ctrl -g
/*******************************/
The global filter keyword is WARNING
```

**图 10.15　DLOG 日志系统实验测试图十三**

根据命令帮助信息,输入 dlog_shell_test 11,则调用 Shell 命令删除全局关键字过滤,随后再输入 dlog_shell_test 0 测试 DLOG 输出。如图 10.16 所示,除了包含关键字"WARNING"的日志信息,其他日志信息也都被输出了,符合预期。

```
sh>dlog_shell_test 11

/*******************************/
TEST 11: Remove the global keyword filter
TEST CMD:
    dlog_gkw_ctrl -d -k WARNING
/*******************************/
Del global filter keyword success.
sh>dlog_shell_test 0

/*******************************/
TEST 0: DLOG OUTPUT TEST
TEST CMD:
    dlog_out_test
/*******************************/
[199462] E/TAG_A: TAG_A DLOG_ERROR [dlog_out_test][57]
[199463] W/TAG_A: TAG_A DLOG_WARNING [dlog_out_test][58]
[199463] I/TAG_A: TAG_A DLOG_INFO [dlog_out_test][59]
[199464] D/TAG_A: TAG_A DLOG_DEBUG [dlog_out_test][60]
[199465] E/TAG_B: TAG_B DLOG_ERROR [dlog_out_test][62]
[199465] W/TAG_B: TAG_B DLOG_WARNING [dlog_out_test][63]
[199466] I/TAG_B: TAG_B DLOG_INFO [dlog_out_test][64]
[199467] D/TAG_B: TAG_B DLOG_DEBUG [dlog_out_test][65]
```

**图 10.16　DLOG 日志系统实验测试图十四**

# 第11章

# 文件系统

OneOS 操作系统提供了文件系统组件,极大地方便了用户的使用,本章就来学习 OneOS 操作系统中的文件系统组件的使用。

本章分为如下几部分:

11.1 文件系统简介

11.2 文件系统相关函数

11.3 STM32CubeMX 配置

11.4 文件系统实验

## 11.1 文件系统简介

文件系统是一套实现了数据的存储、分级组织、访问和获取等操作的抽象数据类型,是一种用于向用户提供底层数据访问的机制。文件系统存储的基本单位是文件,即数据是按照一个个文件的方式进行组织的。当文件比较多的时候,容易因为文件的繁多而出现不易分类、重名等问题,因此也使用文件夹对文件进行管理,而文件夹作为一个容纳多个文件的容器而存在。

在 OneOS 操作系统中,为了能够支持多种文件系统,实现了虚拟文件系统,向用户提供了统一的 POSIX 接口,方便用户使用。POSIX 可以用来注册不同类型的文件系统,整个 OneOS 文件系统的层次架构如图 11.1 所示。

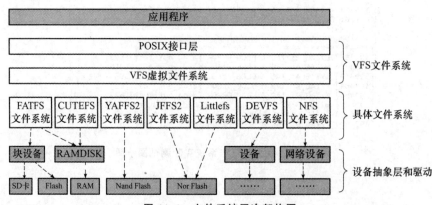

图 11.1 文件系统层次架构图

### 1．POSIX 接口层

POSIX 表示可移植操作系统接口（Portable Operating System Interface of UNIX），POSIX 标准定义了操作系统应该为应用程序提供的接口标准，是 IEEE 为在各种 UNIX 操作系统上运行的软件而定义的一系列 API 标准的总称。POSIX 标准意在期望获得源代码级别的软件可移植性，即一个 POSIX 兼容的操作系统编写的程序应该可以在任何其他 POSIX 操作系统上编译执行。

### 2．VFS 虚拟文件系统

OneOS 操作系统支持多种文件系统，如 FATFS、CUTEFS、NFS、YAFFS2 等。不同的文件系统有各自不同的管理文件的方式，有了虚拟文件系统后，用户只需要关心虚拟文件系统这一抽象层，而不用关心具体文件系统的实现细节。

### 3．文件系统

- FATFS：OneOS 操作系统支持的 FATFS 是一个兼容微软 FAT 格式的通用 FAT 文件系统模块，非常适合小型嵌入式设备开发。
- CUTEFS：CUTEFS 是一种小巧的文件系统，支持各种文件及目录操作，目前需要配合 RAMDISK 使用。
- DEVFS：设备文件系统，可以将系统中的设备在/dev 文件夹下虚拟成文件。
- NFS：网络文件系统，OneOS 操作系统移植了一个网络文件系统客户端，可以通过操作本地文件系统一样的方式去访问服务器端的文件。
- JFFS2：JFFS2 是在 JFFS 的基础上开发的文件系统，是一种日志型文件系统，主要用于 Nor Flash，支持数据压缩、磨损均衡、垃圾回收等机制。
- YAFFS2：YAFFS2 是一种针对 Nand Flash 特性而设计的嵌入式文件系统，也是一种日志型文件系统，支持磨损均衡、垃圾回收等机制。
- Littlefs：Littlefs 是为 MCU 等级嵌入式应用场景而设计的小型 Flash 文件系统，特别针对资源受限场景设计，有着效率高、占用资源小、掉电可恢复、均匀 Flash 块写入磨损等的特点。

### 4．设备抽象层

设备抽象层将物理设备抽象成文件系统能够访问的设备。不同的文件系统一般是独立于存储设备驱动而实现的，因此需要把底层存储设备驱动接口与具体文件系统对接起来，文件系统才能正常使用。

# 11.2　文件系统相关函数

### 1．虚拟文件系统相关函数

虚拟文件系统的相关 API 函数如表 11.1 所列。

表 11.1　虚拟文件系统相关 API 函数

| 函　数 | 描　述 |
|---|---|
| vfs_init() | 初始化虚拟文件系统 |
| vfs_register() | 注册某种类型的文件系统到 VFS 中 |
| vfs_mkfs() | 将设备格式化成某种文件系统 |
| vfs_mount() | 将设备挂载到某个路径上 |
| vfs_unmount() | 卸载某个路径上的文件系统 |

**(1) 函数 vfs_init()**

该函数用于实现初始化虚拟文件系统,函数原型如下:

```
int vfs_init(void);
```

函数 vfs_init() 的相关形参如表 11.2 所列。

表 11.2　函数 vfs_init() 的相关形参描述

| 参　数 | 描　述 |
|---|---|
| 无 | 无 |

返回值:0 表示初始化成功。

**(2) 函数 vfs_register()**

该函数用于实现注册某种类型的文件系统到 VFS 中,函数原型如下:

```
int vfs_register(const struct vfs_filesystem_ops * ops);
```

函数 vfs_register() 的相关形参如表 11.3 所列。

表 11.3　函数 vfs_register() 的相关形参描述

| 参　数 | 描　述 |
|---|---|
| ops | VFS 操作结构体,包含了实际文件系统对应的操作接口 |

返回值:0 表示注册成功,－1 表示注册失败。

**(3) 函数 vfs_mkfs()**

该函数用于实现将设备格式化成某种文件系统,函数原型如下:

```
int vfs_mkfs(const char * fs_name, const char * device_name);
```

函数 vfs_mkfs() 的相关形参如表 11.4 所列。

表 11.4　函数 vfs_mkfs() 的相关形参描述

| 参　数 | 描　述 |
|---|---|
| fs_name | 文件系统类型名字 |
| device_name | 设备名 |

返回值:0 表示格式化成功,其他表示格式化失败。

**(4) 函数 vfs_mount()**

该函数用于实现将设备挂载到某个路径上,函数原型如下:

```
int vfs_mount(   const char * dev_name,
                 const char * path,
                 const char * fs_name,
                 unsigned long mountflag,
                 const void * data)
```

函数 vfs_mount()的相关形参如表 11.5 所列。

**表 11.5　函数 vfs_mount()的相关形参描述**

| 参　　数 | 描　　述 |
|---------|---------|
| dev_name | 设备名 |
| path | 挂载路径 |
| fs_name | 文件系统名字 |
| mountflag | 读/写设备的标记,暂未使用该参数 |
| data | 私有数据 |

返回值:0 表示挂载成功,其他表示挂载失败。

**(5) 函数 vfs_unmount()**

该函数用于实现将某个路径上的文件系统卸载掉,函数原型如下:

```
int vfs_unmount(const char * path);
```

函数 vfs_unmount()的相关形参如表 11.6 所列。

**表 11.6　函数 vfs_unmount()的相关形参描述**

| 参　　数 | 描　　述 |
|---------|---------|
| path | 文件系统的路径(与挂载时的路径相同) |

返回值:0 表示卸载成功,其他表示卸载失败。

## 2. POSIX 文件操作相关函数

POSIX 文件操作相关函数如表 11.7 所列。

**表 11.7　POSIX 文件操作相关 API 函数**

| 函　　数 | 描　　述 |
|---------|---------|
| open() | 打开指定文件,并返回文件描述符 |
| close() | 关闭文件 |
| read() | 从文件中读取指定长度的数据 |

续表 11.7

| 函 数 | 描 述 |
|---|---|
| write() | 写指定长度的数据到文件 |
| lseek() | 设置读写位置 |
| rename() | 重命名文件 |
| unlink() | 移除文件 |
| stat() | 根据文件路径获取文件信息 |
| fstat() | 根据文件描述符获取文件信息 |
| fsync() | 同步缓存数据到存储设备 |
| fcntl() | 对文件描述符的控制操作 |
| ioctl() | 对(设备)文件的控制操作 |
| access() | 查看用户访问权限 |

**(1) 函数 open()**

该函数用于实现打开指定文件,并返回文件描述符,函数原型如下:

```
int open(const char * file, int flags, ...);
```

函数 open()的相关形参如表 11.8 所列。

表 11.8　函数 open()的相关形参描述

| 参 数 | 描 述 |
|---|---|
| file | 文件名 |
| flags | 打开文件的方式 |
| ... | 可变参数 |

返回值:非负值表示文件描述符,-1 表示打开失败。

**(2) 函数 close()**

该函数用于实现关闭指定文件,函数原型如下:

```
int close(int fd);
```

函数 close()的相关形参如表 11.9 所列。

表 11.9　函数 close()的相关形参描述

| 参 数 | 描 述 |
|---|---|
| fd | 文件描述符 |

返回值:0 表示关闭成功,-1 表示关闭失败。

**(3) 函数 read( )**

该函数用于实现从文件中读取指定长度的数据,函数原型如下:

```
int read(int fd, void * buf, size_t nbyte);
```

函数 read( )的相关形参如表 11.10 所列。

**表 11.10　函数 read( )的相关形参描述**

| 参　　数 | 描　　述 |
|---|---|
| fd | 文件描述符 |
| buf | 保存读取到数据的缓存区 |
| nbyte | 期望读取数据的长度 |

返回值:正数表示实际读取到数据的长度,0 表示已到达文件末尾,−1 表示读取失败。

**(4) 函数 write( )**

该函数用于实现将指定长度的数据写入文件,函数原型如下:

```
int write(int fd, const void * buf, size_t nbyte);
```

函数 write( )的相关形参如表 11.11 所列。

**表 11.11　函数 write( )的相关形参描述**

| 参　　数 | 描　　述 |
|---|---|
| fd | 文件描述符 |
| buf | 待写入数据的地址 |
| nbyte | 写入数据的长度 |

返回值:正数表示实际写入数据的长度,−1 表示写入失败。

**(5) 函数 lseek( )**

该函数用于实现修改文件的读/写位置,函数原型如下:

```
off_t lseek(int fildes, off_t offset, int whence);
```

函数 lseek( )的相关形参如表 11.12 所列。

**表 11.12　函数 lseek( )的相关形参描述**

| 参　　数 | 描　　述 |
|---|---|
| fildes | 文件描述符 |
| offset | 位置偏移量 |
| whence | 偏移位置 |

返回值:正数表示当前读/写位置距离文件头部的字节数,-1 表示失败。

**(6) 函数 rename()**

该函数用于实现重命名文件,函数原型如下:

```
int rename(const char * old, const char * new);
```

函数 rename()的相关形参如表 11.13 所列。

表 11.13  函数 rename()的相关形参描述

| 参　　数 | 描　　述 |
|---|---|
| old | 旧文件名 |
| new | 新文件名 |

返回值:0 表示重命名成功,-1 表示重命名失败。

**(7) 函数 unlink()**

该函数用于实现移除文件,函数原型如下:

```
int unlink(const char * path);
```

函数 unlink()的相关形参如表 11.14 所列。

表 11.14  函数 unlink()的相关形参描述

| 参　　数 | 描　　述 |
|---|---|
| path | 文件名 |

返回值:0 表示文件移除成功,-1 表示文件移除失败。

**(8) 函数 stat()**

该函数用于实现根据文件路径获取文件状态信息,函数原型如下:

```
int stat(const char * path, struct stat * sbuf);
```

函数 stat()的相关形参如表 11.15 所列。

表 11.15  函数 stat()的相关形参描述

| 参　　数 | 描　　述 |
|---|---|
| path | 文件名(文件路径) |
| sbuf | 用于保存获取到的文件信息的缓存地址 |

返回值:0 表示获取文件状态信息成功,-1 表示获取文件状态信息失败。

**(9) 函数 fstat()**

该函数用于实现根据文件描述符获取文件状态信息,函数原型如下:

```
int fstat(int fd, struct stat * sbuf);
```

函数 fstat()的相关形参如表 11.16 所列。

**表 11.16　函数 fstat()的相关形参描述**

| 参　数 | 描　述 |
|---|---|
| fd | 文件描述符 |
| sbuf | 用于保存获取到的文件信息的缓存地址 |

返回值:0 表示获取文件状态信息成功,−1 表示获取文件状态信息失败。

**(10) 函数 fsync()**

该函数用于实现同步缓存数据到存储设备,函数原型如下:

```
int fsync(int fd);
```

函数 fsync()的相关形参如表 11.17 所列。

**表 11.17　函数 fsync()的相关形参描述**

| 参　数 | 描　述 |
|---|---|
| fd | 文件描述符 |

返回值:0 表示成功,−1 表示失败。

**(11) 函数 fcntl()**

该函数用于实现设置或者获取文件描述符的特殊属性,函数原型如下:

```
int fcntl(int fd, int flag, ...);
```

函数 fcntl()的相关形参如表 11.18 所列。

**表 11.18　函数 fcntl()的相关形参描述**

| 参　数 | 描　述 |
|---|---|
| fd | 文件描述符 |
| flag | 控制命令 |
| ... | 可变参数 |

返回值:非负数;若是设置属性,正确时返回 0;若是读取属性,正确时返回该属性值;−1 表示失败,errno 可通过 os_get_errno()查看。

**(12) 函数 ioctl()**

该函数用于实现对(设备)文件的控制操作,函数原型如下:

```
int ioctl(int fd, unsigned long request, ...);
```

函数 ioctl()的相关形参如表 11.19 所列。

**表 11.19 函数 ioctl()的相关形参描述**

| 参 数 | 描 述 |
|-------|-------|
| fd | 文件描述符 |
| request | 控制命令 |
| ... | 可变参数 |

返回值:−1 表示失败,其他值取决于具体的命令。

**(13) 函数 access()**

该函数用于实现查看是否有权限访问指定文件,函数原型如下:

```
int access(const char * pathname, int mode);
```

函数 access()的相关形参如表 11.20 所列。

**表 11.20 函数 access()的相关形参描述**

| 参 数 | 描 述 |
|-------|-------|
| pathname | 文件名(文件路径) |
| mode | 检查模式(该参数暂未使用) |

返回值:0 表示成功,−1 表示失败。

## 3. RAMDISK 设备函数

如果将 SRAM 格式化为文件系统,可以使用 RAMDISK 设备相关的 API。例如,如果使用 STM32MP157 开发板,M4 内核没有可用的 Flash,但有可用的 SRAM,则可以先调用 components\ramdisk\source\ramdisk.c 下的 ramdisk_dev_init()函数初始化 RAMDISK 设备,然后再将其格式化为文件系统。下面先来了解几个函数。

**(1) 函数 ramdisk_dev_init()**

该函数用于静态初始化 RAMDISK 设备,调用者指定 RAMDISK 的起始地址,函数原型如下:

```
os_err_t ramdisk_dev_init(ramdisk_dev_t * ram_dev, void * addr, const char * name, os_uint32_t size, os_uint32_t block_size)
```

函数 ramdisk_dev_init()的相关形参如表 11.21 所列。

**表 11.21 函数 ramdisk_dev_init()的相关形参描述**

| 参 数 | 描 述 |
|-------|-------|
| ram_dev | RAMDISK 设备的指针 |
| addr | RAMDISK 的起始地址 |

续表 11.21

| 参　数 | 描　述 |
|---|---|
| name | RAMDISK 设备的名称 |
| size | RAMDISK 总空间大小 |
| block_size | RAMDISK 每个块的大小 |

返回值:OS_EOK 表示成功,其他值表示失败。

**(2) 函数 ramdisk_dev_create()**

该函数用于动态初始化 RAMDISK 设备,系统自动从一段内存中创建调用者指定大小的 RAMDISK 设备。函数原型如下:

```
ramdisk_dev_t * ramdisk_dev_create(const char * name, os_uint32_t size, os_uint32_t block_size)
```

函数 ramdisk_dev_create()的相关形参如表 11.22 所列。

表 11.22　函数 ramdisk_dev_create()的相关形参描述

| 参　数 | 描　述 |
|---|---|
| name | RAMDISK 设备的名称 |
| size | RAMDISK 总空间大小 |
| block_size | RAMDISK 每个块的大小 |

返回值:非 OS_NULL 值表示成功,即返回 RAMDISK 设备指针;OS_NULL 表示失败。

**(3) 函数 ramdisk_dev_deinit()**

该函数用于去初始化调用 ramdisk_dev_init()创建的 RAMDISK 设备,函数原型如下:

```
void ramdisk_dev_deinit(ramdisk_dev_t * ram_dev)
```

函数 ramdisk_dev_deinit()的相关形参如表 11.23 所列。

表 11.23　函数 ramdisk_dev_deinit()的相关形参描述

| 参　数 | 描　述 |
|---|---|
| ram_dev | RAMDISK 设备指针 |

**(4) 函数 ramdisk_dev_destroy()**

该函数用于去初始化调用 ramdisk_dev_create()函数创建的 RAMDISK 设备,函数原型如下:

```
void ramdisk_dev_destroy(ramdisk_dev_t * ram_dev)
```

函数 ramdisk_dev_destroy() 的相关形参如表 11.24 所列。

**表 11.24  函数 ramdisk_dev_destroy() 的相关形参描述**

| 参　数 | 描　述 |
|---|---|
| ram_dev | RAMDISK 设备指针 |

## 4. POSIX 目录操作相关函数

POSIX 目录操作相关函数如表 11.25 所列。

**表 11.25  POSIX 目录操作相关 API 函数**

| 函　数 | 描　述 |
|---|---|
| mkdir() | 创建目录 |
| rmdir() | 删除目录 |
| opendir() | 打开目录 |
| closedir() | 关闭目录 |
| readdir() | 读取目录内容 |
| telldir() | 获取与目录流相关联的当前位置 |
| seekdir() | 设置下一个读取目录操作的位置 |
| rewinddir() | 重置目录流的读取位置到目录开头 |
| getcwd() | 获取当前工作路径 |
| chdir() | 修改当前工作路径 |

**(1) 函数 mkdir()**

该函数用于实现创建目录,函数原型如下:

```
int mkdir(const char * path, mode_t mode);
```

函数 mkdir() 的相关形参如表 11.26 所列。

返回值:0 表示成功,−1 表示失败。

**(2) 函数 rmdir()**

该函数用于实现删除目录,函数原型如下:

```
int rmdir(const char * pathname);
```

函数 rmdir() 的相关形参如表 11.27 所列。

**表 11.26  函数 mkdir() 的相关形参描述**

| 参　数 | 描　述 |
|---|---|
| path | 路径 |
| mode | 权限(该参数暂未使用) |

**表 11.27  函数 rmdir() 的相关形参描述**

| 参　数 | 描　述 |
|---|---|
| pathname | 路径 |

返回值:0 表示成功,—1 表示失败。

**(3) 函数 opendir( )**

该函数用于实现打开目录,函数原型如下:

```
DIR * opendir(const char * path);
```

函数 opendir( )的相关形参如表 11.28 所列。

返回值:NULL 表示打开失败;否则,返回目录流指针。

**(4) 函数 closedir( )**

该函数用于实现关闭目录,函数原型如下:

```
int closedir(DIR * pdir);
```

函数 closedir( )的相关形参如表 11.29 所列。

表 11.28 函数 opendir( )的相关形参描述

| 参　数 | 描　　述 |
|--------|----------|
| path | 路径 |

表 11.29　函数 closedir( )的相关形参描述

| 参　数 | 描　　述 |
|--------|----------|
| pdir | 目录流指针 |

返回值:0 表示关闭成功,—1 表示关闭失败。

**(5) 函数 readdir( )**

该函数用于实现读取目录内容,且每调用一次该函数,则目录条目的指针就会移向下一个,函数原型如下:

```
struct dirent * readdir(DIR * pdir);
```

函数 readdir( )的相关形参如表 11.30 所列。

返回值:NULL 表示错误或者已经到达目录结尾,否则,返回目录条目指针。

**(6) 函数 telldir( )**

该函数用于实现获取与目录流相关联的当前位置,函数原型如下:

```
long telldir(DIR * pdir);
```

函数 telldir( )的相关形参如表 11.31 所列。

表 11.30　函数 readdir( )的相关形参描述

| 参　数 | 描　　述 |
|--------|----------|
| pdir | 目录流指针 |

表 11.31　函数 telldir( )的相关形参描述

| 参　数 | 描　　述 |
|--------|----------|
| pdir | 目录流指针 |

返回值:—1 表示错误,否则,返回该目录流的当前位置。

**(7) 函数 seekdir( )**

该函数用于实现设置下一个读取目录操作的位置,函数原型如下:

```
void seekdir(DIR * pdir, long ofst);
```

函数 seekdir() 的相关形参如表 11.32 所列。

返回值:无。

### (8) 函数 rewinddir()

该函数用于实现重置目录流的读取位置到目录开头,函数原型如下:

```
void rewinddir(DIR * pdir);
```

函数 rewinddir() 的相关形参如表 11.33 所列。

表 11.32　函数 seekdir() 的相关形参描述

| 参　数 | 描　述 |
| --- | --- |
| pdir | 目录流指针 |
| ofst | 偏移量 |

表 11.33　函数 rewinddir() 的相关形参描述

| 参　数 | 描　述 |
| --- | --- |
| pdir | 目录流指针 |

返回值:无。

### (9) 函数 getcwd()

该函数用于获取当前工作路径,函数原型如下:

```
char * getcwd(char * buf, size_t size);
```

函数 getcwd() 的相关形参如表 11.34 所列。

返回值:缓存区指针。

### (10) 函数 chdir()

该函数用于修改当前工作路径,函数原型如下:

```
int chdir(const char * path);
```

函数 chdir() 的相关形参如表 11.35 所列。

表 11.34　函数 getcwd() 的相关形参描述

| 参　数 | 描　述 |
| --- | --- |
| buf | 保存路径的缓存区 |
| size | 缓存区的大小 |

表 11.35　函数 chdir() 的相关形参描述

| 参　数 | 描　述 |
| --- | --- |
| path | 新目录 |

返回值:0 表示成功,−1 表示失败。

## 5. 文件系统相关的 Shell 命令

文件系统相关的 Shell 命令如表 11.36 所列。

表 11.36　文件系统相关的 Shell 命令

| 命　令 | 用　法 |
|---|---|
| ls | ls〔DIRNAME〕 |
| cp | cp＜SOURCE＞ ＜DEST＞ |
| mv | mv＜SOURCE＞ ＜DEST＞ |
| echo | echo＜string＞ ＞〔FILE〕<br>echo＜string＞ ＞＞〔FILE〕 |
| cat | cat＜FILE＞… |
| rm | rm＜FILE＞… |
| cd | cd〔PATH〕 |
| pwd | pwd |
| mkdir | mkdir＜DIRNAME＞ |
| mkfs | mkfs〔－t TYPE〕＜DEVICENAME＞ |
| df | df〔PATH〕 |

**1）命令 ls**

该命令用于列出 DIRNAME 目录下的信息,若无参数 DIRNAME,则列出当前目录下信息。

**2）命令 cp**

把 SOURCE 文件或文件夹复制到 DEST。

**3）命令 mv**

把 SOURCE 文件或文件夹重命名成 DEST。

**4）命令 echo**

把字符串 string 写入或追加写入 FILE 中,若 FILE 不存在,则创建 FILE 后再写入或追加写入。

**5）命令 cat**

查看文件 FILE 的内容,可同时查看多个文件内容。

**6）命令 rm**

删除文件或文件夹的内容,可同时删除多个文件或文件夹,删除文件夹前须确认该文件夹为空。

**7）命令 cd**

切换到 PATH 所在路径,若无参数 PATH,则仍为当前路径。

**8）命令 pwd**

显示当前工作路径。

9) 命令 **mkdir**

创建目录 DIRNAME。

10) 命令 **mkfs**

在设备 DEVICENAME 上创建 TYPE 类型的文件系统。

11) 命令 **df**

查看磁盘剩余空间。

# 11.3 STM32CubeMX 配置

本实验使用 OneOS 提供的文件系统进行相关的文件系统操作，无须对 STM32CubeMX 进行配置，但需要对 menuconfig 作相应的配置，配置如下：

① 通过空格或向右方向键选择（Top）→ Components → FileSystem 下的选项 Ensble virtual file system 使能虚拟文件系统，虚拟文件系统的配置项如下所示：

```
(Top) → Components → FileSystem
                                                    OneOS Configuration
[ * ] Enable virtual file system
 (4)     The max number of mounted file system
 (4)     The max number of file system type
 (16)    The max number of opened files
[ ]     Enable DevFS file system
[ ]     Enable CuteFs file system
[ ]     Enable JFFS2
[ ]     Enable Yaffs2 file system
[ ]     Enable FatFs
[ ]     Enable NFS v3 client file system
[ ]     Enable little filesystem
```

可见，OneOS 支持多种文件系统操作，如表 11.37 所列。

表 11.37 文件系统配置项描述

| 配置项 | 描 述 |
| --- | --- |
| Enable virtual file system | 使能虚拟文件系统 |
| The max number of mounted file system | 最大的文件系统挂载数量 |
| The max number of file system type | 最大的文件系统类型数量 |
| The max number of opened files | 最大的打开文件数量 |
| Enable DevFs file system | 使能 devfs 文件系统 |
| Enable CuteFs file system | 使能 cutefs 文件系统 |
| Enable JFFS2 | 使能 jffs2 文件系统 |
| Enable Yaffs2 file system | 使能 yaffs2 文件系统 |
| Enable FatFs | 使能 fatfs 文件系统 |
| Enable NFS v3 client file system | 使能 nfs 文件系统 |
| Enable little filesystem | 使能 little filesystem 文件系统 |

② 本实验采用 FATFS 文件系统进行文件系统实验,因此在 menuconfig 使能 FATFS 文件系统,其中,FATFS 文件系统的配置项保持默认。

```
(Top) → Components→ FileSystem
                                          OneOS Configuration
[ * ] Enable virtual file system
(4)    The max number of mounted file system
(4)    The max number of file system type
(16)   The max number of opened files
[ ]    Enable DevFS file system
[ ]    Enable CuteFs file system
[ ]    Enable JFFS2
[ ]    Enable Yaffs2 file system
[ * ]  Enable FatFs
           Elm-ChaN's FatFs, generic FAT filesystem module  --->
[ ]    Enable NFS v3 client file system
[ ]    Enable little filesystem
```

③ 按 Esc 键退出 menuconfig,注意保存所修改的设置。

④ 命令行输入 scons --ide=mdk5 命令,构建工程。

# 11.4  文件系统实验

## 11.4.1  功能设计

### (1) 例程功能

在 Shell 中使用测试命令对文件系统进行初始化、文件操作接口测试、目录操作接口测试。

### (2) 硬件资源

本实验用到的硬件资源有 USART1。

## 11.4.2  软件设计

### 1. 程序流程

程序流程如图 11.2 所示。

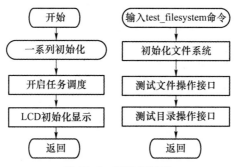

**图 11.2  程序流程图**

## 2. 程序解析

在系统初始化时,使用宏定义 SH_CMD_EXPORT 向系统注册用于实验的 Shell 命令。

```
SH_CMD_EXPORT(test_filesystem, test_filesystem, "test filesystem");
```

当系统初始化完成后,先在 LCD 显示屏上显示一些初始化信息,随后等待 Shell 命令输入。

```
int main(void)
{
    lcd_show_string(30, 50, 200, 16, 16, "STM32", RED);
    lcd_show_string(30, 70, 200, 16, 16, "FileSystem test", RED);
    lcd_show_string(30, 90, 200, 16, 16, "ATOM@ALIENTEK", RED);
    return 0;
}
```

当调用 test_filesystem 命令后,执行函数 test_filesystem(),然后使用函数 filesystem_init()、函数 file_test()、函数 dir_test()进行文件系统初始化、文件接口测试、目录接口测试。

```
static os_err_t test_filesystem(os_int32_t argc, char * * argv)
{
    /* 以下代码部分省略 */
    /* 文件系统初始化 */
    ret = filesystem_init();
    /* 文件接口测试 */
    ret = file_test();
    /* 目录接口测试 */
    ret = dir_test();
    /* 反初始化文件系统 */
    ret = filesystem_deinit();
}
```

FATFS 文件系统是面向块设备的,因此,函数 filesystem_init()在初始化文件系统前先创建了一个块设备,接着再对文件系统进行初始化和挂载操作。

```
static os_err_t filesystem_init(void)
{
    /* 创建块设备 */
    if (OS_NULL == fal_blk_device_create(OS_FS_PART_NAME))
    {
        os_kprintf(" partition\" % s\"Failed to create a block device! \r\n",
                OS_FS_PART_NAME);
        return OS_ERROR;
    }
}
```

```
os_kprintf(" partition\" % s\"The block device was successfully created! \r\n",
        OS_FS_PART_NAME);
/* 格式化分区为"fat"文件系统 */
if (0 != vfs_mkfs("fat", OS_FS_PART_NAME))
{
    os_kprintf("\" % s\"Partition formatting failed\r\n");
        return OS_ERROR;
    }
    os_kprintf("\" % s\"Partition formatted successfully\r\n");

    /* 挂载文件系统 */
    if (0 != vfs_mount(OS_FS_PART_NAME, "/", "fat", 0, 0))
    {
        os_kprintf("The file system mount failed\r\n");
        return OS_ERROR;
    }
    os_kprintf("File system mounted successfully\r\n");
    return OS_EOK;
}
```

函数 file_test() 则对文件接口函数进行测试,首先使用函数 open() 打开一个文件,接着使用函数 write() 和 lseek() 函数在文件的不同位置写入数据,使用函数 read() 读取文件进行验证,使用函数 fstat() 获取文件信息,使用函数 rename() 重命名文件,使用函数 stat() 获取新文件名的文件信息与之前的文件信息进行比较,最后使用函数 unlink() 删除文件。

```
static os_err_t file_test(void)
{
    /* 以下代码部分省略 */
    /* 文件打开 */
    fd = open(FILE_NAME, O_RDWR | O_CREAT);

    /* 文件写入 */
    write(fd, "0123456789", strlen("0123456789"));
    offset = 20;
    lseek(fd, offset, SEEK_SET);
    write(fd, "abcdefghij", strlen("abcdefghij"));
    offset = 10;
    lseek(fd, offset, SEEK_SET);
    write(fd, "ABCDEFGHIJ", strlen("ABCDEFGHIJ"));
    /* 文件读取 */
    offset = 0;
    lseek(fd, offset, SEEK_SET);
    read(fd, read_buf, sizeof(read_buf));
    /* 文件关闭 */
    close(fd)
    /* 文件信息获取 */
```

```
    fd = open(FILE_NAME, O_RDONLY);
    fstat(fd, &file_stat);
    close(fd);
    /* 文件重命名 */
    rename(FILE_NAME, FILE_NAME_NEW);
    /* 文件信息获取 */
    stat(FILE_NAME_NEW, &file_stat);
    /* 文件删除 */
    unlink(FILE_NAME_NEW);
}
```

　　函数 dir_test()用于目录接口测试,首先使用函数 mkdir()创建一个目录用于测试,使用函数 chdir()进入到新建的测试目录,接着使用函数 getcwd()获取当前所在目录,使用函数 opendir()打开测试目录,使用函数 readdir()读取测试目录,最后使用函数 closedir()关闭测试目录。

```
static os_err_t dir_test(void)
{
    /* 以下代码部分省略 */
    /* 目录创建 */
    mkdir(DIR_NAME, 0x777);
    /* 修改当前工作路径 */
    chdir(DIR_NAME);
    /* 获取当前工作路径 */
    getcwd(read_buf, sizeof(read_buf));
    /* 打开目录 */
    dirp = opendir(DIR_NAME);
    /* 读取目录 */
    readdir(dirp);
    /* 关闭目录 */
    closedir(dirp);
}
```

## 11.4.3　下载验证

　　代码编译成功之后,下载代码到开发板上。在终端输入 test_filesystem 命令后会调用函数 test_filesystem(),随后在函数 test_filesystem()中依次使用函数 filesystem_init()、函数 file_test()、函数 dir_test()进行文件系统初始化、文件接口测试、目录接口测试。

　　文件系统初始化的结果如图 11.3 所示。

```
/*******************************/
Initialize the file system
/*******************************/
 partition"filesystem"The block device was successfully created!
[334] I/drv.fal_block: The FAL block device (filesystem) created successfully [fal_blk_device_create][142]
"filesystem"Partition formatted successfully
File system mounted successfully
```

图 11.3　文件系统实验测试图一

文件接口测试的结果图 11.4 所示。

```
/*****************************/
Test the file manipulation interface
/*****************************/
File"test.txt"Open (create) successfully
[594] I/VFS: Mount fat to / [vfs_mount][536]
Offset position 0 write in 10 byte: 0123456789
Change the read/write location of the file to 20
Offset position 20 write in 10 byte: abcdefghij
Change the read/write location of the file to 10
Offset position 10 write in 10 byte: ABCDEFGHIJ
Offset position 0 Read 30 byte: 0123456789ABCDEFGHIJabcdefghij
File"test.txt"Close the success
"test.txt"File size: 30
File"test.txt"rename as"test_new.txt"
"test_new.txt"File size: 30
File"test_new.txt"successfully delete
```

**图 11.4　文件系统实验测试图二**

目录接口测试的结果如图 11.5 所示。

```
/*****************************/
Test Directory operation interface
/*****************************/
Directory"/dir_test"Creating a successful
enter into Directory"/dir_test"
The current working path is: /dir_test
Open Directory: "/dir_test"
Directory"/dir_test"empty
close Directory: "/dir_test"
```

**图 11.5　文件系统实验测试图三**

# 第 12 章

# MoLink 模组连接套件

MoLink 即 ModuleLinkKit(模组连接套件),是一整套针对嵌入式模组的开发套件。MoLink 提供了模组多实例管理、模组功能适配,并向开发者提供统一易用的 API(应用程序接口)。

MoLink 模组连接套件通过架构设计和模组适配实现了对不同通信模组的统一控制,并向上层框架和应用提供统一的 API 接口,使开发者不必关心不同模组之间的差异即可完成网络相关应用的开发。同时,MoLink 组件设计兼容了通信模组的 OpenCPU 开发模式,极大提升了用户程序的可移植性,应用程序的无线联网功能可在 AT 模式和 OpenCPU 模式下无缝切换。后期 MoLink 组件将适配数量众多的无线通信模组,这样用户可以根据实际需求,便捷选择模组型号,轻松配置进行切换。

本章分为如下几部分:

12.1　MoLink 模组简介

12.2　MoLink 模组 API 函数

12.3　Socket 套件使用

12.4　MoLink 模组实验

## 12.1　MoLink 模组简介

### 12.1.1　什么是 MoLink

通过网络连接实现设备之间的互联互通是物联网应用的核心,当前物联网设备普遍通过通信模组连接到网络中,通信模组在物联网应用中扮演着不可或缺的角色。由于物联网应用场景的需求各异,各个通信模组厂商都推出了许多针对不同应用场景的通信模组。虽然不同的通信模组均提供 AT 指令集供用户控制通信模组,但是不同厂商、型号的通信模组 AT 指令集之间仍然存在许多不兼容的地方。这些不兼容的 AT 指令集给物联网应用的开发者带来了不便,也让物联网终端产品的通信模组优化升级十分困难。

MoLink 模组连接套件通过架构设计和模组适配实现了对不同通信模组的统一控制,并向上层框架和应用提供统一的 API 接口,使开发者不必关心不同模组之间的差异即可完成网络相关应用的开发。注意,本书使用 ESP8266 来实现 MoLink 实验,MoLink 实现架构如图 12.1 所示。

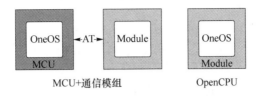

**图 12.1　MoLink 实现架构**

OpenCPU 开发模式就是一种以模块作为主处理器的应用方式。采用 OpenCPU 解决方案可以简化用户对物联网应用的开发流程,精简硬件结构设计,从而降低产品成本。

OpenCPU 方案的优势:

- 更低的成本:无需外部处理器以及相关的存储器、外围设备,降低了硬件成本;
- 更少的时间周期:不进行本地通信协议开发,缩短产品开发周期;
- 更高的集成度:减小产品尺寸,减少体积,适用于一些手持设备;
- 更低的能耗:去掉 MCU 部分的能耗,更少的中间资源占用,更高的交互效率;
- 更轻松的升级:只需要升级通信模组,使得 OTA 升级更简单;
- 更高的产品质量:传统家电厂商开发能力参差不齐,而模组方案商有比较强的开发能力;
- 更高的安全性:避免近端攻击窃取的可能,不再需要通过 UART 传递关键业务数据。

同时,OneOS OpenCPU 模组方案完全兼容 MoLink API 接口,通过统一的 API 接口实现 MCU＋模组和模组 OpenCPU 方案间应用代码的无缝迁移。

由于本书使用 ESP8266 作为 MoLink 模组,所以 MoLink 使用的是 AT 模式方案。

## 12.1.2　MoLink 架构解析

### 1. MoLink 源码目录结构

MoLink 源代码目录结构如表 12.1 所列。

**表 12.1　MoLink 文件描述**

| 目　录 | 描　述 |
| --- | --- |
| api | 通用控制等接口的定义及高层实现 |
| core | 模组对象管理及其他关键部分实现 |
| doc | 文档 |

续表 12.1

| 目　录 | 描　述 |
|---|---|
| module | 基于不同型号的模组适配实现 |
| parser | 与模组进行 AT 指令通信的解析器 |

MoLink 源代码按照软件架构进行层次划分，实现高内聚、低耦合，易于扩展和裁减。

### 2. MoLink 架构设计

MoLink 模组连接套件向上层框架和用户应用提供统一的 API 接口，同时适配了多种型号通信模组的 AT 指令集，架构如图 12.2 所示。

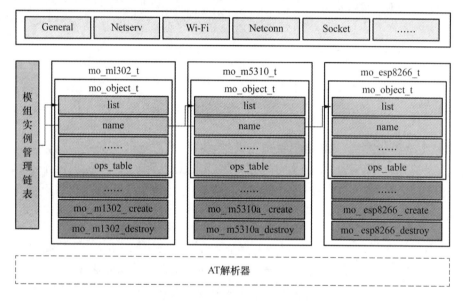

**图 12.2　MoLink 上层架构示意图**

- 抽象接口层：提供通用控制、网络服务、网络连接、套接字、WiFi 管理等多种接口的定义及高层实现。
- 核心层：提供 MoLink 模组对象定义、模组实例的管理及其他关键部分实现。
- 模组适配层：提供各种型号通信模组的抽象接口层中各种接口的适配函数的实现。
- AT 解析器：可选模块，MCU 架构下的模组适配通过 AT 解析器与通信模组进行 AT 指令通信。

### 3. MoLink 使用配置

OneOS 工程不需要手动移植到工程项目中，只需要在 OneOS-Cube 配置添加组件即可。在 projects/stm32f103zet6-atk-elite 目录下右键打开 OneOS – Cube，然后

输入 Menuconfig 进入图形化工具进行配置选择,配置的路径如以下源码所示:

```
(Top) → Components → Network → MoLink → En IoT modules support →
Modules → WiFi Modules Support → ESP8266 → ESP8266 Config
                          OneOS Configuration
[ ] Enable ESP8266 Module Object Auto Create
(ALIENTEK-YF) ESP8266 Connect AP SSID
(15902020353) ESP8266 Connect AP Password
[ * ] Enable ESP8266 Module General Operates
- * - Enable ESP8266 Module WiFi Operates
[ * ] Enable ESP8266 Module Ping Operates
[ * ] Enable ESP8266 Module Ifconfig Operates
- * - Enable ESP8266 Module Network TCP/IP Operates
[ * ] Enable ESP8266 Module BSD Socket Operates
[ * ] Enable ESP8266 Module Hardware Control Operates
(4)     The ESP8266 Module Reset Pin Number
```

可见,MoLink 模组选择为 ESP8266,然后设置 ESP8266 连接账号与密码(注意,这里可以不定义,直接在代码中自定义即可)。Enable ESP8266 Module Hardware Control Operates 的选项主要用于使能 ESP8266 的 RST 复位引脚,由于正点原子精英开发板的 ATK MODULE 接口连接的是串口 3(使用 STM32CubeMX 使能以及配置 USART3 并开启 DMA),所以把 ESP8266 模块插入该凹槽中,如图 12.3 所示。

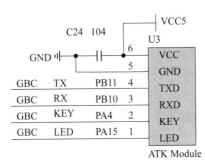

**图 12.3   ATK MODULE 硬件连接图**

可以看出,连接 ESP8266 的 RST 引脚为 PA4 引脚,这里配置引脚涉及 OneOS 的引脚使用方式、打开 drv_gpio.h 文件,如以下源码所示:

```
enum GPIO_PORT_INDEX
{
    GPIO_INDEX_A = 0,
    GPIO_INDEX_B,
    GPIO_INDEX_C,
    GPIO_INDEX_D,
    GPIO_INDEX_E,
    GPIO_INDEX_F,
```

```
    GPIO_INDEX_G,
    GPIO_INDEX_H,
    GPIO_INDEX_I,
    GPIO_INDEX_J,
    GPIO_INDEX_K,
    GPIO_INDEX_L,
    GPIO_INDEX_M,
    GPIO_INDEX_N,
    GPIO_INDEX_O,
    GPIO_INDEX_P,
    GPIO_INDEX_Q,
    GPIO_INDEX_R,
    GPIO_INDEX_S,
    GPIO_INDEX_T,
    GPIO_INDEX_U,
    GPIO_INDEX_V,
    GPIO_INDEX_W,
    GPIO_INDEX_X,
    GPIO_INDEX_Y,
    GPIO_INDEX_Z,
    GPIO_INDEX_MAX
};

#define GPIO_PIN_PER_PORT          (16)
#define GPIO_PORT_MAX              (GPIO_INDEX_MAX)
#define GPIO_PIN_MAX               (GPIO_PORT_MAX * GPIO_PIN_PER_PORT)
#define __PORT_INDEX(pin)         (pin / GPIO_PIN_PER_PORT)
#define __PIN_INDEX(pin)          (pin % GPIO_PIN_PER_PORT)
#define GET_PIN(PORTx, PIN)       (((GPIO_INDEX_##PORTx - GPIO_INDEX_A) *
                                  GPIO_PIN_PER_PORT) + PIN)
```

上述源码中 GET_PIN() 为获取引脚数,例如,对于 PA4 引脚,根据上述源码计算出引脚数:

```
#define GET_PIN(PORTx, PIN)       (((GPIO_INDEX_##PORTx - GPIO_INDEX_A) *
                                  GPIO_PIN_PER_PORT) + PIN)
```

根据上述公式可知:GET_PIN(A,4)等于$(0-0)\times16+4$,所以 PA4 就设置为 4。注意,##为 C 语言的连接符的意思。同理,GET_PIN(B,4)等于$(1-0)\times16+4$,所以设置 PB4 为 20。

串口数据缓冲区大小最好配置大一些,因为通信模组通过串口发送给系统的数据将首先缓存在串口数据缓冲区中,如果串口缓冲区大小设置过小,则会导致 MoLink 无法正确接收通信模组发送的数据,造成 AT 指令执行超时或数据接收不全等问题。OneOS 操作系统中串口缓存区的大小默认为 64 字节,如果使用 MoLink 组件,则建议将串口缓冲区大小设置为略大于通信所需的数据的最大值,如设置为 1 024 字节或 2 048 字节,如以下源码所示:

```
Drivers → Serial
                                        OneOS Configuration
- * - Enable serial drivers
[ ]      Enable serial idle timer
[ * ]     Enable serial close after sending
(512)    Set RX buffer size
(512)    Set TX buffer size
    posix serial--->
    rtt uart--->
```

这里设置串口缓冲区为 512。

# 12.2　MoLink 模组 API 函数

## 12.2.1　模组管理接口

模组的管理基于模组实例管理框架,由统一管理接口控制,用户可以不必再关心冗杂模组的 AT 指令收发及解析,调用 MoLink API 就能轻松实现模组管理及具体业务。MoLink 模组管理接口函数如表 12.2 所列。

表 12.2　MoLink 模组管理接口描述

| 函　　数 | 描　　述 |
| --- | --- |
| mo_create() | 创建模组对象 |
| mo_destroy() | 销毁模组对象 |
| mo_get_by_name() | 根据名称获取模组对象 |
| mo_get_default() | 获取默认模组对象 |
| mo_set_default() | 设置默认模组对象 |

MoLink 提供自动创建和手动创建两种模组创建方式。用户可根据设备及具体应用场景进行选择。

自动创建方式:使用 OneOS-Cube 可视化配置工具 menuconfig,在(Top)→Components→Network→MoLink 路径下,使能物联网模组支持功能([ * ] Enable IoT modules support),在此目录下选择使能模组及配置是否自动创建模组。

注意,使用自动创建须关注模组在自动创建时是否正常工作,若模组未开机或工作状态不正常,不能使用自动创建功能。

如果使用自动创建的方式,最好模组一直与 MCU 保持连接,由于精英开发板没有板载 ESP8266,所以需要外接一个 ESP8266 模组,最好使用自动创建模组的方式。

### 1. mo_create()函数

该函数用于创建模组对象实例,其函数原型如下:

```
mo_object_t * mo_create(const char * name,
                        mo_type_t type,
                        void * parser_config);
```

该函数的形参描述如表 12.3 所列。

返回值:OS_NULL 表示创建失败,非 OS_NULL 表示模组对象指针。

注意,进行手动创建时勿使能此模组的自动创建功能。

### 2. mo_destroy()函数

该函数用于销毁模组对象实例,其函数原型如下:

```
os_err_t mo_destroy(mo_object_t * self, mo_type_t type);
```

该函数的形参描述如表 12.4 所列。

表 12.3　函数 mo_create()形参描述

| 参　　数 | 描　　述 |
| --- | --- |
| name | 模组名称 |
| type | 模组型号 |
| parser_config | AT 解析器参数结构体指针,OpenCPU 架构此参数为空 |

表 12.4　函数 mo_destroy()形参描述

| 参　　数 | 描　　述 |
| --- | --- |
| self | 模组对象 |
| type | 支持的模组型号 |

返回值:OS_EOK 表示成功。

### 3. mo_get_by_name()函数

该函数用于根据名称获取模组对象,函数原型如下:

```
mo_object_t * mo_get_by_name(const char * name);
```

该函数的形参描述如表 12.5 所列。

返回值:OS_NULL 表示获取失败,非 OS_NULL 表示模组对象指针。

### 4. mo_get_default()函数

该函数用于获取默认模组对象,函数原型如下:

```
mo_object_t * mo_get_default(void);
```

返回值:OS_NULL 表示获取失败,非 OS_NULL 表示默认模组对象指针。

### 5. mo_set_default()函数

该函数用于设置默认模组对象,其函数原型如下:

```
void mo_set_default(mo_object_t * self);
```

该函数的形参描述如表 12.6 所列。

**表 12.5 函数 mo_get_by_name( )形参描述**

| 参　数 | 描　述 |
| --- | --- |
| name | 模组对象名称 |

**表 12.6 函数 mo_get_by_name( )形参描述**

| 参　数 | 描　述 |
| --- | --- |
| self | 模组对象 |

返回值:无。

## 12.2.2 通用控制接口

通用控制接口提供模组相关基本信息及功能查询设置,模组创建后按需调用即可,如表 12.7 所列。

**表 12.7 通用控制接口描述**

| 函　数 | 描　述 |
| --- | --- |
| mo_at_test( ) | 测试 AT 指令 |
| mo_get_imei( ) | 获取 IMEI |
| mo_get_imsi( ) | 获取 IMSI |
| mo_get_iccid( ) | 获取 iccid |
| mo_get_cfun( ) | 获取射频模式 |
| mo_set_cfun( ) | 设置射频模式 |
| mo_get_firmware_version( ) | 获取模组固件版本信息 |
| mo_get_firmware_version_free( ) | 释放获取的模组固件版本信息 |
| mo_get_eid( ) | 获取 SIM eID |

### 1. mo_at_test( )函数

该函数用于发送 AT 测试命令,其函数原型如下:

```
os_err_t mo_at_test(mo_object_t * self);
```

该函数的形参描述如表 12.8 所列。

**表 12.8 函数 mo_at_test( )形参描述**

| 参　数 | 描　述 |
| --- | --- |
| self | 模组对象 |

返回值:OS_EOK 表示成功,非 OS_EOK 表示失败。

### 2. mo_get_imei( )函数

该函数用于获取 IMEI,该函数原型如下:

```
os_err_t mo_get_imei(mo_object_t * self, char * value, os_size_t len);
```

该函数的形参描述如表 12.9 所列。

返回值:OS_EOK 表示成功,非 OS_EOK 表示失败。

### 3. mo_get_imsi()函数

该函数用于获取 IMSI,其函数原型如下:

```
os_err_t mo_get_imsi(mo_object_t * self, char * value, os_size_t len);
```

该函数的形参描述如表 12.10 所列。

**表 12.9 函数 mo_get_imei()形参描述**

| 参　　数 | 描　　述 |
| --- | --- |
| self | 模组对象 |
| value | 存储 IMEI 的 buf |
| len | 存储 IMEI 的 buf 长度 |

**表 12.10 函数 mo_get_imsi()形参描述**

| 参　　数 | 描　　述 |
| --- | --- |
| self | 模组对象 |
| value | 存储 IMSI 的 buf |
| len | 存储 IMSI 的 buf 长度 |

返回值:OS_EOK 表示成功,非 OS_EOK 表示失败。

### 4. mo_get_iccid()函数

该函数用于获取 ICCID,其函数原型如下:

```
os_err_t mo_get_iccid(mo_object_t * self, char * value, os_size_t len);
```

该函数的形参描述如表 12.11 所列。

返回值:OS_EOK 表示成功,非 OS_EOK 表示失败。

### 5. mo_get_cfun()函数

该函数用于获取射频模式,其函数原型如下:

```
os_err_t mo_get_cfun(mo_object_t * self, os_uint8_t * fun_lvl);
```

该函数的形参描述如表 12.12 所列。

**表 12.11 函数 mo_get_iccid()形参描述**

| 参　　数 | 描　　述 |
| --- | --- |
| self | 模组对象 |
| value | 存储 ICCID 的 buf |
| len | 存储 ICCID 的 buf 长度 |

**表 12.12 函数 mo_get_cfun()形参描述**

| 参　　数 | 描　　述 |
| --- | --- |
| self | 模组对象 |
| fun_lvl | 存储射频模式的指针 |

返回值:OS_EOK 表示成功,非 OS_EOK 表示失败。

### 6. mo_set_cfun()函数

该函数用于设置射频模式,其函数原型如下:

```
os_err_t mo_set_cfun(mo_object_t * self, os_uint8_t fun_lvl);
```

该函数的形参描述如表 12.13 所列。

返回值:OS_EOK 表示成功,非 OS_EOK 表示失败。

注意,fun_lvl 的设置根据模组不同有所区别,需要具体查阅 AT 手册对应的值进行设置。

### 7. mo_get_firmware_version()函数

该函数用于获取模组的固件版本信息,其函数原型如下:

```
os_err_t mo_get_firmware_version(mo_object_t * self,
                                  mo_firmware_version_t * version);
```

该函数的形参描述如表 12.14 所列。

**表 12.13  函数 mo_set_cfun()形参描述**

| 参　数 | 描　述 |
| --- | --- |
| self | 模组对象 |
| fun_lvl | 射频模式 |

**表 12.14  函数 mo_get_firmware_version()形参描述**

| 参　数 | 描　述 |
| --- | --- |
| self | 模组对象 |
| version | 存储固件版本号的结构体的指针 |

返回值:OS_EOK 表示成功,非 OS_EOK 表示失败。

注意,该函数将动态申请用于存储固件版本信息的内存,调用该函数须调用 mo_get_firmware_version_free 函数释放内存。

### 8. mo_get_firmware_version_free()函数

该函数用于释放获取的模组固件版本信息,其函数原型如下:

```
void mo_get_firmware_version_free(mo_firmware_version_t * version);
```

该函数的形参描述如表 12.15 所列。
返回值:无。

### 9. mo_get_eid()函数

该函数用于获取 SIM 卡 eID,其函数原型如下:

```
os_err_t mo_get_eid(mo_object_t * self, char * eid, os_size_t len);
```

该函数的形参描述如表 12.16 所列。

**表 12.15  函数 mo_get_firmware_version_free()形参**

| 参　数 | 描　述 |
| --- | --- |
| version | 存储固件版本号的结构体的指针 |

**表 12.16  函数 mo_get_eid()形参**

| 参　数 | 描　述 |
| --- | --- |
| self | 模组对象 |
| eid | 存储 eID 的指针 |
| len | eID 字符串长度 |

返回值:OS_EOK 表示成功,非 OS_EOK 表示失败。

## 12.2.3 网络服务接口

网络服务接口提供模组网络服务相关基本信息及功能查询设置,部分功能在模组侧有依赖关系,具体见不同模组的 AT 手册,如表 12.17 所列。

表 12.17 网络服务接口函数描述

| 函　数 | 描　述 |
| --- | --- |
| mo_set_attach() | 网络附着或去附着 |
| mo_get_attach() | 获取网络附着状态 |
| mo_set_reg() | 设置网络注册参数 |
| mo_get_reg() | 获取网络注册状态 |
| mo_set_cgact() | 网络激活或去激活 |
| mo_get_cgact() | 获取网络激活状态 |
| mo_get_csq() | 获取信号强度 |
| mo_get_radio() | 获取无线信息 |
| mo_get_ipaddr() | 获取 IP 地址 |
| mo_set_dnsserver() | 设置 DNS 服务器地址 |
| mo_get_dnsserver() | 查询 DNS 服务器地址 |
| mo_get_cell_info() | 获取 cell 信息 |
| mo_set_psm() | 设置 PSM 选项 |
| mo_get_psm() | 查询 PSM 信息 |
| mo_set_edrx_cfg() | 配置 eDRX 参数 |
| mo_get_edrx_cfg() | 查询 eDRX 配置 |
| mo_get_edrx_dynamic() | 查询 eDRX 生效值(读取动态 eDRX 参数) |
| mo_set_band() | 多频段模块设置搜网的频段 |
| mo_set_earfcn() | 锁频 |
| mo_get_earfcn() | 查询 earfcn(锁频)信息 |
| mo_clear_stored_earfcn() | 清除存储的频点信息 |
| mo_clear_plmn() | 清除 plmn 等驻网记录 |

## 1. mo_set_attach()

该函数用于附着或去附着,其函数原型如下:

```
os_err_t mo_set_attach(mo_object_t * self, os_uint8_t attach_stat);
```

该函数形参描述如表 12.18 所列。

返回值:OS_EOK 表示成功,非 OS_EOK 表示失败。

## 2. mo_get_attach( )

该函数用于获取附着状态,其函数原型如下:

```
os_err_t mo_get_attach(mo_object_t * self, os_uint8_t * attach_stat);
```

该函数形参描述如表 12.19 所列。

**表 12.18　函数 mo_set_attach( )形参描述**

| 形　参 | 描　述 |
| --- | --- |
| self | 模组对象 |
| attach_stat | 欲设置附着状态 |

**表 12.19　函数 mo_get_attach( )形参描述**

| 形　参 | 描　述 |
| --- | --- |
| self | 模组对象 |
| attach_stat | 存储附着状态的 buf |

返回值:OS_EOK 表示成功,非 OS_EOK 表示失败。

## 3. mo_set_reg( )

该函数用于设置注册参数,其函数原型如下:

```
os_err_t mo_set_reg(mo_object_t * self, os_uint8_t reg_n);
```

该函数形参描述如表 12.20 所列。

返回值:OS_EOK 表示成功,非 OS_EOK 表示失败。

## 4. mo_get_reg( )

该函数用于获取注册状态,其函数原型如下:

```
os_err_t mo_get_reg(mo_object_t * self, eps_reg_info_t * info);
```

该函数形参描述如表 12.21 所列。

**表 12.20　函数 mo_set_reg( )形参描述**

| 形　参 | 描　述 |
| --- | --- |
| self | 模组对象 |
| reg_n | 注册参数 |

**表 12.21　函数 mo_get_reg( )形参描述**

| 形　参 | 描　述 |
| --- | --- |
| self | 模组对象 |
| info | 存储注册状态的结构体指针 |

返回值:OS_EOK 表示成功,非 OS_EOK 表示失败。

## 5. mo_set_cgact( )

该函数用于激活或去激活,其函数原型如下:

```
os_err_t mo_set_cgact(mo_object_t * self, os_uint8_t cid, os_uint8_t act_n);
```

该函数形参描述如表 12.22 所列。

返回值:OS_EOK 表示成功,非 OS_EOK 表示失败。

## 6. mo_get_cgact()

该函数用于获取激活状态,其函数原型如下:

```
os_err_t mo_get_cgact(mo_object_t * self,
                      os_uint8_t * cid,
                      os_uint8_t * act_stat);
```

该函数形参描述如表 12.23 所列。

**表 12.22　函数 mo_set_cgact()形参描述**

| 形　参 | 描　述 |
|--------|--------|
| self | 模组对象 |
| cid | CID 参数 |
| act_n | 激活参数,0 或 1 |

**表 12.23　函数 mo_get_cgact()形参描述**

| 形　参 | 描　述 |
|--------|--------|
| self | 模组对象 |
| cid | 存储 CID 参数的 buf |
| act_stat | 存储激活参数的 buf |

返回值:OS_EOK 表示成功,非 OS_EOK 表示失败。

## 7. mo_get_csq()

该函数用于获取信号强度,其函数原型如下:

```
os_err_t mo_get_csq(mo_object_t * self, os_uint8_t * rssi, os_uint8_t * ber);
```

该函数形参描述如表 12.24 所列。

返回值:OS_EOK 表示成功,非 OS_EOK 表示失败。

## 8. mo_get_radio()

该函数用于获取无线信息,其函数原型如下:

```
os_err_t mo_get_radio(mo_object_t * self, radio_info_t * radio_info);
```

该函数形参描述如表 12.25 所列。

**表 12.24　函数 mo_get_csq()形参描述**

| 形　参 | 描　述 |
|--------|--------|
| self | 模组对象 |
| rssi | 存储 RSSI 的 buf |
| ber | 存储 BER 的 buf |

**表 12.25　函数 mo_get_radio()形参描述**

| 形　参 | 描　述 |
|--------|--------|
| self | 模组对象 |
| radio_info | 存储无线信息的 buf |

返回值:OS_EOK 表示成功,非 OS_EOK 表示失败。

## 9. mo_get_ipaddr()

该函数用于获取 ip 地址,其函数原型如下:

```
os_err_t mo_get_ipaddr(mo_object_t * self, char ip[]);
```

该函数形参描述如表 12.26 所列。

返回值:OS_EOK 表示成功,非 OS_EOK 表示失败。

## 10. mo_set_dnsserver( )

该函数用于设置 DNS 服务器地址信息,其函数原型如下:

```
os_err_t mo_set_dnsserver(mo_object_t * self, dns_server_t dns);
```

该函数形参描述如表 12.27 所列。

**表 12.26 函数 mo_get_ipaddr( )形参描述**

| 形　参 | 描　述 |
| --- | --- |
| self | 模组对象 |
| ip | 存储 IP 的 buf |

**表 12.27 函数 mo_set_dnsserver( )形参描述**

| 形　参 | 描　述 |
| --- | --- |
| self | 模组对象 |
| dns | 设置 DNS 服务器地址信息的 buf |

返回值:OS_EOK 表示成功,非 OS_EOK 表示失败。

## 11. mo_get_dnsserver( )

该函数用于查询 DNS 服务器地址信息,其函数原型如下:

```
os_err_t mo_get_dnsserver(mo_object_t * self, dns_server_t * dns);
```

该函数形参描述如表 12.28 所列。

返回值:OS_EOK 表示成功,非 OS_EOK 表示失败。

## 12. mo_get_cell_info( )

该函数用于获取 cell 信息,其函数原型如下:

```
os_err_t mo_get_cell_info(mo_object_t * self,
                    onepos_cell_info_t * onepos_cell_info);
```

该函数形参描述如表 12.29 所列。

**表 12.28 函数 mo_get_dnsserver( )形参描述**

| 形　参 | 描　述 |
| --- | --- |
| self | 模组对象 |
| dns | 存储 DNS 服务器地址信息的 buf |

**表 12.29 函数 mo_get_cell_info( )形参描述**

| 形　参 | 描　述 |
| --- | --- |
| self | 模组对象 |
| onepos_cell_info | 存储 cell 信息的 buf |

返回值:OS_EOK 表示成功,非 OS_EOK 表示失败。

## 13. mo_set_psm( )

该函数用于设置 PSM 选项,其函数原型如下:

```
os_err_t mo_set_psm(mo_object_t * self, mo_psm_info_t info);
```

该函数形参描述如表 12.30 所列。

返回值：OS_EOK 表示成功，非 OS_EOK 表示失败。

### 14. mo_get_psm()

该函数用于获取 PSM 选项，其函数原型如下：

```
os_err_t mo_get_psm(mo_object_t * self, mo_psm_info_t * info);
```

该函数形参描述如表 12.31 所列。

表 12.30　函数 mo_set_psm()形参描述

| 形　参 | 描　　述 |
| --- | --- |
| self | 模组对象 |
| info | 设置 PSM 选项的 buf |

表 12.31　函数 mo_get_psm()形参描述

| 形　参 | 描　　述 |
| --- | --- |
| self | 模组对象 |
| info | 存储 PSM 选项的 buf |

返回值：OS_EOK 表示成功，非 OS_EOK 表示失败。

### 15. mo_set_edrx_cfg()

该函数用于配置 eDRX 参数信息，其函数原型如下：

```
os_err_t mo_set_edrx_cfg(mo_object_t * self, mo_edrx_cfg_t cfg);
```

该函数形参描述如表 12.32 所列。

返回值：OS_EOK 表示成功，非 OS_EOK 表示失败。

### 16. mo_get_edrx_cfg()

该函数用于查询 eDRX 配置信息，其函数原型如下：

```
os_err_t mo_get_edrx_cfg(mo_object_t * self, mo_edrx_t * edrx_local);
```

该函数形参描述如表 12.33 所列。

表 12.32　函数 mo_set_edrx_cfg()形参描述

| 形　参 | 描　　述 |
| --- | --- |
| self | 模组对象 |
| cfg | 配置 eDRX 参数的 buf |

表 12.33　函数 mo_get_edrx_cfg()形参描述

| 形　参 | 描　　述 |
| --- | --- |
| self | 模组对象 |
| edrx_local | 存储 eDRX 配置的 buf |

返回值：OS_EOK 表示成功，非 OS_EOK 表示失败。

### 17. mo_get_edrx_dynamic()

该函数用于获取查询 eDRX 生效值（读取动态 eDRX 参数）信息，其函数原型如下：

```
os_err_t mo_get_edrx_dynamic(mo_object_t * self, mo_edrx_t * edrx_dynamic);
```

该函数形参描述如表 12.34 所列。

返回值:OS_EOK 表示成功,非 OS_EOK 表示失败。

## 18. mo_set_band()

该函数用于配置频段信息(多频段模块设置搜网的频段信息),其函数原型如下:

```
os_err_t mo_set_band(mo_object_t * self, char band_list[], os_uint8_t num);
```

该函数形参描述如表 12.35 所列。

表 12.34  函数 mo_get_edrx_dynamic() 形参描述

| 形　参 | 描　　述 |
| --- | --- |
| self | 模组对象 |
| edrx_dynamic | 存储 eDRX 生效值的 buf |

表 12.35  函数 mo_set_band() 形参描述

| 形　参 | 描　　述 |
| --- | --- |
| self | 模组对象 |
| num | 存储 band_list 的长度 |

返回值:OS_EOK 表示成功,非 OS_EOK 表示失败。

## 19. mo_set_earfcn()

该函数用于设置锁频选项,其函数原型如下:

```
os_err_t mo_set_earfcn(mo_object_t * self, mo_earfcn_t earfcn);
```

该函数形参描述如表 12.36 所列。

返回值:OS_EOK 表示成功,非 OS_EOK 表示失败。

## 20. mo_get_earfcn()

该函数用于查询 earfcn(锁频)信息 ,其函数原型如下:

```
os_err_t mo_get_earfcn(mo_object_t * self, mo_earfcn_t * earfcn);
```

该函数形参描述如表 12.37 所列。

表 12.36  函数 mo_set_earfcn() 形参描述

| 形　参 | 描　　述 |
| --- | --- |
| self | 模组对象 |
| earfcn | 设置锁频选项的 buf |

表 12.37  函数 mo_get_earfcn() 形参描述

| 形　参 | 描　　述 |
| --- | --- |
| self | 模组对象 |
| earfcn | 存储锁频配置相关信息的 buf |

返回值:OS_EOK 表示成功,非 OS_EOK 表示失败。

## 21. mo_clear_stored_earfcn()

该函数用于清除存储的频点信息,其函数原型如下:

```
os_err_t mo_clear_stored_earfcn(mo_object_t * self);
```

该函数形参描述如表 12.38 所列。

返回值:OS_EOK 表示成功,非 OS_EOK 表示失败。

### 22. mo_clear_plmn()

该函数用于清除 plmn 等信息,其函数原型如下:

```
os_err_t mo_clear_plmn(mo_object_t * self);
```

该函数形参描述如表 12.39 所列。

表 12.38  函数 mo_clear_stored_earfcn()形参描述

| 形　参 | 描　述 |
| --- | --- |
| self | 模组对象 |

表 12.39  函数 mo_clear_plmn()形参描述

| 形　参 | 描　述 |
| --- | --- |
| self | 模组对象 |

返回值:OS_EOK 表示成功,非 OS_EOK 表示失败。

# 12.3  Socket 套件使用

OneOS Socket 组件为用户提供了一套兼容 BSD 的标准接口,用来实现网络连接及数据传输,下层涵盖了以太模块、蜂窝模组和 WiFi 模组等不同制式的通信介质以及不同的通信协议栈。以太模块使用 LWIP 协议栈,蜂窝模组和 WiFi 模组使用 AT 指令进行拨号连接和数据收发。

使用限制:标准 Socket 组件使用时 LWIP 和 AT 只能二选一,在编译配置时决定,所以使用 ESP8266 调用 Socket 函数只能使用 AT 的方式。

例如,以 ESP8266 为例,使用 OneOS-Cube 配置 Socket 套件:

① 使能 BSD Socket API,如以下源码所示:

```
(Top) → Components→ Network→ Socket
                        OneOS Configuration
[ * ] Enable BSD socket API
      protocol stack implement(Support OneOS modules stack)  --->
```

② 打开 MoLink 并选择模组为 ESP8266:

```
ponents → Network → MoLink → Enable IoT modnfigpport → Modules → WiFi Modules
                              Support → ESP8266 → ESP8266 Cofig
                        OneOS Configuration
[ ] Enable ESP8266 Module Object Auto Create
(ALIENTEK-YF) ESP8266 Connect AP SSID
(15902020353) ESP8266 Connect AP Password
[ * ] Enable ESP8266 Module General Operates
- * - Enable ESP8266 Module WiFi Operates
[ * ] Enable ESP8266 Module Ping Operates
[ * ] Enable ESP8266 Module Ifconfig Operates
- * - Enable ESP8266 Module Network TCP/IP Operates
```

```
[ * ] Enable ESP8266 Module BSD Socket Operates
[ * ] Enable ESP8266 Module Hardware Control Operates
(4)     The ESP8266 Module Reset Pin Number
```

上述源码使能[ * ]Enable ESP8266 Module BSD Socket Operates,该选项为使能 BSD Socket,所以在工程中可以调用 Socket 相关函数。

注意:

- 不能使能 LWIP,因为 ESP8266 不能使用 LWIP,这里必须注意。
- ESP8266 Connect AP SSID 和 ESP8266 Connect AP Password 可设置。

### 12.3.1　Socket API 函数

前面已经说到,Socket 的 API 函数具有两种方式,第一种是使用 LWIP 方式,第二种为 AT 指令的方式。OneOS 已经把这两种的方案兼容到统一 API 函数接口中,如果我们使用 ESP8266,那么系统调用 Socket 函数自动选择 AT 指令的方式,如表 12.40 所列。

**表 12.40　Socket API 函数描述**

| 函　数 | 描　述 |
| --- | --- |
| socket() | 创建套接字 |
| closesocket() | 关闭套接字 |
| shutdown() | shutdown 套接字 |
| bind() | 绑定 IP 和端口到套接字 |
| listen() | 设置套接字为监听模式 |
| accept() | 接受 Socket 连接请求 |
| connect() | 连接到服务器 |
| sendto() | 可用于发送 UDP 数据 |
| send() | 发送数据 |
| recvfrom() | 可用于接收 UDP 数据 |
| recv() | 接收数据 |
| getsockopt() | 获取套接字属性 |
| setsockopt() | 设置套接字属性 |
| ioctlsocket() | 套接字模式控制 |
| select() | 套接字状态监测 |
| gethostbyname() | 获取域名或主机名的 IP 地址 |
| getaddrinfo() | 将域名或主机名转为 IP 地址,服务转为端口 |
| freeaddrinfo() | 释放地址信息,与 getaddrinfo 配对使用 |
| getpeername() | 获取套接字远程信息 |
| getsockname() | 获取套接字本地信息 |

### 1. socket()函数

该函数用于新创建一个套接字(Socekt),创建成功则返回套接字描述符。函数原型定义如下:

```
int socket(int domain, int type, int protocol);
```

该函数形参描述如表 12.41 所列。

返回值:套接字描述符表示成功,—1 表示失败。

### 2. closesocket()函数

该函数用于关闭一个套接字,函数原型定义如下:

```
int closesocket(int fd);
```

该函数形参描述如表 12.42 所列。

表 12.41　函数 socket()形参描述

| 形　参 | 描　述 |
| --- | --- |
| domain | 协议簇 |
| type | 套接字类型 |
| protocol | 协议类型 |

表 12.42　函数 closesocket()形参描述

| 形　参 | 描　述 |
| --- | --- |
| fd | 套接字描述符 |

返回值:0 表示成功,非 0 表示失败。

### 3. shutdown()函数

该函数用来封闭一个连接,套接字仍存在,函数原型定义如下:

```
int shutdown(int fd, int how);
```

该函数形参描述如表 12.43 所列。

返回值:0 表示成功,非 0 表示失败。

### 4. bind()函数

调用此函数将套接字和本地接口、端口绑定,函数原型定义如下:

```
int bind(int fd, const struct sockaddr * name, socklen_t namelen);
```

该函数形参描述如表 12.44 所列。

表 12.43　函数 shutdown()形参描述

| 形　参 | 描　述 |
| --- | --- |
| fd | 套接字描述符 |
| how | 关闭方式 |

表 12.44　函数 bind()形参描述

| 形　参 | 描　述 |
| --- | --- |
| fd | 套接字描述符 |
| name | 指向 struct sockaddr 的指针,含绑定的地址信息:名称、端口和 IP 地址 |
| namelen | 一般设置为 sizeof(struct sockaddr) |

返回值:0 表示成功,非 0 表示失败。

## 5. listen()函数

调用此函数将套接字设置为侦听模式,函数原型定义如下:

```
int listen(int fd, int backlog);
```

该函数形参描述如表 12.45 所列。

**表 12.45　函数 listen()形参描述**

| 形　参 | 描　述 |
|--------|--------|
| fd | 套接字描述符 |
| backlog | 连接请求队列可以容纳最大数目 |

返回值:0 表示成功,非 0 表示失败。

## 6. accept()函数

该函数等待一个新的连接,函数返回新连接的套接字描述符,函数原型定义如下:

```
int accept(int fd, struct sockaddr * addr, socklen_t * addrlen);
```

该函数形参描述如表 12.46 所列。

**表 12.46　函数 accept()形参描述**

| 形　参 | 描　述 |
|--------|--------|
| fd | 套接字描述符 |
| addr | 指向 struct sockaddr 的指针,含连接的地址信息:名称、端口和 IP 地址 |
| addrlen | 一般设置为 sizeof(struct sockaddr) |

返回值:≥0 表示新的连接套接字描述符,<0 表示失败。

## 7. connect()函数

该函数用于建立与指定套接字的连接,函数原型定义如下:

```
int connect(int fd, const struct sockaddr * name, socklen_t namelen);
```

该函数形参描述如表 12.47 所列。

**表 12.47　函数 connect()形参描述**

| 形　参 | 描　述 |
|--------|--------|
| fd | 套接字描述符 |
| name | 指向 struct sockaddr 的指针,含绑定的地址信息:名称、端口和 IP 地址 |
| namelen | 一般设置为 sizeof(struct sockaddr) |

返回值:0 表示成功,非 0 表示失败。

### 8. sendto()函数

该函数将数据发送到指定地址,用于发送 UDP 数据,函数原型定义如下:

```
int sendto(int fd, const void * data, size_t size,
           int flags, const struct sockaddr * to, socklen_t tolen);
```

该函数形参描述如表 12.48 所列。

表 12.48　函数 sendto()形参描述

| 形　参 | 描　　述 |
| --- | --- |
| fd | 套接字描述符 |
| data | 待发送数据缓存区首地址 |
| size | 待发送数据长度 |
| flags | 发送标记,一般设为 0 |
| to | 指向 struct sockaddr 的指针,含目的地址信息:名称、端口和 IP 地址 |
| tolen | 一般设置为 sizeof(struct sockaddr) |

返回值:>0 表示数据发送成功的字节数,≤0 表示失败。

### 9. send()函数

套接字 fd 发送数据,函数原型定义如下:

```
int send(int fd, const void * data, size_t size, int flags);
```

该函数形参描述如表 12.49 所列。

表 12.49　函数 send()形参描述

| 形　参 | 描　　述 |
| --- | --- |
| fd | 套接字描述符 |
| data | 待发送数据缓存区首地址 |
| size | 待发送数据长度 |
| flags | 发送标记,一般设为 0 |

返回值:>0 表示数据发送成功的字节数,≤0 表示失败。

### 10. recvfrom()函数

指定套接字上接收数据,函数原型定义如下:

```
int recvfrom(int fd, void * mem, size_t len,
             int flags, struct sockaddr * from, socklen_t * fromlen);
```

该函数形参描述如表 12.50 所列。

表 12.50　函数 recvfrom( )形参描述

| 形　参 | 描　述 |
|---|---|
| fd | 套接字描述符 |
| mem | 接收数据缓存区首地址 |
| len | 接收缓存区长度 |
| flags | 接收标记 |
| from | 指向 struct sockaddr 的指针,含数据源地址信息:名称、端口和 IP 地址 |
| fromlen | 一般设置为 sizeof(struct sockaddr) |

返回值:>0 表示成功接收到数据字节数,≤0 表示失败。

## 11. recv( )函数

该函数用于指定套接字上接收数据,函数原型定义如下:

```
int recv(int fd, void * mem, size_t len, int flags);
```

该函数形参描述如表 12.51 所列。

返回值:>0 表示成功接收到数据字节数,≤0 表示失败。

## 12. getsockopt( )函数

该函数用于获取对应套接字选项,函数原型定义如下:

```
int getsockopt(int fd, int level, int optname,
              void * optval, socklen_t * optlen);
```

该函数形参描述如表 12.52 所列。

表 12.51　函数 recv( )形参描述

| 形　参 | 描　述 |
|---|---|
| fd | 套接字描述符 |
| mem | 接收数据缓存区首地址 |
| len | 接收缓存区长度 |
| flags | 接收标记 |

表 12.52　函数 getsockopt( )形参描述

| 形　参 | 描　述 |
|---|---|
| fd | 套接字描述符 |
| level | 协议标准 |
| optname | 子选项 |
| optval | 指针,选项值 |
| optlen | 指针,选项值长度 |

返回值:0 表示成功,非 0 表示失败。

## 13. setsockopt( )函数

该函数用于设定套接字选项值配置,函数原型定义如下:

```
int setsockopt(int fd, int level, int optname,
              const void * optval, socklen_t optlen);
```

该函数形参描述如表 12.53 所列。

返回值:0 表示成功,非 0 表示失败。

## 14. ioctlsocket()函数

该函数是套接字模式控制,函数原型定义如下:

```
int ioctlsocket(int fd, long cmd, void * argp);
```

该函数形参描述如表 12.54 所列。

表 12.53　函数 setsockopt()形参描述

| 形　参 | 描　　述 |
| --- | --- |
| fd | 套接字描述符 |
| level | 协议标准 |
| optname | 子选项 |
| optval | 指针,选项值 |
| optlen | 选项值长度 |

表 12.54　函数 ioctlsocket()形参描述

| 形　参 | 描　　述 |
| --- | --- |
| fd | 套接字描述符 |
| cmd | 操作命令码 |
| argp | 操作命令所带参数的指针 |

返回值:0 表示成功,非 0 表示失败。

## 15. select()函数

该函数用于完成非阻塞方式工作,能够监视文件描述符的变化情况(读/写或异常),函数原型定义如下:

```
int select(int maxfdp1, fd_set * readset, fd_set * writeset,
        fd_set * exceptset, struct timeval * timeout);
```

该函数形参描述如表 12.55 所列。

表 12.55　函数 select()形参描述

| 形　参 | 描　　述 | 形　参 | 描　　述 |
| --- | --- | --- | --- |
| maxfdp1 | 最大套接字描述符 ＋ 1 | exceptset | 异常套接字描述符集合 |
| readset | 读套接字描述符集合 | timeout | 超时时间 |
| writeset | 写套接字描述符集合 | | |

返回值:>0 表示成功,0 表示超时,<0 表示失败。

## 16. gethostbyname()函数

获取域名或主机名的 IP 地址,函数原型定义如下:

```
struct hostent * gethostbyname(const char * name);
```

该函数形参描述如表 12.56 所列。

表 12.56 函数 gethostbyname( )形参描述

| 形　参 | 描　述 |
|---|---|
| name | 域名或者主机名 |

返回值:NULL 表示失败,非 NULL 表示成功。

## 17. getaddrinfo( )函数

该函数将域名或主机名转为 IP 地址,服务转为端口,函数原型定义如下:

```
int getaddrinfo(const char * nodename, const char * servname,
            const struct addrinfo * hints, struct addrinfo * * res);
```

该函数形参描述如表 12.57 所列。

表 12.57 函数 getaddrinfo( )形参描述

| 形　参 | 描　述 | 形　参 | 描　述 |
|---|---|---|---|
| nodename | 一个主机名或者地址串 | hints | 期望返回的信息类型 |
| servname | 服务器名,端口号 | res | 返回地址信息 |

返回值:0 表示成功,非 0 表示失败。

## 18. freeaddrinfo( )函数

与 getaddrinfo 配对使用,释放获取信息,函数原型定义如下:

```
void freeaddrinfo(struct addrinfo * ai);
```

该函数形参描述如表 12.58 所列。

表 12.58 函数 freeaddrinfo( )形参描述

| 形　参 | 描　述 |
|---|---|
| ai | 待释放地址信息 |

返回值:无。

## 19. getpeername( )函数

该函数可以取得一个已经连接上的套接字的远程信息(比如 IP 地址和端口),函数原型定义如下:

```
int getpeername (int fd, struct sockaddr * name, socklen_t * namelen);
```

该函数形参描述如表 12.59 所列。

表 12.59　函数 getpeername( )形参描述

| 形　参 | 描　述 |
| --- | --- |
| fd | 套接字描述符 |
| name | 指向 struct sockaddr 的指针,含连接的地址信息:名称、端口和 IP 地址 |
| namelen | 一般设置为 sizeof(struct sockaddr) |

返回值:0 表示成功,非 0 表示失败。

### 20. getsockname( )函数

该函数返回套接字描述符的本地信息(比如 IP 地址和端口),函数原型定义如下:

```
int getsockname (int fd, struct sockaddr * name, socklen_t * namelen);
```

该函数形参描述如表 12.60 所列。

表 12.60　函数 getsockname( )形参描述

| 形　参 | 描　述 |
| --- | --- |
| fd | 套接字描述符 |
| name | 指向 struct sockaddr 的指针,含连接的地址信息:名称、端口和 IP 地址 |
| namelen | 一般设置为 sizeof(struct sockaddr) |

返回值:0 表示成功,非 0 表示失败。

## 12.3.2　Socket 编程 UDP 流程

数据收发之前必须建立一个连接,使用 Socket 编程接口实现 UDP 时,首先设置结构体 struct sockaddr_in 成员信息,如以下所示:
- sin_family 设置为 AF_INET,表示 IPv4 网络协议。
- sin_port 为设置端口号,这里设置为 8080。
- sin_addr. s_addr 设置本地 IP 地址。
- 调用函数 socket( )来申请一个 Socket,注意,该函数的第二个参数 SOCK_STREAM 表示 TCP,SOCK_DGRAM 表示 UDP。
- 调用函数 bind( )将本地服务器地址与创建好的 Socket 进行绑定。
- 调用收发函数接收或者发送。

## 12.3.3　Socket 编程 TCP 客户端流程

数据收发之前必须建立一个连接,使用 Socket 编程接口实现 TCP 客户端时,首先设置设置结构体 struct sockaddr_in 成员信息,如以下所示:
- sin_family 设置为 AF_INET 表示 IPv4 网络协议。

- sin_port 为设置端口号。
- sin_addr. s_addr 设置远程 IP 地址。
- 调用函数 socket()来申请一个 Socket,注意,该函数的第二个参数 SOCK_STREAM 表示 TCP,SOCK_DGRAM 表示 UDP。
- 调用函数 connect()连接远程 IP 地址。
- 调用收发函数接收或者发送。

### 12.3.4 Socket 编程 TCP 服务器流程

数据收发之前必须建立一个连接,首先设置结构体 struct sockaddr_in 成员信息,如以下所示:

- sin_family 设置为 AF_INET 表示 IPv4 网络协议。
- sin_port 为设置端口号。
- sin_addr. s_addr 设置本地 IP 地址。
- 调用函数 socket()来申请一个 Socket,注意,该函数的第二个参数 SOCK_STREAM 表示 TCP,SOCK_DGRAM 表示 UDP。
- 调用函数 bind()绑定本地 IP 地址和端口号。
- 调用函数 listen ()监听连接请求。
- 调用 accept()对监听到的请求进行连接。
- 最后调用收发函数进行交互。

# 12.4 MoLink 模组实验

## 12.4.1 功能设计

本实验设计 3 个任务:MoLink_task、os_send_task、os_key_task,功能如表 12.61 所列。

**表 12.61 各个任务实现的功能描述**

| 任 务 | 任务功能 |
|---|---|
| MoLink_task | 连接服务器并接收服务器的数据 |
| os_send_task | 发送数据到服务器 |
| os_key_task | 按键扫描,当按下按键 KEY0 时,设置 tcp_client_flag 的状态 |

## 12.4.2 软件设计

### 1. 程序流程图

根据上述的例程功能分析得到流程图,如图 12.4 所示。

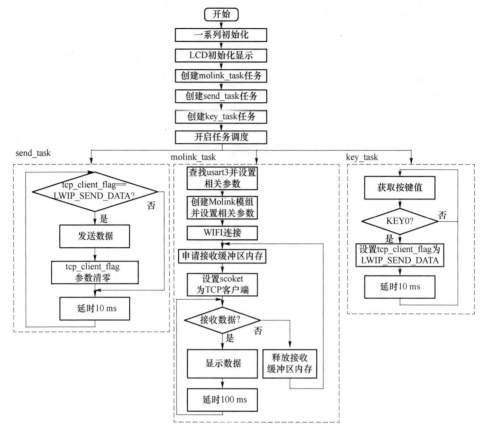

**图 12.4　MoLink 实验流程图**

## 2. 程序解析

### (1) MoLink_task 任务

```
/**
 * @brief        MoLink_task
 * @param        parameter：传入参数(未用到)
 * @retval       无
 */
static void MoLink_task (void * parameter)
{
    Parameter = parameter;
    int i = 0;
    int err = 0;
    mo_firmware_version_t version = {0};
    os_device_t * os_uart_3;
    struct sockaddr_in server_addr;
    char * atk_recv_buf;
    int recv_data_len;
    /* 手动创建模块 */
```

```
mo_object_t * test_module = OS_NULL;
mo_object_t * temp_module = OS_NULL;
os_err_t       result = OS_ERROR;
os_uart_3 = os_device_find("uart3");                          /* 寻找设备 */
struct serial_configure config = OS_SERIAL_CONFIG_DEFAULT;  /* 设置默认 */
config.baud_rate = BAUD_RATE_115200;                         /* 设置波特率 */
os_device_control(os_uart_3, OS_DEVICE_CTRL_CONFIG, &config); /* 管理设备 */
/* hardware reset esp8266 */
esp8266_hw_rst(ESP8266_RST_PIN_NUM);
mo_parser_config_t parser_config = {.parser_name  = TEST_MODULE_NAME,
                                    .parser_device = os_uart_3,
                                    .recv_buff_len = RECV_BUF_LEN};
test_module = mo_create("esp8266", MODULE_TYPE_ESP8266, &parser_config);
OS_ASSERT(OS_NULL != test_module);
temp_module = mo_get_default();
OS_ASSERT(OS_NULL != temp_module);
/* 按名称获取模块实例 */
temp_module = mo_get_by_name(TEST_MODULE_NAME);
OS_ASSERT(test_module == temp_module);

/* 测试 AT 和测试连接 */
result = mo_at_test(temp_module);
OS_ASSERT(OS_EOK == result);
lcd_show_string(30, 130, 200, 16, 16, "AT test success!!!", BLUE);
/* 获取模块固件版本 */
result = mo_get_firmware_version(temp_module, &version);
OS_ASSERT(OS_EOK == result);
for (int i = 0; i < version.line_counts; i++)
{
    os_kprintf("%s\n", version.ver_info[i]);
}
mo_get_firmware_version_free(&version);
result = mo_wifi_connect_ap(test_module, AP_SSID, AP_PASSWORD);
OS_ASSERT(OS_EOK == result);
atk_recv_buf = (char *)os_malloc(RECV_BUF);
if (atk_recv_buf == NULL)
{
    os_kprintf("Failed to apply memory\r\n");
}
while (1)
{
restart:
    server_addr.sin_family = AF_INET;
    server_addr.sin_port = htons(PORT);
    server_addr.sin_addr.s_addr = inet_addr(IP_ADDR);
    gs_select_fd = socket(AF_INET, SOCK_STREAM, 0);
    memset(&(server_addr.sin_zero), 0, sizeof(server_addr.sin_zero));
    /* 连接远程 IP 地址 */
    err = connect(gs_select_fd,
              (struct sockaddr *)&server_addr,
              sizeof(struct sockaddr));
```

```
    if (err == -1)
    {
        os_kprintf("\r\nconnection fail\r\n");
        closesocket(gs_select_fd);
        gs_select_fd = -1;
        goto restart;
        os_task_msleep(10);
    }
    os_kprintf("\r\nsuccessfu lconnection\r\n");
    while (1)
    {
        recv_data_len = recv(gs_select_fd,atk_recv_buf,
                             RECV_BUF,1);
        if (recv_data_len > 0)
        {
          /* 接收的数据 */
          os_kprintf("\r\nReceived Data: % s\r\n",atk_recv_buf);
        }
        else if (recv_data_len == 0)
        {
            goto restart;
        }
        os_task_msleep(100);
    }
    closesocket(gs_select_fd);
  }
}
```

上述源码可知:首先设置 Socket 为 TCP 客户端模式,调用函数 recv 获取服务器端的数据。

**(2) os_send_task 任务详解**

```
/* *
* @brief        os_send_task
* @param        parameter : 传入参数(未用到)
* @retval       无
* */
static void os_send_task(void * parameter)
{
    parameter = parameter;
    int err = 0;
    while (1)
    {
    while (1)
    {
        /* 有数据要发送 */
        if((tcp_client_flag & LWIP_SEND_DATA) == LWIP_SEND_DATA)
        {
```

```
            err = send(gs_select_fd,
                        tcp_client_sendbuf,
                        sizeof(tcp_client_sendbuf),0);
            if (err < 0)
            {
                break;
            }
            tcp_client_flag& =  ~LWIP_SEND_DATA;
        }
        os_task_msleep(10);
    }
    closesocket(gs_select_fd);
    }
}
```

上述函数主要判断 tcp_client_flag 状态,该变量是由任务 os_key_task 修改得来的。当 tcp_client_flag 状态表示要发送任务时,则调用函数 send()发送数据到服务器中,并清除变量 tcp_client_flag 状态标志位。

**(3) os_key_task 任务详解**

```
/ * *
* @brief        os_key_task
* @param        parameter：传入参数(未用到)
* @retval       无
* /
static void os_key_task(void * parameter)
{
    parameter = parameter;
    uint8_t key = 0;
    int i ;
    for (i = 0; i < key_table_size; i++)
    {
        os_pin_mode(key_table[i].pin, key_table[i].mode);
    }
    while (1)
    {
        key = key_scan(0);
    if (key == KEY0_PRES)                    / * KEY0 按下了,发送数据 * /
    {
        tcp_client_flag| = LWIP_SEND_DATA;    / * 标记有数据要发送 * /
    }
    os_task_msleep(10);
    }
}
```

上述源码表示:按下按键 KEY0 会修改 tcp_client_flag 标志为有数据要发送。

## 12.4.3　下载验证

代码编译成功之后,下载代码到开发板上,打开串口调试助手和网络调试助手。当网络连接时,如图 12.5 所示。

**图 12.5    开发板通过 RSP8266 连接到网络调试助手成功**

网络调试助手相当于一个服务器,该服务器发送数据时,开发板上的 LCD 或者串口调试助手显示接收的数据,如图 12.6 所示。

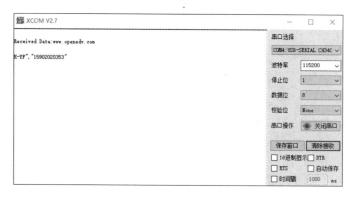

**图 12.6    串口调试助手接收到数据**

按下开发板上的 KEY0 就是发送数据到服务器,如图 12.7 所示。

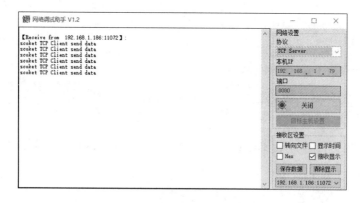

**图 12.7    服务器接收到数据**

# 第 13 章

# CoAP 协议

CoAP(Constrained Application Protocol,受限应用协议)是一种应用在物联网领域的类 web 协议。libCoAP 是用 C 语言实现的一套 CoAP 协议,本章介绍 libCoAP 的相关接口和重要结构体。

本章分为如下几部分:

13.1　CoAP 协议简介

13.2　OneOS 配置 CoAP 协议

13.3　libCoAP 协议 API 函数

13.4　CoAP 协议实验

## 13.1　CoAP 协议简介

由于物联网中的很多设备都是资源受限型的,即只有少量的内存空间和有限的计算能力,所以传统的 HTTP 协议应用在物联网上就显得过于庞大而不适用。IETF 的 CoRE 工作组提出了一种基于 REST(Representational State Transfer)架构的 CoAP 协议,它的详细规范定义在 RFC 7252。

libCoAP CoAP 协议由 C 语言实现,提供 server 和 client 功能,是调试 CoAP 的有力工具。libCoAP 作为一个重要的 CoAP 开源实现,完整实现了 RFC 7252。很多优秀的 IoT 产品都用到了 libCoAP,libCoAP 为资源受限的设备(如计算能力、射频范围、内存、带宽或网络数据包大小)实施轻量级应用程序协议,是一个非常优秀的开源项目。

### 1. CoAP 协议特点

- CoAP 协议网络传输层由 TCP 改为 UDP。
- 基于 REST,server 的资源地址和互联网一样也有类似 url 的格式,客户端同样有 POST、GET、PUT、DELETE 方法来访问 server,对 HTTP 做了简化。
- CoAP 是二进制格式的,HTTP 是文本格式的,CoAP 比 HTTP 更加紧凑。
- 轻量化,CoAP 最小长度仅仅 4 字节,一个 HTTP 的头只占用几十字节。
- 支持可靠传输、数据重传、块传输,确保数据可靠到达。

- 支持 IP 多播,即可以同时向多个设备发送请求。
- 非长连接通信,适用于低功耗物联网场景。

### 2. CoAP 的 URI

一个 CoAP 资源可以被一个 URI 描述,例如,一个设备可以测量温度,那么这个温度传感器的 URI 被描述为:CoAP://machine. address:5683/temperature? v＝1&t＝2。

- Uri-Host:服务器主机名称,如 machine. address。
- Uri-Port:服务器端口号,默认为 5683。
- Uri-Path:资源路路径,如/temperature。
- Uri-Query:访问资源参数,如? v＝1&t＝2。

### 3. CoAP 的请求码

在 CoAP 请求中,请求方法有 GET、POST、PUT 和 DELETE,这些方法和 HTTP 协议非常相似。

- GET 方法:用于获得某资源。
- POST 方法:用于创建某资源。
- PUT 方法:用于更新某资源。
- DELETE 方法:用于删除某资源。

## 13. 2　OneOS 配置 CoAP 协议

在 OneOS 的 SDK 根目录下打开\projects\xxxxxx 文件夹,右键启动 OneOS-Cube 工具,在命令行输入 menuconfig 打开可视化配置界面,选择"Components→Network→Protocols→Coap→libcoap-v4.2.1"选项。其中,第一项用于使能 libCoAP 模块,该模块使能后可以选择 Enable libCoAP example,使能示例代码以下所示:

```
(Top) → Components → Network → Protocols → CoAP → libcoap-v4.2.1
[ * ]      Enable libCoAP: A C implementation of the CoAP(RFC 7252)
[ * ]      Enable libCoAP example
```

注意:,[ * ] Enable libCoAP example 选项为 OneOS 提供的示例,值得读者参考。

## 13. 3　libCoAP 协议 API 函数

讲解 libCoAP 函数之前必须了解 libCoAP 的数据结构,CoAP 地址信息用于标识本地及远端的地址信息,如以下源码所示:

```
/* 多用途地址抽象 */
typedef struct coap_address_t {
  socklen_t size;                /* 地址长度 */
  union {
    struct sockaddr          sa;
    struct sockaddr_in       sin;
# ifdef HAS_IPV6
    struct sockaddr_in6      sin6;
# endif
  } addr;
} coap_address_t;
```

从上述源码可知:CoAP 地址信息可通过 sockaddr_in 结构体来完成。下面看一下 libCoAP 提供给我们的 API 函数,如表 13.1 所列。

表 13.1　libCoAP 函数说明

| 函　数 | 描　述 |
|---|---|
| coap_startup() | CoAP 功能模块初始化,包含时钟、随机数等 |
| coap_cleanup() | CoAP 退出 |
| coap_new_context() | 建立 CoAP 上下文 |
| coap_free_context() | 删除上下文 |
| coap_context_set_keepalive() | 设置保活时间 |
| coap_new_optlist() | 建立 opt 结构体 |
| coap_insert_optlist() | 将 opt 插入链表 |
| coap_delete_optlist() | 删除 opt 链表 |
| coap_new_client_session() | 建立 session |
| coap_session_release() | 删除 session |
| coap_register_option() | 注册 opt 类型 |
| coap_register_response_handler() | 注册消息回调函数 |
| coap_response_handler_t() | 消息回调函数 |
| coap_register_event_handler() | 注册事件回调函数 |
| coap_event_handler_t() | 事件回调函数 |
| coap_register_nack_handler() | 注册未收到期望 ACK 的回调函数 |
| coap_nack_handler_t() | nack 回调函数 |
| coap_new_message_id() | 获取新的消息 ID |
| coap_new_pdu() | 创建 PDU 结构体 |
| coap_add_optlist_pdu() | 将 opt 链表添加至 PDU |
| coap_add_data() | 添加 data 数据到 PDU |
| coap_add_block() | 添加 block 数据到 PDU |

| 函　　数 | 描　　述 |
|---|---|
| coap_send() | 发送 PDU 消息 |
| coap_run_once() | 主消息处理循环,处理消息重传、消息接收和分发等 |
| coap_can_exit() | 判断 CoAP 是否有消息等待发送或者分发 |
| coap_split_uri() | 从字符串提取 URI 信息,包含主机、端口、路径、请求参数等 |
| coap_split_query() | 从字符串提取 query 信息 |

### 1. coap_startup()函数

该函数为 CoAP 功能模块的初始化接口,用于初始化 CoAP 协议需要使用的时钟、随机数等,函数原型如下:

```
void coap_startup(void);
```

返回值:无。

### 2. coap_cleanup()函数

该函数为 CoAP 功能模块的去初始化接口,函数原型如下:

```
void coap_cleanup(void);
```

返回值:无。

### 3. coap_new_context()函数

该函数创建 CoAP 功能模块上下文,用于保存协议栈状态信息,函数原型如下:

```
coap_context_t * coap_new_context(const coap_address_t * listen_addr);
```

该函数形参描述如表 13.2 所列。

返回值:NULL 表示创建失败;非 NULL 表示创建成功,返回上下文结构体指针。

### 4. coap_free_context()函数

该函数释放 CoAP 上下文资源,函数原型如下:

```
void coap_free_context(coap_context_t * context);
```

该函数形参描述如表 13.3 所列。

表 13.2　函数 coap_new_context()形参描述

| 形　参 | 描　　述 |
|---|---|
| listen_addr | 监听地址,用作 client 时此处传入 NULL |

表 13.3　函数 coap_free_context()形参描述

| 形　参 | 描　　述 |
|---|---|
| context | 需要释放的 CoAP 上下文指针 |

返回值:无。

### 5. coap_context_set_keepalive()函数

该函数用于设置上下文保活周期,函数原型如下:

```
void coap_context_set_keepalive(coap_context_t * context,
                                unsigned int seconds);
```

该函数形参描述如表 13.4 所列。

返回值:无。

### 6. coap_new_optlist()函数

该函数用于创建 opt 结构体,函数原型如下:

```
coap_optlist_t * coap_new_optlist(uint16_t      number,
                                  size_t        length,
                                  const uint8_t * data);
```

该函数形参描述如表 13.5 所列。

**表 13.4 函数 coap_context_set_keepalive()形参**

| 形 参 | 描 述 |
|---|---|
| context | 需要释放的 CoAP 上下文指针 |
| seconds | 保活周期 |

**表 13.5 函数 coap_new_optlist()形参**

| 形 参 | 描 述 |
|---|---|
| number | opt 类型,由 COAP_OPTION_XXX 定义 |
| length | opt 数据长度 |
| data | opt 数据 |

返回值:NULL 表示创建失败;非 NULL 表示创建成功,返回 opt 结构体指针。

### 7. coap_insert_optlist()函数

该函数用于将 opt 结构体插入链表,函数原型如下:

```
int coap_insert_optlist(coap_optlist_t  * * optlist_chain,
                        coap_optlist_t * optlist);
```

该函数形参描述如表 13.6 所列。

返回值:0 表示插入失败,1 表示插入成功。

### 8. coap_delete_optlist()函数

该函数用于删除 opt 链表,释放链表的内存资源,函数原型如下:

```
void coap_delete_optlist(coap_optlist_t * optlist_chain);
```

该函数形参描述如表 13.7 所列。

**表 13.6 函数 coap_insert_optlist()形参描述**

| 形 参 | 描 述 |
|---|---|
| optlist_chain | 用于插入数据的链表 |
| optlist | opt 结构体指针 |

**表 13.7 函数 coap_delete_optlist()形参描述**

| 形 参 | 描 述 |
|---|---|
| optlist_chain | opt 链表 |

返回值:无。

### 9. coap_new_client_session()函数

该函数用于创建连接到指定服务器地址的客户端 session,函数原型如下:

```
coap_session_t * coap_new_client_session(struct coap_context_t  * ctx,
                                         const coap_address_t    * local_if,
                                         const coap_address_t    * server,
                                         coap_proto_t              proto);
```

该函数形参描述如表 13.8 所列。

表 13.8　函数 coap_new_client_session( )形参描述

| 形　参 | 描　述 |
| --- | --- |
| ctx | CoAP 上下文 |
| local_if | 指定用于网络连接的本地网络接口 |
| server | 服务器地址和端口信息 |
| proto | 指定连接协议,由 COAP_PROTO_XXX 宏定义 |

返回值:NULL 表示创建失败;非 NULL 表示创建成功,返回 session 结构体指针。

### 10. coap_session_release()函数

该函数用于释放 session 资源,函数原型如下:

```
void coap_session_release(coap_session_t * session);
```

该函数形参描述如表 13.9 所列。

返回值:无。

### 11. coap_register_option()函数

该函数用于向 ctx 注册 opt,函数原型如下:

```
void coap_register_option(coap_context_t * ctx, uint16_t type);
```

该函数形参描述如表 13.10 所列。

表 13.9　函数 coap_session_release( )形参描述

| 形　参 | 描　述 |
| --- | --- |
| session | 需要释放的 session |

表 13.10　函数 coap_register_option( )形参描述

| 形　参 | 描　述 |
| --- | --- |
| ctx | CoAP 上下文 |
| type | opt 类型 |

返回值:无。

### 12. coap_register_response_handler()函数

该函数用于注册回复消息的回调函数,函数原型如下:

```
void coap_register_response_handler(coap_context_t        * context,
                                    coap_response_handler_t  handler);
```

该函数形参描述如表 13.11 所列。

表 13.11   函数 coap_register_response_handler( )形参描述

| 形　参 | 描　述 |
| --- | --- |
| context | CoAP 上下文 |
| handler | 回调函数 |

返回值:无。

## 13. coap_response_handler_t( )函数

CoAP 回复消息的回调函数,函数原型如下:

```
typedef void ( * coap_response_handler_t)(struct coap_context_t * context,
                                          coap_session_t        * session,
                                          coap_pdu_t            * sent,
                                          coap_pdu_t            * received,
                                          const coap_tid_t        id);
```

该函数形参描述如表 13.12 所列。

表 13.12   函数 coap_response_handler_t( )形参描述

| 形　参 | 描　述 | 形　参 | 描　述 |
| --- | --- | --- | --- |
| context | CoAP 上下文 | received | 接收到的 pdu |
| session | 标识连接的 session | id | 消息 ID |
| sent | 传输数据的 pdu | | |

返回值:无。

## 14. coap_register_event_handler( )函数

该函数用于注册事件的回调函数,函数原型如下:

```
void coap_register_event_handler(struct coap_context_t   * context,
                                 coap_event_handler_t      hnd);
```

该函数形参描述如表 13.13 所列。

表 13.13   函数 coap_register_event_handler( )形参描述

| 形　参 | 描　述 |
| --- | --- |
| context | CoAP 上下文 |
| hnd | 回调函数,事件宏定义:COAP_EVENT_XXX |

返回值:无。

### 15. coap_event_handler_t()函数

事件回调函数,函数原型如下:

```
typedef int ( * coap_event_handler_t)(struct coap_context_t   * context,
                                       coap_event_t              event,
                                       struct coap_session_t   * session);
```

该函数形参描述如表 13.14 所列。

表 13.14   函数 coap_event_handler_t()形参描述

| 形　参 | 描　　述 |
|--------|----------|
| context | CoAP 上下文 |
| event | 事件类型,参考 COAP_EVENT_XXX 宏定义 |
| session | 标识连接的 session |

返回值:非 0 表示处理失败,0 表示处理成功。

### 16. coap_register_nack_handler()函数

该函数用于注册超时未收到 ack 的回调函数,函数原型如下:

```
void coap_register_nack_handler(coap_context_t        * context,
                                coap_nack_handler_t    handler);
```

该函数形参描述如表 13.15 所列。

表 13.15   函数 coap_register_nack_handler()形参描述

| 形　参 | 描　　述 |
|--------|----------|
| context | CoAP 上下文 |
| handler | 回调函数 |

返回值:无。

### 17. coap_nack_handler_t()函数

nack 回调函数,函数原型如下:

```
typedef void ( * coap_nack_handler_t)(struct coap_context_t * context,
                                      coap_session_t          * session,
                                      coap_pdu_t              * sent,
                                      coap_nack_reason_t       reason,
                                      const coap_tid_t         id);
```

该函数形参描述如表 13.16 所列。

**表 13.16    函数 coap_nack_handler_t( )形参描述**

| 形　参 | 描　　述 | 形　参 | 描　　述 |
|---|---|---|---|
| context | CoAP 上下文 | reason | nack 详细原因,参见 coap_nack_reason_t 定义 |
| session | 标识连接的 session | id | 消息 ID |
| sent | 传输数据的 pdu | | |

返回值:无。

## 18. coap_new_message_id( )函数

该函数用于新建消息 ID,函数原型如下:

```
uint16_t coap_new_message_id(coap_session_t * session);
```

该函数形参描述如表 13.17 所列。
返回值:非 NULL 表示消息 ID。

## 19. coap_new_pdu( )函数

该函数用于新建通信 pdu,函数原型如下:

```
coap_pdu_t * coap_new_pdu(const struct coap_session_t * session);
```

该函数形参描述如表 13.18 所列。

**表 13.17    函数 coap_new_message_id( )形参描述**

| 形　参 | 描　述 |
|---|---|
| session | 标识连接的 session |

**表 13.18    函数 coap_new_pdu( )形参描述**

| 形　参 | 描　述 |
|---|---|
| session | 标识连接的 session |

返回值:NULL 表示创建失败;非 NULL 表示创建成功,返回 pdu 结构体指针。

## 20. coap_add_optlist_pdu( )函数

该函数用于添加 opt 链表到 pdu,函数原型如下:

```
int coap_add_optlist_pdu(coap_pdu_t * pdu, coap_optlist_t * * optlist_chain);
```

该函数形参描述如表 13.19 所列。
返回值:0 表示添加失败,1 表示添加成功。

## 21. coap_add_data( )函数

该函数用于向 pdu 添加 data 数据,函数原型如下:

```
int coap_add_data(coap_pdu_t * pdu,
                  size_t len,
                  const uint8_t * data);
```

该函数形参描述如表 13.20 所列。

表 13.19　函数 coap_add_optlist_pdu()形参描述

| 形　参 | 描　述 |
|---|---|
| pdu | 标识通信的 pdu |
| optlist_chain | opt 链表 |

表 13.20　函数 coap_add_data()形参描述

| 形　参 | 描　述 |
|---|---|
| pdu | 标识通信的 pdu |
| len | data 长度 |
| data | data 数据 |

返回值:0 表示添加失败,1 表示添加成功。

## 22. coap_add_block()函数

该函数用于向 pdu 添加 block 数据,函数原型如下:

```
int coap_add_block(coap_pdu_t        * pdu,
                   unsigned int        len,
                   const uint8_t      * data,
                   unsigned int        block_num,
                   unsigned char       block_szx);
```

该函数形参描述如表 13.21 所列。

表 13.21　函数 coap_add_block()形参描述

| 形　参 | 描　述 | 形　参 | 描　述 |
|---|---|---|---|
| pdu | 标识通信的 pdu | block_num | block 编号 |
| len | data 长度 | block_szx | block 大小 |
| data | data 数据 | | |

返回值:0 表示添加失败,1 表示添加成功。

## 23. coap_send()函数

该函数用于向对端发送 CoAP 数据,函数原型如下:

```
coap_tid_t coap_send(coap_session_t * session, coap_pdu_t * pdu);
```

该函数形参描述如表 13.22 所列。

返回值:−1 表示发送失败;非−1 表示发送成功,返回消息 ID。

## 24. coap_run_once()函数

该函数用于主消息处理循环,处理消息重传、消息接收和分发等,函数原型如下:

```
int coap_run_once(coap_context_t * ctx, unsigned int timeout_ms);
```

该函数形参描述如表 13.23 所列。

**表 13.22 函数 coap_send( )形参描述**

| 形 参 | 描 述 |
|---|---|
| session | 标识连接信息的 session |
| pdu | 标识通信的 pdu |

**表 13.23 函数 coap_run_once( )形参描述**

| 形 参 | 描 述 |
|---|---|
| ctx | CoAP 上下文 |
| timeout_ms | 超时时间,单位:ms |

返回值:失败表示返回-1,成功表示返回在函数中花费的毫秒数。

## 25. coap_can_exit( )函数

该函数用于判断是否有消息等待发送或分发,函数原型如下:

```
int coap_can_exit(coap_context_t * context);
```

该函数形参描述如表 13.24 所列。

**表 13.24 函数 coap_can_exit( )形参描述**

| 形 参 | 描 述 |
|---|---|
| context | CoAP 上下文 |

返回值:1 表示无等待消息,0 表示有等待消息。

## 26. coap_split_uri( )函数

该函数用于从字符串解析 URI 信息,函数原型如下:

```
int coap_split_uri(const uint8_t * str_var, size_t len, coap_uri_t * uri);
```

该函数形参描述如表 13.25 所列。

**表 13.25 函数 coap_split_uri( )形参描述**

| 形 参 | 描 述 |
|---|---|
| str_var | 包含 URI 信息的字符串 |
| len | 字符串长度 |
| uri | 用于保存 URI 信息的结构体指针 |

返回值:<0 表示解析失败,0 表示解析成功。

## 27. coap_split_query( )函数

该函数用于从字符串解析 query 信息,生成标准 query 结构,函数原型如下:

```
int coap_split_query(const uint8_t    * s,
                     size_t             length,
                     unsigned char    * buf,
                     size_t           * buflen);
```

该函数形参描述如表 13.26 所列。

表 13.26　函数 coap_split_query( )形参描述

| 形　参 | 描　述 |
| --- | --- |
| s | 包含 query 信息的字符串 |
| length | 字符串长度 |
| buf | 保存标准 query 结构的 buf |
| buflen | buf 最大长度,执行成功时修改为实际写入 buf 数据长度 |

返回值:<0 表示解析失败,≥0 表示 query 数量。

COAP 服务器可以打开网址 http://coap.me/crawl/coap://coap.me,下面的实验根据这个服务器进行数据获取,如图 13.21 所示。

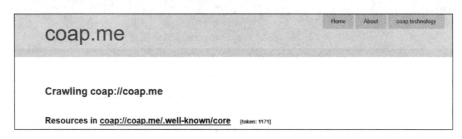

图 13.21　CoAP 服务器

# 13.4　CoAP 协议实验

## 13.4.1　功能设计

连接 coap.me 服务器,然后在 Shell 指令输入 coap_client,程序调用函数 resolve_address( )对地址进行解析。注意,CoAP 服务器的端口号默认为 5683,这个端口号一定是 5683。接下来调用函数 coap_new_context( )创建 CoAP 的上下文,coap_new_client_session( )构建客户端并调用函数 coap_register_response_handler( )设置响应回调函数,最后构建消息并发送到 coap.me 服务器中。

coap_register_response_handler( )设置的回调函数会接收到 coap.me 服务器返回的数据。

## 13.4.2　软件设计

### 1. 实验流程

① 调用函数 resolve_address( )对服务器进行解析。

② 调用函数 coap_new_context( )创建 CoAP 上下文。

③ 调用函数 coap_new_client_session( )构建客户端会话。

④ 调用函数 coap_new_pdu()构建 CoAP 消息。

⑤ 调用函数 coap_send()发送 pdu。

⑥ 调用函数 coap_run_once()主消息处理循环,处理消息重传、消息接收和分发等。

## 2. 程序流程图

根据上述例程功能分析得到流程图,如图 13.2 所示。

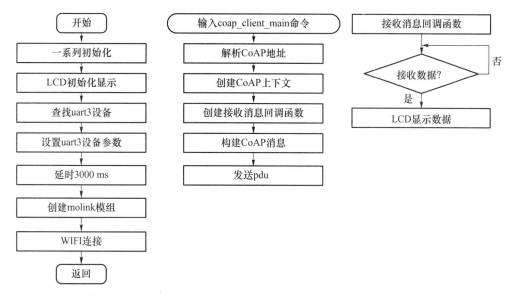

**图 13.2　CoAP 实验流程图**

## 3. 程序解析

### (1) 地址解析

```
/ * *
 * @brief        解析地址
 * @param        host: 域名
 * @param        service:服务器端口
 * @param        dst: CoAP 地址变量
 * @retval        无
 */
int resolve_address(const char * host, const char * service, coap_address_t * dst) {

    struct addrinfo * res, * ainfo;
    struct addrinfo hints;
    int error, len = - 1;
    memset(&hints, 0, sizeof(hints));
    memset(dst, 0, sizeof( * dst));
```

```
    hints.ai_socktype = SOCK_DGRAM;
    hints.ai_family = AF_UNSPEC;
    error = getaddrinfo(host, service, &hints, &res);

    if (error != 0)
    {
        os_kprintf("getaddrinfo_error\r\n ");
        return error;
    }
    for (ainfo = res; ainfo != NULL; ainfo = ainfo->ai_next)
    {
        switch (ainfo->ai_family)
        {
          case AF_INET6:
          case AF_INET:
            len = dst->size = ainfo->ai_addrlen;
            memcpy(&dst->addr.sin, ainfo->ai_addr, dst->size);
            goto finish;
          default:
          ;
        }
    }

    finish:
    freeaddrinfo(res);
    return len;
}
```

从上述源码可知：调用函数 getaddrinfo()对域名解析并保存到 hints 变量中，然后判断类型并存储到 dst 结构体中。

**(2)消息回调函数**

```
/**
* @brief        响应处理程序
* @param        ctx：CoAP 上下文指针
* @param        session：CoAP 会话
* @param        sent：发送
* @param        received：接收
* @param        id：CoAP 的 ID
* @retval       无
*/
static void message_handler(struct coap_context_t * ctx,
                            coap_session_t * session,
                            coap_pdu_t * sent,
                            coap_pdu_t * received,
                            const coap_tid_t id)
```

```
{
    unsigned char * data;
    size_t data_len;
    os_kprintf ("\r\n * * process incoming % d. % 02d response:\r\n",
            (received - >code >> 5), received - >code & 0x1F);
    if (COAP_RESPONSE_CLASS(received - >code) == 2)
    {
        if (coap_get_data(received, &data_len, &data))
        {
            os_kprintf("Received: % s\r\n ", data);
            lcd_show_string(30, 210, 200, 16, 16, (char * )data, RED);
        }
    }
}
```

上述源码表示:coap_get_data()就是获取 CoAP 服务器的数据,并调用函数 os_kprintf()打印到串口调试助手中。

**(3) coap_client_main()函数实现**

```
/ * *
 * @brief       coap 客户端
 * @param       argc: 未使用
 * @param       argv: 未使用
 * @retval      无
 * /
int coap_client_main(int argc, char * * argv)
{
    int res = 0;
    static uint16_t proxy_port = COAP_DEFAULT_PORT;
    coap_context_t * ctx = NULL;
    coap_session_t * session = NULL;
    coap_address_t dst;
    coap_pdu_t * pdu = NULL;
    coap_tid_t   coap_result;
    static coap_uri_t uri;
    const char * server_uri = "coap://coap.me/test";
    coap_address_init(&dst);
    coap_startup();
    / * 第一步:解析服务器应该发送的目的地址 * /
    res = resolve_address(IP_ADDREE, "5683", &dst);
    if (res < 0)
    {
        os_kprintf( "\r\nfailed to resolve address\r\n");
        goto finish;
    }
    else
    {
        lcd_show_string(30, 110, 200, 16, 16, "resolve address success", BLUE);
```

```
    }
    dst.addr.sin.sin_port = htons( proxy_port ); /* 端口号 */
    /* 第二步:创建 CoAP 上下文 */
    ctx = coap_new_context(NULL);
    /* 第三步:构建客户端会话 */
    if (! ctx || ! (session = coap_new_client_session(ctx,
                                                        NULL,
                                                        &dst,COAP_PROTO_UDP)))
    {
        os_kprintf(   "cannot create client session............ \r\n ");
        lcd_show_string(30, 130, 200, 16, 16,
                        "cannot create client session...........", RED);
        goto finish;
    }
    lcd_show_string(30, 130, 200, 16, 16, "create client success", BLUE);
    coap_register_response_handler(ctx, message_handler);
    coap_split_uri((const uint8_t * )server_uri, strlen(server_uri), &uri);
    /* 第四步:构建 CoAP 消息 */
    pdu = coap_new_pdu(session);
    pdu ->type = COAP_MESSAGE_CON;
    pdu ->tid = coap_new_message_id(session);
    pdu ->code = COAP_REQUEST_GET;
    if (! pdu)
    {
        os_kprintf(   "\r\ncannot create PDU...............\r\n" );
        lcd_show_string(30, 150, 200, 16, 16,
                        "cannot create PDU...............", RED);
        goto finish;
    }
    else
    {
        lcd_show_string(30, 150, 200, 16, 16, "create PDU success", BLUE);
    }

    /* 第五步:添加 Uri-Path 选项 */
    coap_add_option(pdu, COAP_OPTION_URI_PATH, uri.path.length, uri.path.s);
    /* 构建数据 */
    coap_show_pdu(LOG_WARNING, pdu);
    /* 第六步:发送 PDU */
    coap_result = coap_send(session, pdu);

    if (coap_result != -1)
    {
        lcd_show_string(30, 170, 200, 16, 16, "send_success", BLUE);
    }
    /* 主消息处理循环,处理消息重传、消息接收和分发等 */
    coap_run_once(ctx, COAP_RUN_NONBLOCK);
finish:
```

```
    coap_session_release(session);
    coap_free_context(ctx);
    coap_cleanup();
}
```

上述源码可知创建 CoAP 客户端的步骤。

## 13.4.3　下载验证

编译工程并打开串口调试助手并输入 coap_client，如图 13.3 所示。

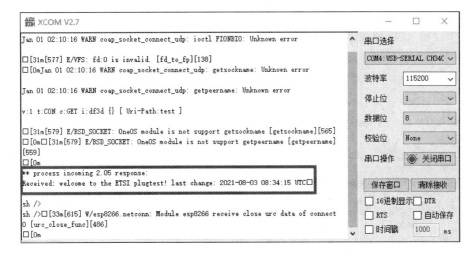

**图 13.3　获取 CoAP 服务器数据**

# 第 14 章

# MQTT 协议

MQTT(Message Queuing Telemetry Transport,消息队列遥测传输协议)是一种基于发布/订阅模式的"轻量级"通信协议,该协议构建于 TCP/IP 协议上,由 IBM 在 1999 年发布。MQTT 最大优点在于,可以以极少的代码和有限的带宽,为连接远程设备提供实时可靠的消息服务。作为一种低开销、低带宽占用的即时通信协议,其在物联网、小型设备、移动应用等方面有较广泛的应用。

MQTT 是一个基于客户端-服务器的消息发布/订阅传输协议。MQTT 协议是轻量、简单、开放和易于实现的,这些特点使它适用范围非常广泛。在很多情况下,包括受限的环境中,如机器与机器(M2M)通信和物联网(IoT),包括通过卫星链路通信传感器、偶尔拨号的医疗设备、智能家居及一些小型化设备中已广泛使用。

本章分为如下几部分:

14.1 MQTT 协议简介

14.2 MQTT 协议原理

14.3 MQTT 协议实现原理

14.4 OneNET Kit 解析

14.5 OneNET Kit 数据结构以及 API 函数解析

14.6 MQTT 实验

## 14.1 MQTT 协议简介

OneOS MQTT 组件是基于 Paho mqtt Embedded C v1.1.0 源码包做的设计与开发,为用户提供网络初始化、客户端初始化与反初始化、网络连接与断开、客户端连接与断开、主题订阅与退订、消息发布、消息接收及回调、心跳维护、客户端连接状态查询等功能。

在安全性方面,MQTT 协议支持基于 MbedTLS 和 OneTLS 密码库的 TLS 加密传输方式,最高支持 TLS v1.3;在网络接口方面,采用 BSD Socket,通信方式支持无线通信模组和有线网络,选择无线通信模组时可以参看 OneOS MoLink 相关文档,选择已经适配的模组将大大缩短开发周期。

MQTT 协议是为大量计算能力有限且工作在低带宽、不可靠的网络的远程传感

器和控制设备通信而设计的协议,它具有以下主要的几项特性:

- 使用发布/订阅消息模式,基于消息主题,提供一对多的消息发布,解除应用程序耦合;
- 对负载内容屏蔽的消息传输;
- 使用 TCP/IP 提供网络连接;
- 有 3 种消息发布服务质量(至多一次、至少一次、只有一次);
- 小型传输,开销很小(固定长度的头部是 2 字节),协议交换最小化,以降低网络流量;
- 使用 Last Will 和 Testament 特性通知有关各方客户端异常中断的机制。

# 14.2  MQTT 协议原理

## 14.2.1  MQTT 协议实现方式

如果一个 IOT 想要实现 MQTT 协议,那么需要客户端和服务器端通信完成才可以。在通信过程中,MQTT 协议中有 3 种身份:

- 发布者。
- 代理(服务器)。
- 订阅者。

注意:消息的发布者和订阅者都是客户端,只有消息代理是服务器,消息发布者可以同时是订阅者。

MQTT 传输的消息分为:主题和负载两部分:

- 主题:可以理解为消息的类型,订阅者订阅后就会收到该主题的消息内容。
- 负载:可以理解为消息的内容,是指订阅者具体要使用的内容。

发布者、订阅者、代理与主题发布与订阅间的关系,如图 14.1 所示。可见,客户端可以是发布者同时也可以是订阅者。注意,一个主题只有一个发布者,但是可以有多个订阅者,也就是说一个客户端可以订阅多个主题。

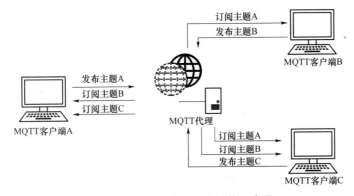

图 14.1  MQTT 协议工作结构示意图

## 14.2.2　MQTT 网络传输与应用消息

MQTT 会构建底层网络传输,它将建立客户端到服务器的连接,提供两者之间的一个有序的、无损的、基于字节流的双向传输。

当应用数据通过 MQTT 网络发送时,MQTT 会把与之相关的服务质量(QoS)和主题名(Topic)相关联。

## 14.2.3　MQTT 客户端

对于一个使用 MQTT 协议的应用程序或者设备,它总是建立到服务器的网络连接。客户端可以:

- 发布其他客户端可能订阅的信息;
- 订阅其他客户端发布的消息;
- 退订或删除应用程序的消息;
- 断开与服务器连接。

## 14.2.4　MQTT 服务器

MQTT 服务器称为消息代理(Broker),可以是一个应用程序或一台设备。它位于消息发布者和订阅者之间,可以有以下几个功能:

- 接收来自客户的网络连接;
- 接收客户发布的应用信息;
- 处理来自客户端的订阅和退订请求;
- 向订阅的客户转发应用程序消息。

## 14.2.5　MQTT 协议中的订阅、主题、会话

**1)订阅**

订阅包含主题筛选器(Topic Filter)和最大服务质量。订阅会与一个会话关联。一个会话可以包含多个订阅。每一个会话中的每个订阅都有一个不同的主题筛选器。例如图 14.1 中,MQTT 客户端 B 和 C 都订阅了 MQTT 客户端 A。

**2)会话**

每个客户端与服务器建立连接后就是一个会话,客户端和服务器之间有状态交互。会话存在于一个网络之间,也可能在客户端和服务器之间跨越多个连续的网络连接。

**3)主题名**

主题名是连接到一个应用程序消息的标签,该标签与服务器的订阅匹配。服务器会将消息发送给订阅所匹配标签的每个客户端。

**4）主题筛选器**

主题筛选器是一个对主题名通配符筛选器，在订阅表达式中使用，表示订阅所匹配到的多个主题。

**5）负载**

负载是消息订阅者所具体接收的内容。

## 14.2.6 MQTT 协议的服务质量以及消息类型

### 1. 服务质量

为了满足不同的场景，MQTT 支持 3 种不同级别的服务质量，为不同场景提供消息可靠性：

- 级别 0：尽力而为。消息发送者会想尽办法发送消息，但是遇到意外并不重试。
- 级别 1：至少一次。消息接收者如果没有知会或者知会本身丢失，消息发送者会再次发送以保证消息接收者至少收到一次，当然可能造成重复消息。
- 级别 2：恰好一次。保证这种语义肯定会减少并发或者增加延时，不过丢失或者重复消息是不可接受的时候，级别 2 是最合适的。

级别 2 所提供的不重不丢很多情况下是最理想的，不过往返多次的确认一定对并发和延迟带来影响。级别 1 提供的至少一次语义在日志处理这种场景下是完全没问题的，所以像 Kafka 这类系统利用这一特点减少确认可大大提高并发。

### 2. 消息类型

MQTT 拥有 14 种不同的消息类型，如表 14.1 所列。

**表 14.1　MQTT 消息类型描述**

| 消息类型 | 描　　述 |
|---|---|
| CONNECT | 客户端连接到 MQTT 代理 |
| CONNACK | 连接确认 |
| PUBLISH | 新发布消息 |
| PUBACK | 新发布消息确认，是 QoS 1 给发布者消息的回复 |
| PUBREC | QoS 2 消息流的第一部分，表示消息发布已记录 |
| PUBREL | QoS 2 消息流的第二部分，表示消息发布已释放 |
| PUBCOMP | QoS 2 消息流的第三部分，表示消息发布完成 |
| SUBSCRIBE | 客户端订阅某个主题 |
| SUBACK | 对于订阅者消息的确认 |
| UNSUBSCRIBE | 客户端终止订阅的消息 |
| UNSUBACK | 对于未订阅者消息的确认 |

续表 14.1

| 消息类型 | 描　述 |
|---|---|
| PINGREQ | 心跳 |
| PINGRESP | 确认心跳 |
| DISCONNECT | 客户端终止连接前通知 MQTT 代理 |

## 14.2.7　MQTT 协议数据包结构

在 MQTT 协议中,一个 MQTT 数据包由固定头(Fixed header)、可变头(Variable header)、消息体(payload)三部分构成。MQTT 数据包结构如下:

- 固定头,存在于所有 MQTT 数据包中,表示数据包类型及数据包的分组类标识。
- 可变头,存在于部分 MQTT 数据包中,数据包类型决定了可变头是否存在及其具体内容。
- 消息体,存在于部分 MQTT 数据包中,表示客户端收到的具体内容。

### 1. MQTT 固定头

固定头存在于所有 MQTT 数据包中,其结构如图 14.2 所示。

| 位 | 7 | 6 | 5 | 4 | 3 | 2 | 1 | 0 |
|---|---|---|---|---|---|---|---|---|
| 字节 1 | MQTT 数据报类型 | 不同类型 MQTT 数据包的具体标识 | | | 标识符 | | | |
| 字节 2 | 剩余长度 | | | | | | | |

**图 14.2　MQTT 固定头**

### (1) MQTT 数据包类型

位置:字节 1 中位 7~4。

对于一个 4 位的无符号值,类型、取值及描述如表 14.2 所列。

**表 14.2　数据包类型描述**

| 名　称 | 值 | 流方向 | 描　述 |
|---|---|---|---|
| Reserved(0000xxxx) | 0 | 不可用 | 保留位 |
| CONNECT(0001xxxx) | 1 | 客户端到服务器 | 客户端请求连接到服务器 |
| CONNACK(0010xxxx) | 2 | 服务器到客户端 | 连接确认 |
| PUBLISH(0011xxxx) | 3 | 双向 | 发布消息 |
| PUBACK(0100xxxx) | 4 | 双向 | 发布确认 |
| PUBREC(0101xxxx) | 5 | 双向 | 发布收到(保证第 1 部分到达) |
| PUBREL(0110xxxx) | 6 | 双向 | 发布释放(保证第 2 部分到达) |

| 名　称 | 值 | 流方向 | 描　述 |
|---|---|---|---|
| PUBCOMP(0111xxxx) | 7 | 双向 | 发布完成(保证第3部分到达) |
| SUBSCRIBE(1000xxxx) | 8 | 客户端到服务器 | 客户端请求订阅 |
| SUBACK(1001xxxx) | 9 | 服务器到客户端 | 订阅确认 |
| UNSUBSCRIBE(1010xxxx) | 10 | 客户端到服务器 | 请求取消订阅 |
| UNSUBACK(1011xxxx) | 11 | 服务器到客户端 | 取消订阅确认 |
| PINGREQ(1100xxxx) | 12 | 客户端到服务器 | PING 请求 |
| PINGRESP(1101xxxx) | 13 | 服务器到客户端 | PING 答应 |
| DISCONNECT(1110xxxx) | 14 | 客户端到服务器 | 中断连接 |
| Reserved(1111xxxx) | 15 | 不可用 | 保留位 |

## (2) 标识位

位置:字节 1 中位 3~0。

在不使用标识位的消息类型中,标识位作为保留位。如果收到无效的标志,则接收端必须关闭网络连接,如表 14.3 所列。

表 14.3　标志位描述

| 数据包 | 标识位 | 位 3 | 位 2 | 位 1 | 位 0 |
|---|---|---|---|---|---|
| CONNECT | 保留位 | 0 | 0 | 0 | 0 |
| CONNACK | 保留位 | 0 | 0 | 0 | 0 |
| PUBLISH | MQTT3.1.1 使用 | DUP1 | Qos2 | Qos2 | RETAIN3 |
| PUBACK | 保留位 | 0 | 0 | 0 | 0 |
| PUBREC | 保留位 | 0 | 0 | 0 | 0 |
| PUBREL | 保留位 | 0 | 0 | 0 | 0 |
| PUBCOMP | 保留位 | 0 | 0 | 0 | 0 |
| SUBSCRIBE | 保留位 | 0 | 0 | 0 | 0 |
| SUBACK | 保留位 | 0 | 0 | 0 | 0 |
| UNSUBSCRIBE | 保留位 | 0 | 0 | 0 | 0 |
| UNSUBACK | 保留位 | 0 | 0 | 0 | 0 |
| PINGREQ | 保留位 | 0 | 0 | 0 | 0 |
| PINGRESP | 保留位 | 0 | 0 | 0 | 0 |
| DISCONNECT | 保留位 | 0 | 0 | 0 | 0 |

- DUP:发布消息的副本,用来保证消息的可靠传输。如果设置为 1,则在下面的变长中增加 MessageId,并且需要回复确认,以保证消息传输完成,但不能用于检测消息重复发送。

- QoS：发布消息的服务质量，即保证消息传递的次数，如表 14.4 所列。

表 14.4　QoS 描述

| QoS | 描　述 |
|---|---|
| 00 | 最多一次，即≤1 |
| 01 | 至少一次，即≥1 |
| 10 | 一次，即=1 |
| 11 | 预留 |

RETAIN：发布保留标识，表示服务器要保留这次推送的信息。如果有新的订阅者出现，就把这消息推送给它；如果没有，那么推送至当前订阅者后释放。

**(3) 剩余长度**

位置：字节 2（从字节 2，最大可至字节 5）表示当前消息剩余内容的字节数，包括可变头部和有效载荷的数据。

该字段本身的字节数是根据可变头部和有效载荷的长度不同而变化的。该可变长度编码方案如下：每个字节的低 7 位（7~0 位）编码剩余长度的数据，第 8 位表示后面是否还有编码剩余长度的字节。即每个字节编码 128 个值和一个"延续位"。所以只用一个字节时，最大只可表示 127 字节的长度。

举例如下，十进制数字 64 只需要用一个字节来编码，即 0x40。十进制数字 321（65+2×128）则需要用 2 个字节来编码，其中第一个字节为 1100 0001，该字节的低 7 位表示 65，第 8 位表示后面还有字节；第 2 个字节为 0000 0010，表示 2×128。

协议限制该字段最大为 4 个字节，这允许应用程序发送的最大消息长度为 268 435 455（256 MB），即 0xFF、0xFF、0xFF、0x7F。

增加该字段的字节数时可表示的剩余长度值如表 14.5 所列。

表 14.5　剩余长度值

| Bit | From | To |
|---|---|---|
| 1 | 0(0x00) | 127(0x7F) |
| 2 | 128(0x80、0x01) | 16 383(0xFF、0x7F) |
| 3 | 16 384(0x80、0x80、0x01) | 2 097 151(0xFF、0xFF、0x7F) |
| 4 | 2 097 152(0x80、0x80、0x80、0x01) | 268 435 455(0xFF、0xFF、0xFF、0x7F) |

## 2. MQTT 可变头

MQTT 数据包中包含一个可变头，位于固定的头和负载之间。可变头的内容因数据包类型而不同，常作为包的标识，如图 14.3 所示。

| 位 | 7 | 6 | 5 | 4 | 3 | 2 | 1 | 0 |
|---|---|---|---|---|---|---|---|---|
| 字节 1 | 包标签符（MSB） | | | | | | | |
| 字节 2 | 包标签符（LSB） | | | | | | | |

图 14.3　可变头结构示意图

很多类型数据包中都包括一个 2 字节的数据包标识字段，这些类型的包有：PUBLISH（QoS ＞ 0）、PUBACK、PUBREC、PUBREL、PUBCOMP、SUBSCRIBE、SUBACK、UNSUBSCRIBE、UNSUBACK。

### 3. Payload 消息体

Payload 消息体为 MQTT 数据包的第三部分，包含 CONNECT、SUBSCRIBE、SUBACK、UNSUBSCRIBE 这 4 种类型的消息：

- CONNECT，消息体内容主要是客户端的 ClientID、订阅的 Topic、Message 以及用户名、密码。
- SUBSCRIBE，消息体内容是一系列要订阅的主题以及 QoS。
- SUBACK，消息体内容是服务器对于 SUBSCRIBE 所申请的主题及 QoS 进行确认、回复。
- UNSUBSCRIBE，消息体内容是要取消订阅的主题。

# 14.3　MQTT 协议实现原理

想要在自己开发板的 WiFi 模块（ESP8266）基于 MQTT 协议实现通信，必须首先建立连接，详见第 12 章 MoLink 模组章节，这里不再讲解。接下来步骤如下：

① 要在客户端与代理服务端建立一个 TCP 连接，则建立连接的过程是由客户端主动发起的，代理服务一直处于指定端口的监听状态，监听到有客户端要接入的时就立刻去处理。客户端在发起连接请求时，携带客户端 ID、账号、密码（无账号密码使用除外，正式项目不会允许这样）、心跳间隔时间等数据。代理服务收到后检查自己的连接权限配置中是否允许该账号密码连接，如果允许，则建立会话标识并保存，绑定客户端 ID 与会话，并记录心跳间隔时间（判断是否掉线和启动遗嘱时用）和遗嘱消息等，然后发送连接成功确认消息给客户端；客户端收到连接成功的确认消息后进入下一步（通常是开始订阅主题，不需要订阅则跳过），如图 14.4 所示。

② 客户端将需要订阅的主题经过 SUBSCRIBE 报文发送给代理服务，代理服务则将这个主题记录到该客户端 ID 下（以后有这个主题发布就会发送给该客户端），然后回复确认消息 SUBACK 报文。客户端接到 SUBACK 报文后知道已经订阅成功，则处于等待监听代理服务推送的消息也可以继续订阅其他主题或发布主题，如图 14.5 所示。

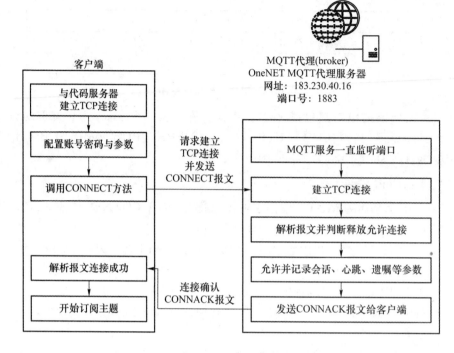

**图 14.4 客户端与代理服务器建立连接示意图**

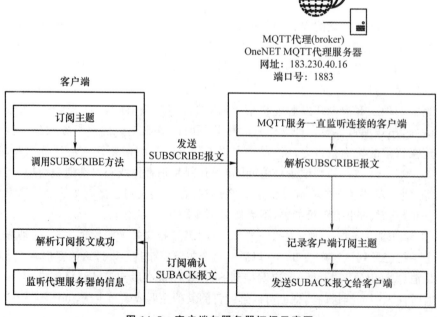

**图 14.5 客户端向服务器订阅示意图**

③ 当某一客户端发布一个主题到代理服务后,代理服务先回复该客户端收到主题的确认消息,该客户端收到确认后就可以继续自己的逻辑了。但这时主题消息还没有发给订阅了这个主题的客户端,代理要根据质量级别来决定怎样处理这个主题。所以这里充分体现了 MQTT 协议是异步通信模式,不是立即端到端反应的,如图 14.6 所示。

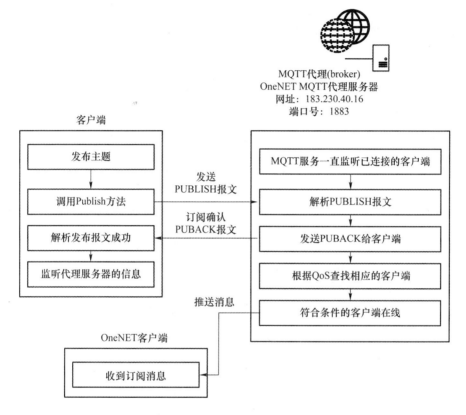

**图 14.6　客户端向代理服务器发送主题**

如果发布和订阅时的质量级别 QoS 都是至多一次,那代理服务则检查当前订阅这个主题的客户端是否在线,在线则转发一次,收到与否不再做任何处理。这种质量对系统压力最小。

如果发布和订阅时的质量级别 QoS 都是至少一次,那要保证代理服务和订阅的客户端都成功收到才可以,否则会尝试补充发送(具体机制后面讨论)。这也可能出现同一主题多次重复发送的情况。这种质量对系统压力较大。

如果发布和订阅时的质量级别 QoS 都是只有一次,那要保证代理服务和订阅的客户端都成功收到,并且只收到一次不会重复发送(具体机制后面讨论)。这种质量对系统压力最大。

# 14.4　OneNET Kit 解析

OneNET Kit 是 OneOS 的一个 MQTT 协议组件。简单来说,OneNET Kit 是把 MQTT 协议封装成简易的函数调用,不需要调用 MQTT 协议的 API 函数编写数据报文等操作。前面已经了解 MQTT 协议的整体实现架构,OneOS 为了保证设备在异常状态下实现快速重连,所以在 MQTT 协议基础上编写了 OneNET Kit,如图 14.7 所示。

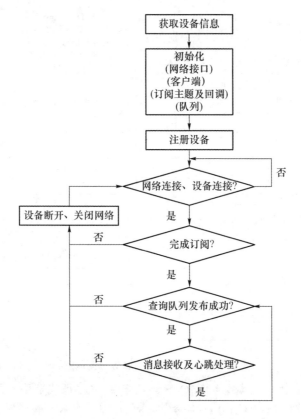

**图 14.7　MQTT-架构设计**

获取设备信息:包含 OneNET 平台 MQTT 物联网套件上注册的产品 ID、产品 access_key、设备名称,此外,非自动化注册设备还需要获取设备 ID 和设备 key。

初始化:包含 MQTT 网络相关接口的初始化、MQTT 客户端初始化、订阅相关接口初始化(主题和相应的消息回调初始化)、发布消息队列初始化。

设备注册:设备向注册服务器注册一个设备,用户只提供产品 ID、产品 accesskey、设备名,其中,设备名需要保证唯一,可以采用 SN、IMEI 等,支持数字、字母、字符"和'－',长度不超过 64。设备支持反复注册,注册前会计算 API 访问的

Token。

网络和设备连接:开启 TLS 加密传输时,需要用到平台 CA 证书,网络连接成功后进行设备连接。设备连接前会计算设备连接的 Token(默认过期时间是 2032/1/1,可根据用户需求更改),作为 MQTT 接入平台时的客户端密码。

订阅:根据初始化的订阅主题(目前 5 个主题)进行订阅,每个主题最多尝试 3 次;每个主题订阅成功后,注册该主题的回调函数。若此 5 个主题中有任何一个订阅不成功,则关闭客户端,关闭网络,重新进行网络和设备连接。

发布:查询发布消息队列中是否有消息(消息队列中的消息结构体包含主题类型、数据和数据长度),有消息就会将要发布的消息发布到对应的主题。消息的服务质量默认为 Qos1(用户可修改),因此发布后会同步等待 ACK,超时则判断为失败,会关闭客户端和网络,重新进行网络和设备连接。

消息接收及心跳处理:订阅的 5 个主题,若平台有发布此 5 个主题的消息,则会接收到并执行主题消息回调函数。心跳包会在用户配置的心跳间隔时间发送,以保持设备的长连接。若消息接收失败,则关闭客户端和网络,重新进行网络和设备连接。

## 1. OneNET MQTT 订阅主题和发布主题

OneNET 支持的订阅主题如表 14.6 所列。

表 14.6　订阅主题描述

| 系统主题 | 用途 | QoS | 可订阅 |
|---|---|---|---|
| $ sys/{pid}/{device-name}/dp/post/json/accepted | 系统通知"设备上传数据点成功" | 0 | √ |
| $ sys/{pid}/{device-name}/dp/post/json/rejected | 系统通知"设备上传数据点失败" | 0 | √ |
| $ sys/{pid}/{device-name}/cmd/request/＋ | 系统向设备下发命令 | 0 | √ |
| $ sys/{pid}/{device-name}/cmd/response/＋/＋ | 系统回复"设备命令应答成功或失败" | 0 | √ |
| $ sys/{pid}/{device-name}/image/♯ | 设备镜像相关所有主题 | 0 | √ |

OneNET 支持的发布主题如表 14.7 所列。

表 14.7　发布主题描述

| 系统主题 | 用途 | QoS | 可发布 |
|---|---|---|---|
| $ sys/{pid}/{device-name}/dp/post/json | 设备上传数据点 | 0/1 | √ |
| $ sys/{pid}/{device-name}/cmd/response/{cmdid} | 设备回复命令应答 | 0/1 | √ |
| $ sys/{pid}/{device-name}/image/update | 设备更新镜像中属性 | 0/1 | √ |
| $ sys/{pid}/{device-name}/image/get | 设备镜像信息查询 | 0/1 | √ |

### 2. OneNET MQTT 加密与非加密设置

MQTT 接入套件支持标准 MQTT V3.1.1 版本,支持 TLS 加密。接入服务地址如表 14.8 所列。

表 14.8　加密与非加密服务地址

| 连接协议 | 证　书 | 地　　址 | 端　口 | 说　明 |
|---|---|---|---|---|
| MQTT | oneNET 官网下载 | mqttstls.heclouds.com | 8883 | 加密接口 |
| MQTT | 无 | mqtts.heclouds.com | 1883 | 非加密接口 |

### 3. OneOS-Cube 配置 OneNET Kit

使用 OneNET MQTT 套件需要通过 Menuconfig 的图形化工具进行配置选择,配置的路径如下所示:

```
(Top) → Components → Cloud → OneNET → MQTT Kit
[ * ] Enable onenet mqtt-kit
[ ]       Enable onenet device auto register
[ ]       Enable mqtt-kit TLS encrypt
```

进行 OneNET MQTT Kit 选项配置需要先在 Menuconfig 中选 Enable onenet mqtt-kit,然后再选择其他配置。

- Enable onenet device auto register:使能自动完成 OneNET 平台的设备注册。
- Enable mqtt-kit TLS encrypt:使能 OneNET MQTT 的加密传输。
- 关闭 OneNET MQTT 组件。

注意:开启 OneNET MQTT 组件后会自动选中 Paho MQTT 组件,当用户反向取消该组件时记得手动关闭 Paho MQTT 组件。

- 关闭 OneNET MQTT 的加密传输。

开启 OneNET MQTT 的加密传输功能后会自动选中 Paho MQTT 组件和 mbedtls 加密组件,当用户反向取消 OneNET MQTT 的加密传输功能时记得手动关闭 Paho MQTT 的加密配置项,同时关闭 mbedtls 组件。

此外,开发板和 ESP8266 是通过 UART3 进行通信的,在配置 UART3 的时候要开启 DMA。

## 14.5　OneNET Kit 数据结构以及 API 函数解析

### 1. MQTT-数据结构 g_onenet_info

通过 MQTT 协议与 OneNET 平台进行连接的时候,设备端相关的基本信息保存在 g_onenet_info 结构体中,其定义如下:

```
typedef struct
{
    /* OneNET 平台 MQTT 连接地址,分为 TLS 加密连接和 TCP 非加密连接,本组件已定义 */
    char                        ip[16];
    /* 与连接 IP 对应的端口,本组件已定义 */
    int                         port;
    /* 产品 ID,OneNET 平台注册 MQTT 套件后会得到该产品 ID */
    char                        pro_id[10];
    /* 平台连接 key,OneNET 平台注册 MQTT 套件后会得到该 access_key */
    char                        access_key[48];
    /* 设备名称,由用户定义,平台有相关定义规则要求 */
    char                        dev_name[64 + 1];
    /* 设备 ID,若配置开启自动注册,则客户端注册时自动获取,否则在 Onenet 平台上得
       到 */
    char                        dev_id[16];
    /* 设备 key,若配置开启自动注册,则客户端注册时自动获取,否则在 Onenet 平台上得
       到 */
    char                        key[48];
    /* 心跳间隔时间,由用户定义 */
    unsigned int                keepheart_interval;
    /* 设备端连接注册状态,1:已注册;0:未注册 */
    unsigned short              device_register;
    /* 消息订阅处理函数数组,用以指向不同主题的消息处理函数,本组件数组长度为
       5 */
    subscribe_message_handlers_t\
                        subscribe_message_handlers[USER_MESSAGE_HANDLERS_NUM];
} onenet_info_t;
onenet_info_t g_onenet_info;
```

## 2. MQTT-数据结构 g_onenet_mqtts

OneNET-MQTT 组件相关的定义是在 g_onenet_mqtts 结构体中,包括 MQTT 网络层相关定义和 MQTT 客户端相关定义,如下:

```
typedef struct
{
    /* 网络层相关定义结构体 */
    Network         network;
    /* 客户端相关定义结构体,详见 Paho-MQTT 部分介绍 */
    MQTTClient      client;
} onenet_mqtts_t;
onenet_mqtts_t  g_onenet_mqtts
```

## 3. MQTT-数据结构 onenet_event_t

OneNet-MQTTS 所有可能事件由如下枚举体定义:

```
typedef enum
{
    /* OneNet-MQTTS 流程开始事件 */
    ONENET_EVENT_START = 0,
    /* 设备注册成功事件 */
    ONENET_EVENT_DEVICE_REGISTER_OK,
    /* 设备注册失败事件 */
    ONENET_EVENT_DEVICE_REGISTER_FAIL,
    /* MQTT 设备连接事件 */
    ONENET_EVENT_MQTTS_DEVICE_CONNECTTING,
    /* MQTT 设备连接成功事件 */
    ONENET_EVENT_MQTTS_DEVICE_CONNECT_SUCCESS,
    /* MQTT 设备连接失败事件 */
    ONENET_EVENT_MQTTS_DEVICE_CONNECT_FAIL,
    /* MQTT 设备连接断开事件 */
    ONENET_EVENT_MQTTS_DEVICE_DISCONNECT,
    /* 心跳保持成功事件 */
    ONENET_EVENT_KEEP_HEARTBEAT_SUCCESS,
    /* 数据发送事件 */
    ONENET_EVENT_SEND_DATA,
    /* 主题订阅成功事件 */
    ONENET_EVENT_SUBSCRIBE_SUCCESS,
    /* 发送主题退订事件 */
    ONENET_EVENT_SEND_UNSSUBSCRIBE,
    /* 主题发布成功事件 */
    ONENET_EVENT_PUBLISH_SUCCESS,
    /* 设备收到下发命令事件 */
    ONENET_EVENT_RECV_CMD,
    /* 检查设备状态事件 */
    ONENET_EVENT_CHECK_MQTTS_DEVICE_STATUS,
    /* 检查网络层事件 */
    ONENET_EVENT_CHECK_NETWORK,
    /* OneNet-MQTTS 流程失败事件 */
    ONENET_EVENT_FAULT_PROCESS,

} onenet_event_t;
```

## 4. MQTT-数据结构 mq_msg

设备通过消息队列发布主题时，主题包含的数据由结构体 mq_msg 定义，如下：

```
typedef struct mq_msg_t
{
    /*
    * 主题类型, 包括：
    * 0:DATA_POINT_TOPIC
    * 1:DEVICE_IMAGE_GET_TOPIC
    * 2:DEVICE_IMAGE_UPDATE_TOPIC
    * 3:CHILD_DEVICE_TOPIC
```

```
          */
     int    topic_type;
     /* 消息内容数组 */
     char   data_buf[128];
     /* 消息长度 */
     int    data_len;
}mq_msg;
```

## 14.5.1 MQTT-API 列表

### 1. onenet_event_callback( )函数

OneNET 接入时发生事件的回调函数总接口,对于不同的事件,用户可以在该函数内注册自己所需的回调处理函数。其函数原型如下:

```
void onenet_event_callback(onenet_event_t onenet_event);
```

该函数的形参如表 14.9 所列。

表 14.9　函数 onenet_event_callback( )形参描述

| 参　　数 | 描　　述 |
|---|---|
| onenet_event | 发生事件的名称,由以上 onenet_event_t 中定义 |

返回值:无。

### 2. onenet_authorization( )函数

计算设备注册或连接时需要用到的 Token 令牌,当参数 et 设置时间小于当前时间时,oneNET 平台会认为 Token 令牌过期从而拒绝该访问。其函数原型如下:

```
int onenet_authorization(char          * ver,
                         char          * res,
                         unsigned int    et,
                         char          * access_key,
                         char          * dev_name,
                         char          * authorization_buf,
                         unsigned short  authorization_buf_len,
                         _Bool           flag);
```

该函数的形参如表 14.10 所列。

表 14.10　函数 onenet_authorization( )形参描述

| 参　　数 | 描　　述 |
|---|---|
| ver | 参数组版本号,日期格式,目前仅支持"2018-10-31" |
| res | 产品 ID,OneNET 平台注册 MQTT 套件后会得到该产品 ID |
| et | Token 过期时间 expirationTime,unix 时间 |

| 参　数 | 描　述 |
| --- | --- |
| access_key | API 访问时是产品 access_key,设备连接时是设备 key |
| dev_name | API 访问时传 NULL,设备连接时是本设备的设备名称 |
| authorization_buf | 计算所得 Token 字符串的缓存区 |
| authorization_buf_len | Token 字符串的缓存区长度 |
| flag | 1 表示用于计算 API 访问的 Token(注册时用),0 表示用于计算设备连接的 Token |

返回值:1 表示计算失败,0 表示计算成功。

### 3. onenet_get_device_info()函数

该函数用于设备信息获取,获得连接所需的 PRODUCT_ID、ACCESS_KEY、DEVICE_NAME、DEVICE_ID、USER_KEY、心跳间隔等信息,这些信息由用户事先在 onenet_device_sample. h 头文件中填写。函数原型如下:

```
int onenet_get_device_info(void);
```

返回值:OS_TRUE 表示获取成功,OS_FALSE 表示获取失败。

### 4. onenet_mqtts_init()函数

Onenet-mqtts 初始化,包括网络、客户端结构、消息订阅主题(topic)的初始化。函数原型如下:

```
void onenet_mqtts_init(void);
```

返回值:无。

### 5. onenet_mqtts_device_is_connected()函数

设备 MQTT 连接状态查询,指 MQTT 协议层连接状态。其函数原型如下:

```
int onenet_mqtts_device_is_connected(void);
```

返回值:0 表示已断开,1 表示已连接。

### 6. onenet_mqtts_device_register()函数

用于 onenet-mqtt 自动注册功能,设备连接注册服务器,发送注册信息,接收注册回复信息,最后断开注册服务器网络。设备名需要保证唯一,建议采用 SN、IMEI 等,支持数字、字母、字符'_'和'-',长度不超过 64。其函数原型如下:

```
int onenet_mqtts_device_register(const char  * access_key,
                                 const char  * pro_id,
                                 const char  * serial,
                                 char         * dev_id,
                                 char         * key);
```

该函数的形参如表 14.11 所列。

表 14.11　函数 onenet_mqtts_device_register()形参描述

| 参　数 | 描　述 |
|---|---|
| access_key | OneNET 平台注册 MQTT 套件后得到该 access_key,可由 onenet_get_device_info 获得 |
| pro_id | OneNET 平台注册 MQTT 套件后得到该 ID,可由 onenet_get_device_info 获得 |
| serial | 本设备的设备名称,可由 onenet_get_device_info 获得 |
| dev_id | 存储平台返回的设备 ID 字符串的缓存区 |
| key | 存储平台返回的设备 key 字符串的缓存区 |

返回值:OS_TRUE 表示注册成功,OS_FALSE 表示注册失败。

## 7. onenet_mqtts_device_link()函数

设备与 OneNET 平台建立 MQTT 连接,包括网络层和协议层连接。网络连接失败会直接返回,设备接入 OneNET 失败会先断开网络再返回。其函数原型如下:

```
int onenet_mqtts_device_link(void);
```

返回值:OS_FALSE 表示接入失败,OS_TRUE 表示接入成功。

## 8. onenet_mqtts_device_disconnect()函数

设备断开与 OneNET 的 MQTT 连接,该函数只断开协议层连接。其函数原型如下:

```
void onenet_mqtts_device_disconnect(void);
```

返回值:无。

## 9. onenet_mqtts_device_subscribe()函数

设备 MQTT 消息订阅,订阅在 onenet_mqtts_init()中已初始化的主题,目前最大值设置为 5 个,注册 Topic 对应的消息回调函数。每个主题订阅最多尝试 3 次,非法订阅平台会断开连接。该函数原型如下:

```
int onenet_mqtts_device_subscribe(void);
```

返回值:OS_FALSE 表示订阅失败,OS_TRUE 表示订阅成功。

## 10. onenet_mqtts_client_unsubscribe()函数

设备 MQTT 消息退订,退订 topicFilter 指定主题的消息。其函数原型如下:

```
int onenet_mqtts_client_unsubscribe(const char * topicFilter);
```

该函数的形参如表 14.12 所列。

表 14.12　函数 onenet_mqtts_client_unsubscribe()形参描述

| 参　数 | 描　述 |
|---|---|
| topicFilter | 需要退订的主题名称 |

返回值:OS_FALSE 表示退订失败,OS_TRUE 表示退订成功。

### 11. onenet_mqtts_device_publish_cycle()函数

设备 MQTT 消息循环发布,在每次发布间隔时间超过预置定时时间(可在 onenet_device_sample.h 头文件中设置,预置为 10 s)后,从本函数构建的示例缓存区中获取消息数据并进行发布。其函数原型如下:

```
int onenet_mqtts_device_publish_cycle(os_tick_t * last_publish_tick)
```

该函数的形参如表 14.13 所列。

表 14.13　函数 onenet_mqtts_device_publish_cycle()形参描述

| 参　数 | 描　述 |
| --- | --- |
| last_publish_tick | 上次发布时的时间,以 cycle 为单位 |

返回值:OS_FALSE 表示发布失败,OS_TRUE 表示发布成功。

### 12. onenet_mqtts_device_publish()函数

设备 MQTT 消息发布,从预置的 MQTT 消息队列获取消息数据并发布,预置队列消息需要包含发布的主题、数据、数据长度。消息的服务质量默认为 QoS1,平台支持 QoS0、QoS1,不支持 QoS2。其函数原型如下:

```
int onenet_mqtts_device_publish(void);
```

返回值:OS_FALSE 表示发布失败,OS_TRUE 表示发布成功。

### 13. onenet_mqtts_publish()函数

Shell 接口输入命令,将想要发布的固定格式的 MQTT 消息数据发送到预置的 MQTT 消息队列,以进行发布。Shell 命令的输入参数只能是 3 个,第一个参数为 onenet_mqtts_publish;第二个参数为 0 表示数据点,为 1 表示获取镜像,为 2 表示更新镜像;第三个参数为要发布的数据。例如,onenet_mqtts_publish 0 {"id":101," dp":{"humi":[{"v":32,}],"temp":[{"v":25,}]}},其函数原型如下:

```
void onenet_mqtts_publish(int argc,  char * argv[]);
```

该函数的形参如表 14.14 所列。

表 14.14　函数 onenet_mqtts_publish()形参描述

| 参　数 | 描　述 |
| --- | --- |
| argc | 传参个数 |
| argv | 参数值数据 |

返回值:无。

### 14. onenet_mqtts_device_start( )函数

Shell 接口输入命令,该函数预置一个完整的 Onenet-MQTT 接入并保持范例的框架,包括 MQTT 独立线程初始化、网络、客户端和消息队列初始化,客户端注册、网络连接,客户端连接,预置主题消息订阅、发布及心跳保持等功能,详见使用示例介绍。Shell 命令为:onenet_mqtts_device_start,其函数原型如下:

```
void onenet_mqtts_device_start(void);
```

返回值:无。

### 15. onenet_mqtts_device_end( )函数

Shell 接口输入命令,该函数用于结束 onenet_mqtts_device_start 函数启动的 MQTT 流程。Shell 命令为:onenet_mqtts_device_end,其函数原型如下:

```
void onenet_mqtts_device_end(void);
```

返回值:无。

## 14.5.2 OneNET 平台配置 MQTT

### 1. 配置 oneNET 服务器

步骤如下:

① 注册账号→打开物联网平台→控制台→全部产品→MQTT 物联网套件(新版),如图 14.8 所示。

② 添加产品并填写相关信息,如图 14.9 所示。

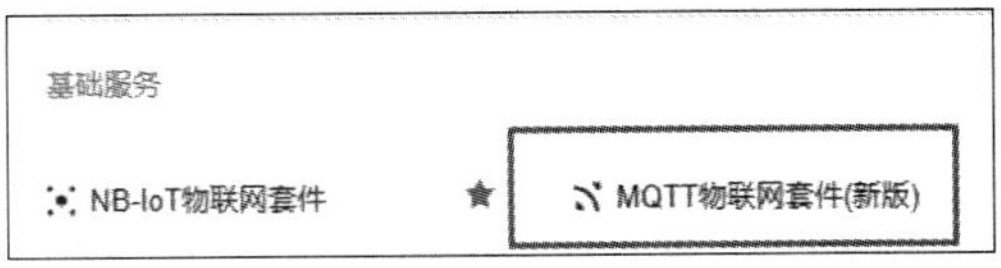

图 14.8　打开 MQTT 物联网套件(新版)

图 14.9　填写产品相关信息

③ 在设备列表→添加设备中添加设备信息,如图 14.10 所示。

**图 14.10 填写设备相关信息**

④ 查看设备的相关信息,如图 14.11 所示。

**图 14.11 设备的 ID、设备名称和密钥 KEY**

在产品概述可以看到产品的 ID 为 366007,在设备列表中可以看到设备 ID(为 617747917)和设备名称 MQTT。

⑤ 打开项目工程,然后打开文件 onenet_device_sample. h 修改以下参数:

```
/* 产品 ID */
# define USER_PRODUCT_ID   "366007"
/* 产品密钥 */
# define USER_ACCESS_KEY   "qlWudWg/3ANGVQLeHGfAu0Eh8J7CWgozfOpljI + Gy8k = "
/* 设备名称 */
# define USER_DEVICE_NAME "MQTT"
# define USER_KEEPALIVE_INTERVAL 240/* 一次心跳间隔 10~1 800 s */
# define USER_PUBLISH_INTERVAL   10/* 用户 oneNET 数据上传时间间隔 */
# ifndef ONENET_MQTTS_USING_AUTO_REGISTER
/* 设备 ID */
# define USER_DEVICE_ID "617747917"
/* 设备密钥 */
# define USER_KEY        "QyxIRiJNQG5wPmEmMGY8QGVsRUtIZDtVUGI0eCQ1V3A = "
```

上述源码的参数设置都是根据 oneNET 平台创建 MQTT 协议项目而决定的。

# 14.6 MQTT 实验

## 14.6.1 功能设计

正点原子精英开发板并没有挂载网络模块,所以这里使用正点原子 ESP8266 作为通信模组时,必须调用 MoLink 组件指向通信模组。然后创建一个 onenet_mqtt_test 任务,用来使用 oneNET 平台连接,该任务函数主要调用 OneOS 提供的 OneNET Kit 组件来实现。调用函数 onenet_mqtts_device_start() 包括 MQTT 独立线程初始化,网络、客户端和消息队列初始化,客户端注册,网络连接,客户端连接,预置主题消息订阅、发布及心跳保持等功能。注意,函数 onenet_mqtts_device_start() 本身是创建一个函数的,该任务函数为 onenet_mqtts_device_entry(),然后在任务函数 onenet_mqtt_test() 调用 os_mq_send() 发送消息队列,该消息队列的数据就是 MQTT 协议格式的数据点字符串。最后调用 onenet_mqtts_device_publish() 发送数据包,实际上该函数是调用 os_mq_recv() 函数获取消息队列的数据,函数 onenet_mqtts_device_publish() 是在任务函数 onenet_mqtts_device_entry() 调用的。

## 14.6.2 软件设计

### 1. 程序流程图

根据上述例程功能分析得到流程图,如图 14.12 所示。

### 2. 程序解析

#### (1) onenet_mqtts_device_entry () 函数

该函数主要创建 onenet_mqtts_device 任务,该任务函数为 onenet_mqtts_device_thread_func()。注意,该任务函数间接调用 onenet_mqtts_device_entry() 函数,onenet_mqtts_device_entry() 函数主要实现 MQTT 独立线程初始化,网络、客户端和消息队列初始化,客户端注册,网络连接,客户端连接,预置主题消息订阅、发布及心跳保持等功能,如以下源码所示:

```
static int onenet_mqtts_device_entry(void)
{
    char        device_subscribe_flag = 0;
    g_mqtts_device_tostop = OS_FALSE;
    /* 获取 MQTT 设备数据 */
    if (OS_TRUE != onenet_get_device_info())
    {
        /* 设置回调函数 */
    onenet_event_callback(ONENET_EVENT_FAULT_PROCESS);
    return OS_FALSE;
```

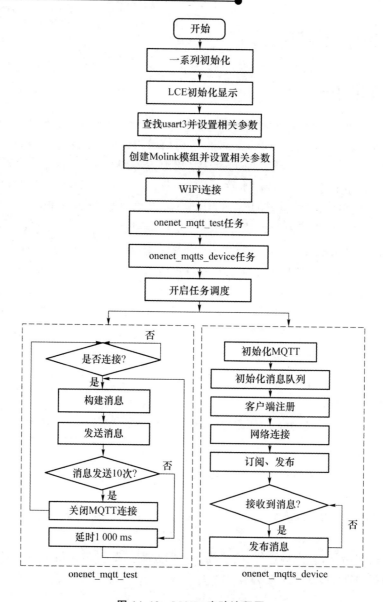

**图 14.12　MQTT 实验流程图**

```
    }
else
{
    onenet_event_callback(ONENET_EVENT_START);
}

while(! g_mqtts_device_tostop)
{
    switch(g_onenet_state)
```

```
{
case ONENET_STATE_RESET:
    onenet_mqtts_init();                    /* 初始化 MQTT */
    onenet_message_queue_init();            /* 创建消息队列,主要用作数据传输 */
    set_onenet_state(ONENET_STATE_CONNECT); /* 设置 oneNET 的状态 */
    break;

case ONENET_STATE_CONNECT:
    /* 设备与 OneNET 建立连接 */
    if (OS_TRUE == onenet_mqtts_device_link())
    {
        /* 设置 oneNET 的状态 */
        set_onenet_state(ONENET_STATE_SERVICE);
        device_subscribe_flag = 0;
        continue;
    }
    break;

case ONENET_STATE_SERVICE:
    /* 设备 MQTT 连接状态查询 */
    if (OS_TRUE == onenet_mqtts_device_is_connected())
    {
        /* 启动或重启 MQTTS 设备后是否订阅 oneNET 主题一次 */
        if (0 == device_subscribe_flag)
        {
            /* 设备 MQTT 消息订阅 */
            if (OS_TRUE == onenet_mqtts_device_subscribe())
            {
                device_subscribe_flag = 1;
                onenet_event_callback(ONENET_EVENT_SUBSCRIBE_SUCCESS);
            }
            else
            {
                /* here mqtts device has been disconnected */
                continue;
            }
        }
        /* 方法 2:在 mqtts_messagequeue 不为空时,发布数据 */
        if (OS_FALSE == onenet_mqtts_device_publish())
        {
            continue;
        }
        /* Receive_process 和 heartbeat 发送 */
        if (OS_FALSE == onenet_mqtts_device_yield())
        {
            continue;
        }
    }
    else
    {
        g_onenet_mqtts.network.disconnect(&g_onenet_mqtts.network);
        set_onenet_state(ONENET_STATE_CONNECT);
        os_task_msleep(5000);
    }
```

```
            break;

        default:
            break;
    }
    os_task_msleep(200);
}
onenet_mqtts_device_disconnect();
g_onenet_mqtts.network.disconnect(&g_onenet_mqtts.network);
onenet_event_callback(ONENET_EVENT_MQTTS_DEVICE_DISCONNECT);
return OK;
}
```

从上述源码可知,MQTT 的实现原理参见 14.3 节中的介绍,读者可以先了解 MQTT 协议实现原理再来看 OneNET Kit 函数,其实现原理是一样的,OneNET Kit 提供的函数简便了 MQTT 的实现操作。

**(2) onenet_mqtt_test()函数**

该函数主要调用 os_mq_send()消息队列发送数据。注意,该消息队列的控制块必须和上述函数 onenet_mqtts_device_entry()中的 onenet_mqtts_device_publish()消息队列控制块一致。onenet_mqtts_device_publish()函数调用消息队列接收函数,所以发送一个消息队列让其发布数据,如以下源码所示:

```
/* 构建消息 */
const char * onenet_base_dp_upload_str = "{"
                            "\"id\": %d,"
                            "\"dp\": {"
                            "\"temperature\": [{"
                            "\"v\": %d,"
                            "}],"
                            "\"power\": [{"
                            "\"v\": %d"
                            "}]"
                            "}"
                            "}";
extern struct os_mq mqtts_mq;
/**
 * @brief      ota_example_main
 * @param      parameter : 传入参数(未用到)
 * @retval     无
 */
void onenet_mqtt_test(void * parameter)
{
    parameter = parameter;
    os_err_t rc;
    char pub_buf[PUB_DATA_BUFF_LEN] = {0};
    char * pub_msg = NULL;
```

```
 int pub_msg_len = 0;
mq_msg_t mq_msg;
int id = 0;
int temperature_value = 0;                              /* 温度数值 */
int power_value = 0;                                    /* 电压数值 */
int send_num = 0;
while (1)
{
    if (onenet_mqtts_device_is_connected() == 1)   /* 判断设备是否连接 */
    {
        send_num ++;

        if (id != 2147483647)
        {
            id ++;
        }
        else
        {
            id = 1;
        }
        ++ temperature_value;
        ++ power_value;
        temperature_value % = 40;
        power_value % = 99;
        snprintf(pub_buf, sizeof(pub_buf), onenet_base_dp_upload_str,
                id, temperature_value, power_value);
        pub_msg = pub_buf;
        pub_msg_len = strlen(pub_msg);
        memset(&mq_msg, 0x00, sizeof(mq_msg));
        mq_msg.topic_type = DATA_POINT_TOPIC;
        memcpy(mq_msg.data_buf, pub_msg, pub_msg_len);
        mq_msg.data_len = pub_msg_len;
        /* 发送数据 */
        rc = os_mq_send(&mqtts_mq, (void *)&mq_msg, sizeof(mq_msg_t), 0);
        if (rc != OS_EOK)
        {
            os_kprintf("mqtts_device_messagequeue_send ERR");
        }
    }
    if (send_num > 10)
    {
        onenet_mqtts_device_end();
        lcd_show_string(30, 70, 200, 16, 16, "onenet_disconnect", BLUE);
        break;
    }
    os_task_msleep(1000);
}
}
```

从上述源码可知,首先构建一个消息,然后调用函数 os_mq_send()发送消息,最后发送 10 次再调用函数 onenet_mqtts_device_end()设备 MQTT 流程结束。

## 14.6.3 下载验证

编译工程并下载代码到开发板中,精英开发板没有网络设备,所以在 ATK Module 插入 ESP8266 模组。打开 oneNET 平台,登录账号,打升 MQTT 设备,如图 14.13 所示。

| temperatrue ··· | power ··· | LED ··· | humi ··· |
|---|---|---|---|
| 2021-08-06 17:27:16 | 2021-08-06 17:27:16 | 2021-07-16 11:55:41 | 2021-06-23 10:50:22 |
| 36 | 60.8 | 0 | 13 |

| temp ··· | temperature ··· |
|---|---|
| 2021-06-23 10:50:22 | 2021-08-06 11:33:29 |
| 53 | 11 |

**图 14.13　oneNET 平台显示接收到的数据**

# 第 **15** 章

# OTA 远程升级

OneOS OTA 平台目前提供的升级功能为 FOTA 升级。FOTA（Firmware Over The Air），即利用无线通信技术使云服务器实现远程的固件更新，包含节点端、FOTA 服务器、升级方式、文件类型. bin、升级过程管理、安全性等内容。

本章分为如下几部分：

15.1　OTA 简介

15.2　OneOS OTA 函数

15.3　OneOS 的 OTA 配置

15.4　OTA 实验

## 15.1　OTA 简介

OneOS 的 OTA 平台采用差分升级策略，此方式可极大降低升级包的大小。OneOS OTA 组件分两部分，分别为 BootLoader 和 APP，其中，BootLoader 实现固件还原功能、升级功能，APP 部分完成更新检测、固件下载、版本校验。

注意板子差分算法的支持情况（RAM＞200 KB 时，可以考虑使用 Wosun；RAM＞512 KB 时，可以考虑使用 Wosun high），不同的开发板制作 FOTA 所需要的算法不一样，如本书使用的是正点原子精英开发板，其可以支持 Lusun 的算法。

## 15.2　OneOS OTA 函数

无须调用表示该接口无须 OTA 使用人员主动调用，OTA 在需要的时候会自动调用，使用者只用根据自己的需求来重写。

### 1. cmiot_get_network_type()函数

该函数用于获取网络类型，其函数原型如下：

```
cmiot_char * cmiot_get_network_type(void);
```

返回值：网络类型，用户自定义，不能为空。

## 2. cmiot_get_try_time()函数

该函数用于获取 Socket 的接收超时时间,单位毫秒,其函数原型如下:

```
cmiot_uint32 cmiot_get_try_time(void);
```

返回值:Socket 接收超时时间。

## 3. cmiot_get_try_count()函数

该函数用于获取在解码服务器的数据失败,或端侧处理失败时,重新向服务器请求的次数,函数原型如下:

返回值:重试次数。

## 4. cmiot_get_utc_time()函数

该函数用于获取当前的 UTC 时间戳,函数原型如下:

```
cmiot_uint32 cmiot_get_utc_time(void);
```

返回值:当前 UTC 时间戳。

## 5. cmiot_get_uniqueid()函数

该函数用于获取端侧的 MID,其函数原型如下:

```
void cmiot_get_uniqueid(cmiot_char * uid);
```

该函数的形参描述如表 15.1 所列。

表 15.1　函数 cmiot_get_uniqueid()形参描述

| 参　数 | 描　述 |
| --- | --- |
| uid | 用于设置 MID 的内存地址,最大 30 字节 |

返回值:无。

## 6. cmiot_app_name()函数

该函数用于获取 APP 分区的名字,其函数原型如下:

```
cmiot_char * cmiot_app_name(void);
```

返回值:APP 分区名字,不能为空。

## 7. cmiot_download_name()函数

该函数用于获取 DOWNLOAD 分区的名字,该函数原型如下:

```
cmiot_char * cmiot_download_name(void);
```

返回值:DOWNLOAD 分区名字,不能为空。

### 8. cmiot_printf()函数

该函数用于日志输出,该函数原型如下:

```
void cmiot_printf(cmiot_char * data, cmiot_uint32 len);
```

该函数的形参描述如表 15.2 所列。

返回值:无。

### 9. cmiot_msleep()函数

该函数用于延时,该函数原型如下:

```
void cmiot_msleep(cmiot_uint32 time);
```

该函数的形参描述如表 15.3 所列。

**表 15.2　函数 cmiot_printf()形参描述**

| 参　数 | 描　述 |
| --- | --- |
| data | 需要输出的字符串 |
| len | 字符串长度 |

**表 15.3　函数 cmiot_msleep()形参描述**

| 参　数 | 描　述 |
| --- | --- |
| time | 延时,单位毫秒 |

返回值:无。

### 10. cmiot_upgrade()函数

该函数开始检测下载固件包,其函数原型如下:

```
cmiot_int8 cmiot_upgrade(void);
```

返回值:E_CMIOT_SUCCESS:有包且下载成功;

　　　　E_CMIOT_FAILURE:下载失败;

　　　　E_CMIOT_NOT_INITTED:OTA 组件初始化失败,一般是内存不够;

　　　　E_CMIOT_LAST_VERSION:没有新的固件包。

### 11. cmiot_report_upgrade()函数

该函数开始检测下载固件包,其函数原型如下:

```
cmiot_int8 cmiot_report_upgrade(void);
```

返回值:E_CMIOT_SUCCESS:有升级结果且上报成功;

　　　　E_CMIOT_FAILURE:有升级结果但上报失败;

　　　　E_CMIOT_NO_UPGRADE:没有升级结果;

　　　　E_CMIOT_NOT_INITTED:OTA 组件初始化失败,一般是内存不够。

# 15.3 OneOS 的 OTA 配置

本章使用的是 OneOS 旧版本 OTA 平台,而 OTA 远程升级平台已经提供给企业用户,如开发者想要使用可联系 OneOS 工作人员进行开通。在配置 OTA 之前,必须在 OneOS 官方的 OTA 平台创建 OTA,用来制作差分算法,步骤如以下所示:

① 打开 OTA 平台,网址为 https://os.iot.10086.cn/otaplatform/ProjectHome。

② 在右上角选择添加项目,如图 15.1 所示。

**图 15.1 添加 OTA 项目**

③ 填写项目信息,如图 15.2 所示。这里选择平台是 STM32F1,选择操作系统是 RTOS,选择设备类型 BOX,这些参数都是根据正点原子精英开发板的 MCU 选择的。注意,OTA 类型选择精简版。

**图 15.2 填写项目信息**

④ 这时,OneOS OTA 平台返回给我们 Product ID 和 Product Secret 的参数,如图 15.3 所示。

**图 15.3   Product ID 和 Product Secret 的参数信息**

根据上述 OTA 参数来配置程序 OTA 的参数,在 projects\XXXX 工程目录下右键 OneOS-Cube 进入 menuconfig 做相应的配置。通过空格或向右方向键选择 (Top) → Components →OTA 下的选项 Fota by CMIOT 使能 OTA 远程升级系统,然后根据图 15.3 填写 OTA 相关信息,如以下所示:

```
(Top) → Components→ OTA→ Fota by CMIOT
                                            OneOS Configuration
[ * ] Enable fota by cmiot
        The supported network protocol(Http)  --->
        The supported algorithm(Lusun)  --->
(3)       Segment size index (NEW)
(ota_oem) Oem
(P110)   Model
(1625056667) Product id
(a55484c97f67429eb5f) Product secret
(box)    Device type (NEW)
(STM32F1) Platform
(1.0)    Firmware version (NEW)
```

这里选择 Http 协议,Lusun 算法,其他参数必须保持与 OTA 平台项目信息一致。注意,大小写是严格要求的。

⑤ 在 main.c 文件添加以下源码:

```
/ * *
 *  @brief        ota_example_main(使用 Http 协议 Lusun 算法)
 *  @param        parameter : 传入参数(未用到)
 *  @retval       无
 * /
void ota_example_main(void * parameter)
```

```
{
    parameter = parameter;
    cmiot_int8 rst = E_CMIOT_FAILURE;
    os_kprintf("\r\n ota_example_main \r\n");

for (int i = 0;i < 5 ; ++ i)
{
    rst = cmiot_upgrade();/* 开始检测下载固件包 */
    if (E_CMIOT_SUCCESS == rst)
    {
        os_kprintf("\r\n CMIOT_SUCCESS \r\n");
        lcd_show_string(30, 70, 200, 16, 16, "CMIOT_SUCCESS", BLUE);
    }
    else if (E_CMIOT_LAST_VERSION == rst)
    {
        os_kprintf("\r\n E_CMIOT_LAST_VERSION \r\n");

        break;
    }
  }

}
```

上述源码主要调用函数 cmiot_upgrade()下载固件包。

⑥ 程序工程制作两个差分包,我们只修改上述 menuconfig 配置的 Firmware version 参数即可。例如,制作一个版本 1.0 的差分包,如以下所示:

```
(Top) → Components→ OTA→ Fota by CMIOT
                                      OneOS Configuration
[ * ] Enable fota by cmiot
        The supported network protocol(Http)  --->
        The supported algorithm(Lusun)   --->
(3)      Segment size index (NEW)
(ota_oem) Oem
(P110)   Model
(1625056667) Product id
(a55484c97f67429eb5f) Product secret
(box)    Device type (NEW)
(STM32F1) Platform
(1.0)   Firmware version (NEW)
```

按 Esc 键退出 menuconfig,注意保存所修改的设置;命令行输入 scons --ide= mdk5 命令,构建工程,在 MDK 编译工程并下载到开发板中,最后在 OneOS-Cube 输入以下命令:

```
..\..\components\ota\cmiot\cmiot_axf.bat
"E:\Keil_v5\ARM\ARMCC\bin\fromelf.exe" "E:\7z\7 - Zip\7z.exe"
oneos_config.h build\keil\Obj\project.axf
```

注意,fromelf. exe 是自己的 Keil μVision5 安装路径,project. axf 是 MDK 生成的文件,7z. exe 是 7z 压缩包的路径。压缩软件支持 WinRAR. exe、7z. exe。

最后制作版本为 2.0 的差分包,如以下所示:

```
(Top) → Components→ OTA→ Fota by CMIOT
                                          OneOS Configuration
[ * ] Enable fota by cmiot
        The supported network protocol(Http)  --->
        The supported algorithm(Lusun)  --->
(3)      Segment size index (NEW)
(ota_oem) Oem
(P110)   Model
(1625056667) Product id
(a55484c97f67429eb5f) Product secret
(box)   Device type (NEW)
(STM32F1) Platform
(2.0)   Firmware version (NEW)
```

按 Esc 键退出 menuconfig,注意保存所修改的设置。命令行输入 scons --ide＝ mdk5 命令,构建工程,这里使用 MDK 编译并不需要下载到开发板中,最后在 OneOS-Cube 输入以下命令:

```
..\..\components\ota\cmiot\cmiot_axf.bat
"E:\Keil_v5\ARM\ARMCC\bin\fromelf.exe" "E:\7z\7 - Zip\7z.exe"
oneos_config. h build\keil\Obj\project.axf
```

打开 projects\xxxxxx 会发现有两个压缩包,这两个压缩包就是上存到 FOTA 制作的差分包。

⑦ 打开 OTA 平台单击在线差分平台,如图 15.4 所示。

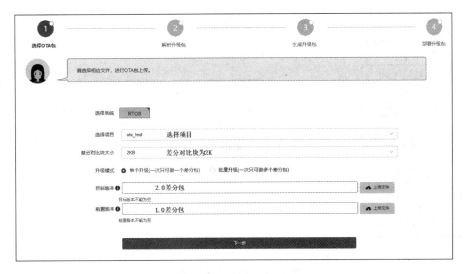

**图 15.4　制作差分包**

⑧ 制作差分包完毕之后,单击 OTA 升级/版本管理,发现有两个版本,单击 2.0 版本上的配置差分,然后单击"发布"即可。

⑨ 开发板上电运行,打开串口调试助手,如果发现串口调试助手输出 CMIOT_SUCCESS 或者 LCD 显示 CMIOT_SUCCESS,则表示远程升级 2.0 版本成功。

⑩ 打开 OTA 平台→远程升级→设备升级详情可以查看升级情况。

注意,本实验只使用了 APP 代码,未增加 BootLoader 代码,所以只能完成下载的实验。

# 15.4 OTA 实验

## 15.4.1 功能设计

连接中国移动 OTA 平台,对差分包进行下载并把更新结果发送到 OTA 平台。

## 15.4.2 软件设计

### 1. 程序流程图

本实验用到 ESP8266 模组,所以须开启 OneOS 的 MoLink 组件,本实验程序流程如图 15.5 所示。

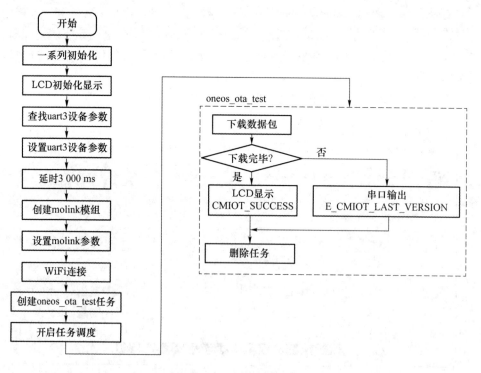

**图 15.5 OTA 实验流程图**

## 2．程序解析

ota_example_main 任务函数：

```
/* *
 * @brief        ota_example_main(使用 Http 协议,Lusun 算法,2K)
 * @param        parameter : 传入参数(未用到)
 * @retval       无
 */
void ota_example_main(void * parameter)
{
    parameter = parameter;
    cmiot_int8 rst = E_CMIOT_FAILURE;
    os_kprintf("\r\n ota_example_main \r\n");
    for (int i = 0;i < 5 ; ++ i)
    {
        rst = cmiot_upgrade();/* 下载差分包 */
        if (E_CMIOT_SUCCESS == rst)
        {
            os_kprintf("\r\n CMIOT_SUCCESS \r\n");
            lcd_show_string(30, 70, 200, 16, 16, "CMIOT_SUCCESS", BLUE);
        }
        else if (E_CMIOT_LAST_VERSION == rst)
        {
            os_kprintf("\r\n E_CMIOT_LAST_VERSION \r\n");
            break;
        }
    }

}
```

## 15.4.3  下载验证

编译工程并下载代码到开发板中,由于精英开发板没有网络设备,所以在 ATK Module 插入 ESP8266 模组。打开 OneOS 的 OTA 远程升级平台,如图 15.6 所示。

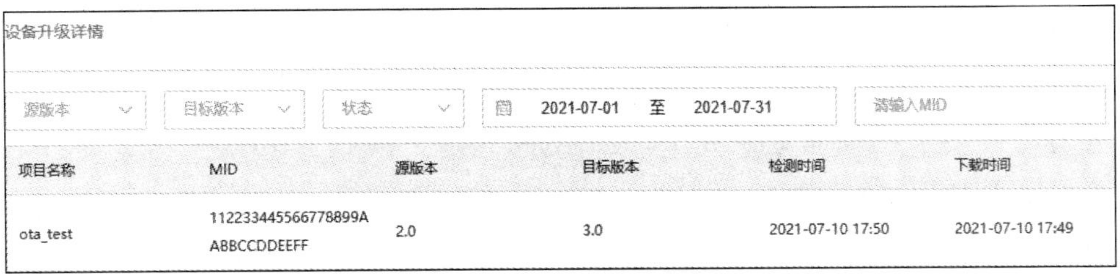

| 设备升级详情 | | | | | | |
|---|---|---|---|---|---|---|
| 源版本 ∨ | 目标版本 ∨ | 状态 ∨ | 📅 2021-07-01 至 2021-07-31 | | 请输入 MID | |
| 项目名称 | MID | 源版本 | 目标版本 | 检测时间 | 下载时间 | |
| ota_test | 112233445566778899A ABBCCDDEEFF | 2.0 | 3.0 | 2021-07-10 17:50 | 2021-07-10 17:49 | |

图 15.6  提示 OTA 升级成功

# 异核通信篇

以一种有效的方式在一颗芯片中集成多个具有相同或者不同功能、不同结构的微处理器核,我们称之为多核异构。例如,一颗芯片里面有多个不同架构的 CPU 或者 DSP,这种就是多核异构处理器。随着集成电路工艺技术的不断发展,工艺设计尺寸不断刷新更小的极限,加之性能需求的提高和功耗限制问题,采用大容量缓存、异构多核处理器已经成为一种更加有效的降低成本和提高性能的嵌入式处理器系统设计方案。

在异构多核处理器开中,往往要面临一些问题,例如,处理器的启动顺序问题(即处理器生命周期问题)以及核间通信的问题。为了解决这些问题,可以采用开源的 OpenAMP 开发框架。OpenAMP 是一个开源的软件框架,其有如下特点:

➤ 提供处理器生命周期管理和处理器间通信功能;

➤ 提供可用于 RTOS 和裸机软件环境的独立库;

➤ 与上游 Linux Remoteproc、RPMsg 和 VirtIO 组件具有兼容性。

OneOS 中集成了 OpenAMP 库,同时 OneOS 根据 OpenAMP 库提供的 API 进行了封装,最后抽象出虚拟串口设备,通过虚拟串口设备可以进行核间通信。本篇就来了解 OneOS 的这个特色功能,其中,硬件平台选取 ST 的 STM32MP157 系列芯片。STM32MP157 主控芯片有两个 Cortex-A7 和一个 Cortex-M4 内核,并集成 3D GPU,属于多核异构。Cortex-A7 可以运行 Linux 操作系统,Cortex-M4 可以运行裸机程序或者对实时性要求比较高的应用,如 OneOS、FreeRTOS 和 μC/OS 等。那么,不同的核在运行不同的系统时,STM32MP157 的 Cortex-A7 和 Cortex-M4 是怎样进行通信的呢?本篇基于 OpenAMP 来了解异核通信的实现原理。

# 第 **16** 章

# 配置 OpenAMP

OpenAMP 是一个针对非对称多处理(AMP)系统开发应用程序的软件框架,本章先不具体讲解什么是 OpenAMP,我们先讲解如何在 OneOS 下配置 OpenAMP,然后编译出一个工程,再使用编译出来的工程去了解 OpenAMP。

本章分为如下几部分:

16.1　构建 STM32MP157 的 OneOS 工程

16.2　STM32CubeMX 配置

16.3　构建工程

16.4　编译工程

## 16.1　构建 STM32MP157 的 OneOS 工程

注意,进行双核通信实验时,OneOS 源码要用 2.1.0 或者之后更新的版本,建议用最新的版本,因为 2.0.1 版本未适配后面的实验。

从本节实验开始会用到万耦 STM32MP157 开发板,下面先构建出一个基于万耦 STM32MP157 开发板的项目工程。构建项目工程前提是 OneOS-Cube 和 OneOS 源码必经配合,步骤如下:

① 打开 OneOS 源码,进入 projects 目录,如图 16.1 所示。

| 名称 | 类型 | 大小 |
| --- | --- | --- |
| .gitignore | 文本文档 | 1 KB |
| Kconfig | 文件 | 1 KB |

**图 16.1　OneOS/projects 文件夹**

② 在图 16.1 文件夹空白处右击,并在弹出的级联菜单中选择 OneOS-Cube,则可以在当前目录打开 OneOS-Cube,如图 16.2 所示。

通过此方法打开 OneOS-Cube 软件会自动定位到当前目录,当然,也可以通过使用 cd 命令进入到对应的目录下。

③ 在 OneOS-Cube 软件界面输入 project.bat 并回车,如图 16.2 所示,则进入图

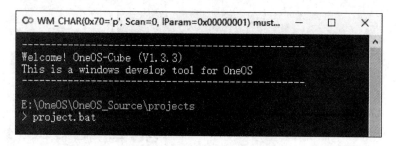

图 16.2　打开 OneOS-Cube 软件

16.3 所示界面。

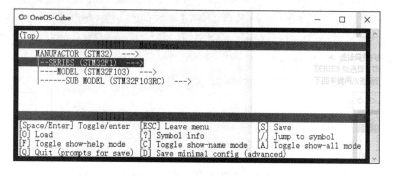

图 16.3　进入构建项目工程界面

　　④ 选择需要构造的项目工程,由于本书使用的是万耦天工 STM32MP157 开发板,这里在 SERIES 处按下回车进入选择菜单中,如图 16.4 所示;通过鼠标上下键选中 STM32MP1 后,按下回车键再次返回到图 16.3 界面。

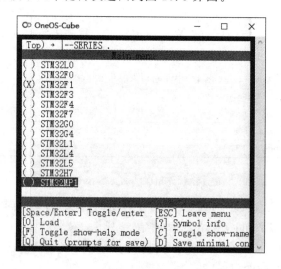

图 16.4　选择 STM32MP1 系列

⑤ 如图 16.5 所示，系统自动匹配，MODEL 会显示 STM32MP157，SUB MODEL 自动适配万耦天工 STM32MP15 开发板的工程模板。

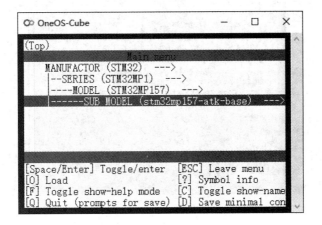

**图 16.5　选择构建项目工程**

⑥ 按下键盘上的"S"键，再按回车键保存配置，则弹出提示并显示配置保存在 projects 下的一个.config 文件下，如图 16.6 所示。

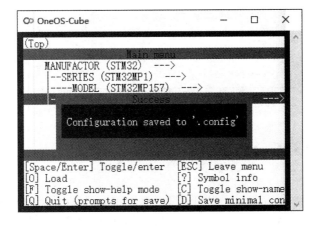

**图 16.6　保存工程配置**

⑦ 再按一次回车键，最后按 ESC 键退出配置界面（第⑥和第⑦步也可以直接按下"Q"键，再按"Y"键完成保存并退出），则 OneOS_Cube 软件自动生成配置文件和工程。图 16.7 是工程构建过程。

经过上述步骤，如果构造项目工程成功，则在 OneOS/projects 目录下生成多个文件和一个工程文件夹。其中，stm32mp157-atk-base 文件夹下是工程文件夹；.config 是前面保存配置的文件；oneos_config.h 也是工程配置文件，保存的是图 16.5 的配置选项，即选择了哪个芯片厂商、哪个系列的芯片、哪个模块以及选择的哪个工程模板。可以打开这些文件大概浏览一下其内容，如图 16.8 所示。

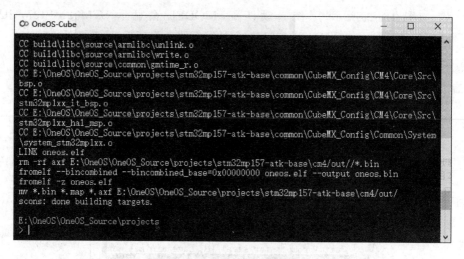

图 16.7　构建项目工程成功

图 16.8　构造项目工程成功

# 16.2　STM32CubeMX 配置

进入 OneOS 源码的 projects\stm32mp157-atk-base\common\CubeMX_Config 目录下,双击 CubeMX_Config. ioc,在 STM32CubeMX 中按照如下步骤进行配置。

## 16.2.1　开启 IPCC

如图 16.9 所示,选择 System Core→IPCC,开启 Cortex-M4 的 IPCC;同时,设置 NVIC 中断的抢占优先级为 1 和子优先级为 0,默认优先级分组为 4,即通过中断发送和接收 IPC 消息。

值得注意的是,HSEM(硬件信号量)也默认开启了。HSEM 目的是所有内核可以有序地访问公共资源,内核可以使用信号量来确保对外围设备的独占访问和信息交换,如图 16.10 所示。

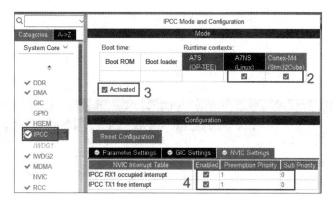

图 16.9　开启 IPCC

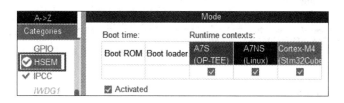

图 16.10　默认开启 HSEM

## 16.2.2　开启 OpenAMP

实验中需要用到封装好的 OpenAMP 库文件去完成异核通信的实验,下面在 STM32CubeMX 中开启 OpenAMP。如图 16.11 所示,进入中间件 Middleware→ OPENAMP 处,开启 OpenAMP,左下角显示了共享内存地址、共享内存的大小以及 RPMsg Buffer 的数量,这些只是默认的配置。

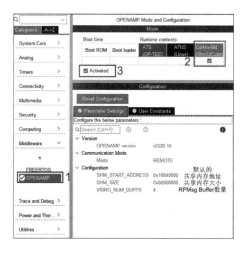

图 16.11　开启 OpenAMP

配置好后,按下 Ctrl＋S 组合键保存配置,单击 GENERATE CODE 导出配置,
如图 16.12 所示。

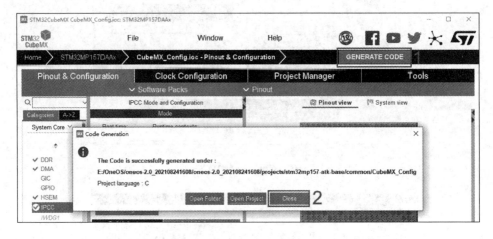

图 16.12　导出配置

# 16.3　构建工程

和前面的实验一样,进入 OneOS 源码的 projects\stm32mp157-atk-base\cm4 目
录,打开 OneOS-Cube,然后执行 scons --ide＝mdk5 命令构建工程,如图 16.13 所示。

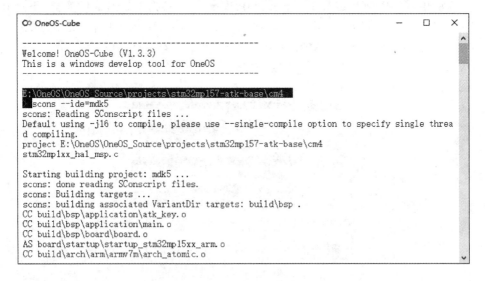

图 16.13　构建工程

构建成功后,打开 projects\stm32mp157-atk-base\cm4\project.uvprojx 文件,
可以看到,工程中添加了 openamp 文件夹,如图 16.14 所示。

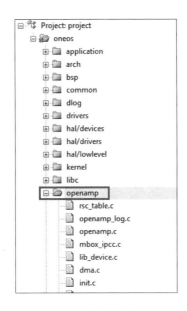

图 16.14 构建好的工程

openamp 文件夹中的文件是 STM32Cube_FW_MP1 固件包中的第三方库文件，在 STM32CubeMX 的 Project Manager→Project 下可以看到此时使用的固件包的路径以及版本。如果没有修改，固件包默认存放在 C 盘用户目录的 STM32Cube 文件夹下，此时的固件包版本为 1.4 版本，如图 16.15 所示。

图 16.15 查看工程配置

OneOS 源码 projects \ stm32mp157-atk-base \ common \ CubeMX _ Config \ Middlewares\Third_Party\OpenAMP 下的文件也就是从 STM32Cube_FW_MP1_ V1.4.0\Middlewares\Third_Party\OpenAMP 下复制来的。OneOS 源码的 drivers \hal\st\scripts\prebuild.py 下有这段代码：

```
with open(ioc_file, 'r+', newline = '') as fd:
    for ss in fd.readlines():
        if 'VP_OPENAMP_VS_OPENAMP.Mode = OpenAmp_Activated' in ss:
            AddDefined('HAL_OPENAMP_MODULE_ENABLED')
```

如果 VP_OPENAMP_VS_OPENAMP.Mode＝OpenAmp_Activated,那么定义 HAL_OPENAMP_MODULE_ENABLED。VP_OPENAMP_VS_OPENAMP. Mode 的配置是之前在 STM32CubeMX 使能了 OpenAMP 后定义的,可以使用 notepad＋＋代码查看工具打开 projects\stm32mp157-atk-base\common\CubeMX_ Config\CubeMX_Config.ioc 文件,可看到如下这段代码：

```
VP_OPENAMP_VS_OPENAMP.Mode = OpenAmp_Activated
VP_OPENAMP_VS_OPENAMP.Signal = OPENAMP_VS_OPENAMP
```

这样一来,只要在 STM32CubeMX 中使能了 OpenAMP,那就定义了 HAL_ OPENAMP_MODULE_ENABLED。在 projects\stm32mp157-atk-base\cm4\board \Sconscript 下有这两段脚本代码：

```
                        /* 代码段 1 */
# path    include path in project
path =  [pwd]
path += [pwd + '/../../common/CubeMX_Config/CM4/Core/Inc']
path += [pwd + '/../../common/CubeMX_Config/CM4/OPENAMP']
path + = [pwd + '/../../common/CubeMX_Config/Middlewares/Third_Party/OpenAMP/open-
amp/lib/include']
    path + = [pwd + '/../../common/CubeMX_Config/Middlewares/Third_Party/OpenAMP/
libmetal/lib/include']
    path += [pwd + '/../../common/CubeMX_Config/Middlewares/Third_Party/OpenAMP/virtual
_driver']
    path += [pwd + '/ports']

                        /* 代码段 2 */
if IsDefined(['HAL_OPENAMP_MODULE_ENABLED']):
    src = [pwd + '/../../common/CubeMX_Config/CM4/OPENAMP/rsc_table.c']
    src += [pwd + '/../../common/CubeMX_Config/CM4/OPENAMP/openamp_log.c']
    src += [pwd + '/../../common/CubeMX_Config/CM4/OPENAMP/openamp.c']
    src += [pwd + '/../../common/CubeMX_Config/CM4/OPENAMP/mbox_ipcc.c']
    src += Glob(pwd + '/../../common/CubeMX_Config/Middlewares/Third_Party/OpenAMP/
libmetal/lib/ * .c')
    src += Glob(pwd + '/../../common/CubeMX_Config/Middlewares/Third_Party/OpenAMP/
libmetal/lib/system/generic/ * .c')
```

```
        src + = Glob(pwd + '/../../common/CubeMX_Config/Middlewares/Third_Party/
OpenAMP/libmetal/lib/system/generic/cortexm/ * .c')
        src += Glob(pwd + '/../../common/CubeMX_Config/Middlewares/Third_Party/OpenAMP/
open-amp/lib/rpmsg/ * .c')
        src += Glob(pwd + '/../../common/CubeMX_Config/Middlewares/Third_Party/OpenAMP/
open-amp/lib/remoteproc/ * .c')
        src += Glob(pwd + '/../../common/CubeMX_Config/Middlewares/Third_Party/OpenAMP/
open - amp/lib/virtio/ * .c')
        src += Glob(pwd + '/../../common/CubeMX_Config/Middlewares/Third_Party/OpenAMP/
virtual_driver/ * .c')
        group += AddCodeGroup('openamp', src, depend = [''], CPPPATH = path, CPPDEFINES =
CPPDEFINES)
```

代码段 1 的作用是在工程中添加 OpenAMP 的头文件。在代码段 2 中,如果定义了 HAL_OPENAMP_MODULE_ENABLED,那么在工程中新建 openamp 文件夹,并将要用到的 .c 文件复制到 openamp 的文件夹中,从代码中可以看出都有哪些路径下的 .c 文件添加到工程中了。

至此,我们知道了怎么配置 OpenAMP 以及 OpenAMP 的库文件从哪里加载。

# 16.4  编译工程

在工程的 main.c 文件下添加一个 main 函数,该函数创建了一个 led_task 任务,用于实现开发板上的 DS1 灯闪烁,代码如下:

```
# include <board.h>

static void led_task(void * parameter)
{

    os_pin_mode(led_table[1].pin, PIN_MODE_OUTPUT);
    while (1)
    {
        os_pin_write(led_table[1].pin, led_table[1].active_level);
        os_task_msleep(200);

        os_pin_write(led_table[1].pin, ! led_table[1].active_level);
        os_task_msleep(200);
    }
}
int main(void)
{
    os_task_t * task;
    task = os_task_create("user", led_task, NULL, 512, 3);
    OS_ASSERT(task);
    os_task_startup(task);
    return 0;
}
```

添加完成后,保存修改并编译工程查看是否有报错,如图 16.16 所示。如果编译不报错,接下来就可以基于这个工程来实现双核通信实验了。

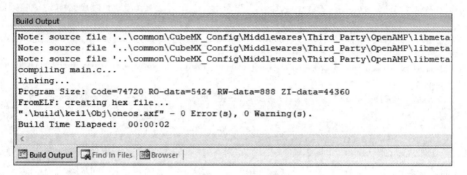

图 16.16　编译工程

编译工程后,可以在线 Debug,测试工程是否可以正常运行。Debug 后,程序运行时开发板上的 DS1 灯会闪烁。

# 第 17 章

# STM32MP157 资源分配

当前,在大型 SoC(System on Chip,系统芯片)设计当中,多核异构成为一种趋势,多核异构处理器往往需要面临的一个问题是资源如何进行分配。一颗 SoC 中会有很多不同的外设,如 DDR、SSRAM、视频类的输入输出接口、各种高速的外设接口(如 USB、PCIE 等)、各种低速的外设接口(如 UART、IIC、I²S 和 SPI 等),还有各种内置模块等。在这些资源中,哪个 CPU 可以访问哪些外设和模块,每个 CPU 可以占用哪些内存呢?

讲解 STM32MP157 的异核通信实验前,我们有必要先了解其资源分配情况。后面将 Cortex-A7 称为 A7,将 Cortex-M4 称为 M4。本章分为如下 3 个部分:

17.1　STM32MP157 资源

17.2　STM32MP157 内核外设分配

17.3　STM32MP157 存储分配

## 17.1　STM32MP157 资源

万耦天工 STM32MP157 开发板主控芯片使用的是 STM32MP157DAA1,这是一款 448 脚、LFBGA 封装的芯片,具有双核 32 位 Cortex-A7＋单核 Cortex-M4,A7 主频为 800 MHz,M4 主频为 209 MHz。A7 内核包含 32 KB 的 L1 I/D Cache、256 KB 的 L2 Cache,支持 NEON 以及 TrustZone,M4 内核包含 FPU 单元。STM32MP1 系列芯片支持 16/32 bit 的 LPDDR2/LPDDR3-1066、DDR3/DDR3L-1066 内存,最大支持 1 GB,另外,STM32MP157 内部包含 708 KB 的 SRAM。同时,芯片内部有一个 3D GPU,支持 OpenGL ES2.0,RGB LCD 接口支持 24 bit,RGB888 格式,分辨率最高支持 1 366×768 60 fps,其他详细的资源配置如表 17.1 所列。

表 17.1　STM32MP157DAA1 内部资源表

| 资　　源 | 数　　量 | 资　　源 | 数　　量 |
|---|---|---|---|
| Cortex-A7 | 800M×2 | 32 位定时器 | 2个 |
| Cortex-M4 | 209M×1 | 电机控制定时器 | 2个 |
| 3D GPU | 1 | 16 位 ADC | 2个 |

续表 17.1

| 资　源 | 数　量 | 资　源 | 数　量 |
|---|---|---|---|
| SRAM | 701 KB | SPI | 6 个 |
| 封装 | LFBGA448 | QSPI | 2 个 |
| 通用 I/O | 176 | I²S | 3 个 |
| 16 位定时器 | 12 个 | IIC | 6 个 |
| U(S)ART | 4+4=8 个 | FMC | 1 个 |
| CAN FD | 2 个 | USB OTG FS | 1 个 |
| SDIO | 3 个 | USB OTG HS | 2 个 |
| 千 M 网络 MAC | 1 个 | RGB LCD | 1 个 |
| DSI | 1 个 | SAI | 4 个 |
| SPDIF RX | 4 个 | DFSDM | 8 个 |
| DCMI | 1 个 | TRNG | 1 个 |

在两个 A7 核中,一个 A7 核(非安全模式)运行 Linux 操作系统;另外一个 A7 核(安全模式)也可以运行 Linux 操作系统,不过该 A7 核还有特殊的用途,如专门运行安全监视器或安全操作系统,如 OP-TEE,即后者可以用于开发和安全相关的系统或者应用。剩下的 M4 可运行裸机或者其他实时操作系统,如 OneOS 或者 FreeRTOS 操作系统。

# 17.2　STM32MP157 内核外设分配

表 17.2 是 STM32MP157 的资源分配表,其中,□表示外设可以分配给此运行时上下文,由用户配置,可配置为单选或共享。☑表示默认是共享的,A7 和 M4 必须同时配置。√表示此外设只能用于某些运行时上下文。"单选"则表示某外设只能某个内核独享,如 NVIC(嵌套向量中断控制器)是 M4 的器件,只有 M4 可以访问,A7 不能访问;又如,USART3 这个外设,如果分配给了 M4 使用,A7 就不能再占用了,这就是单选的意思。"共享"表示某个资源是 M4 和 A7 可以一起共享的,如 GPIOA-K,表示 A7 和 M4 都可以共同访问这些 GPIO。

表 17.2　STM32MP1 A7 和 M4 外设资源分配

| 域 | 外　设 | 运行时分配 | | | 描　述 |
|---|---|---|---|---|---|
| | | 外设实例 | A7 安全模式<br>(OP-TEE) | A7 非安全模式<br>(Linux) | M4 模式 |
| 模拟 | ADC | ADC | | □ | □ | 单选 |
| 模拟 | DAC | DAC | | □ | □ | 单选 |
| 模拟 | DFSDM | DFSDM | | □ | □ | 单选 |
| 模拟 | VREFBUF | VREFBUF | | □ | | 单选 |

| 域 | 外 设 | 运行时分配 | | | | 描 述 |
| --- | --- | --- | --- | --- | --- | --- |
| | | 外设实例 | A7 安全模式 (OP-TEE) | A7 非安全模式 (Linux) | M4 模式 | |
| 音频 | SAI | SAI1 | | ☐ | ☐ | 单选 |
| | | SAI2 | | ☐ | ☐ | 单选 |
| | | SAI3 | | ☐ | ☐ | 单选 |
| | | SAI4 | | ☐ | ☐ | 单选 |
| 音频 | SPDIFRX | SPDIFRX | | ☐ | ☐ | 单选 |
| 协处理 | IPCC | IPCC | | ☑ | ☑ | 共享 |
| 协处理 | HSEM | HSEM | √ | √ | √ | |
| 内核 | RTC | RTC | √ | √ | | |
| 内核 | STGEN | STGEN | √ | √ | | |
| 内核 | SYSCFG | SYSCFG | | √ | √ | |
| 内核/DMA | DMA | DMA1 | | ☐ | ☐ | 单选 |
| 内核/DMA | | DMA2 | | ☐ | ☐ | 单选 |
| 内核/DMA | DMAMUX | DMAMUX | | ☐ | ☐ | 可共享 |
| 内核/DMA | MDMA | MDMA | ☐ | ☐ | | 可共享 |
| 内核/中断 | EXTI | EXTI | | ☐ | ☐ | 可共享 |
| 内核/中断 | GIC | GIC | √ | √ | | |
| 内核/中断 | NVIC | NVIC | | | √ | |
| 内核/IO | GPIO | GPIOA | | ☐ | ☐ | 可共享 |
| | | GPIOB | | ☐ | ☐ | 可共享 |
| | | GPIOC | | ☐ | ☐ | 可共享 |
| | | GPIOD | | ☐ | ☐ | 可共享 |
| | | GPIOE | | ☐ | ☐ | 可共享 |
| | | GPIOF | | ☐ | ☐ | 可共享 |
| | | GPIOG | | ☐ | ☐ | 可共享 |
| | | GPIOH | | ☐ | ☐ | 可共享 |
| | | GPIOI | | ☐ | ☐ | 可共享 |
| | | GPIOJ | | ☐ | ☐ | 可共享 |
| | | GPIOK | | ☐ | ☐ | 可共享 |
| | | GPIOZ | ☐ | ☐ | ☐ | 可共享 |
| 内核/RAM | BKPSRAM | BKPSRAM | ☐ | ☐ | | 单选 |
| 内核/RAM | DDR 控制器 | DDR | √ | √ | | |

续表 17.2

| 域 | 外　设 | 运行时分配 | | | | 描　述 |
|---|---|---|---|---|---|---|
| | | 外设实例 | A7 安全模式（OP-TEE） | A7 非安全模式（Linux） | M4 模式 | |
| 内核/RAM | MCU SRAM | SRAM1 | ☐ | ☐ | ☐ | 可共享 |
| | | SRAM2 | ☐ | ☐ | ☐ | 可共享 |
| | | SRAM3 | ☐ | ☐ | ☐ | 可共享 |
| | | SRAM4 | ☐ | ☐ | ☐ | 可共享 |
| 内核/RAM | RETRAM | RETRAM | ☐ | ☐ | ☐ | 单选 |
| 内核/RAM | SYSRAM | SYSRAM | ☐ | ☐ | ☐ | 可共享 |
| 内核/定时器 | LPTIM | LPTIM1 | | ☐ | ☐ | 单选 |
| | | LPTIM2 | | ☐ | ☐ | 单选 |
| | | LPTIM3 | | ☐ | ☐ | 单选 |
| | | LPTIM4 | | ☐ | ☐ | 单选 |
| | | LPTIM5 | | ☐ | ☐ | 单选 |
| 内核/定时器 | TIM | TIM1 | | ☐ | ☐ | 单选 |
| | | TIM2 | | ☐ | ☐ | 单选 |
| | | TIM3 | | ☐ | ☐ | 单选 |
| | | TIM4 | | ☐ | ☐ | 单选 |
| | | TIM5 | | ☐ | ☐ | 单选 |
| | | TIM6 | | ☐ | ☐ | 单选 |
| | | TIM7 | | ☐ | ☐ | 单选 |
| | | TIM8 | | ☐ | ☐ | 单选 |
| | | TIM12 | ☐ | ☐ | ☐ | 单选 |
| | | TIM13 | | ☐ | ☐ | 单选 |
| | | TIM14 | | ☐ | ☐ | 单选 |
| | | TIM15 | ☐ | ☐ | ☐ | 单选 |
| | | TIM16 | | ☐ | ☐ | 单选 |
| | | TIM17 | | ☐ | ☐ | 单选 |
| 内核/看门狗 | IWDG | IWDG1 | ☐ | | | |
| | | IWDG2 | ☐ | ☐ | | 共享 |
| 内核/看门狗 | WWDG | WWDG | | | ☐ | |
| 高速接口 | OTG(USB OTG) | OTG（USB OTG） | | ☐ | | |
| 高速接口 | USBH(USB Host) | USBH（USB Host） | | ☐ | | |

| 域 | 外　设 | 外设实例 | A7 安全模式（OP-TEE） | A7 非安全模式（Linux） | M4 模式 | 描　述 |
|---|---|---|---|---|---|---|
| 高速接口 | USBPHYC(USB HS PHY 控制器) | USBPHYC（USBHS PHY 控制器） | | ☐ | | |
| 低速接口 | IIC | I2C1 | | ☐ | ☐ | 单选 |
| | | I2C2 | | ☐ | ☐ | 单选 |
| | | I2C3 | | ☐ | ☐ | 单选 |
| | | I2C4 | ☐ | ☐ | | 单选 |
| | | I2C5 | | ☐ | ☐ | 单选 |
| | | I2C6 | ☐ | ☐ | | 单选 |
| 低速接口 | SPI | SPI2S1 | | ☐ | ☐ | 单选 |
| | | SPI2S2 | | ☐ | ☐ | 单选 |
| | | SPI2S3 | | ☐ | ☐ | 单选 |
| | | SPI4 | | ☐ | ☐ | 单选 |
| | | SPI5 | | ☐ | ☐ | 单选 |
| | | SPI6 | ☐ | ☐ | | 单选 |
| 低速接口 | USART | USART1 | ☐ | ☐ | | 单选 |
| | | USART2 | | ☐ | ☐ | 单选 |
| | | USART3 | | ☐ | ☐ | 单选 |
| | | UART4 | | ☐ | ☐ | 单选 |
| | | UART5 | | ☐ | ☐ | 单选 |
| | | USART6 | | ☐ | ☐ | 单选 |
| | | UART7 | | ☐ | ☐ | 单选 |
| | | UART8 | | ☐ | ☐ | 单选 |
| 大容量存储 | FMC | FMC | | ☐ | | |
| 大容量存储 | QUADSPI | QUADSPI | | ☐ | ☐ | 单选 |
| 大容量存储 | SDMMC | SDMMC1 | | ☐ | | |
| | | SDMMC2 | | ☐ | | |
| | | SDMMC3 | | ☐ | ☐ | 单选 |
| 网络 | ETH | ETH | | ☐ | | 单选 |
| 网络 | FDCAN | FDCAN1 | | ☐ | ☐ | 单选 |
| | | FDCAN2 | | ☐ | ☐ | 单选 |

续表 17.2

| 域 | 外设 | 外设实例 | 运行时分配 | | | 描述 |
| --- | --- | --- | --- | --- | --- | --- |
| | | | A7 安全模式（OP-TEE） | A7 非安全模式（Linux） | M4 模式 | |
| 电源 & 热量 | DTS | DTS | | □ | | |
| 电源 & 热量 | PWR | PWR | √ | √ | √ | |
| 电源 & 热量 | RCC | RCC | √ | √ | √ | |
| 安全 | BSEC | BSEC | √ | √ | | |
| 安全 | CRC | CRC1 | | □ | | |
| 安全 | | CRC2 | | | □ | |
| 安全 | CRYP | CRYP1 | □ | □ | | 单选 |
| 安全 | | CRYP2 | | | □ | |
| 安全 | ETZPC | ETZPC | √ | √ | √ | |
| 安全 | HAS | HASH1 | □ | □ | | 单选 |
| 安全 | | HASH2 | | | □ | |
| 安全 | RNG | RNG1 | □ | □ | | 单选 |
| 安全 | | RNG2 | | | □ | |
| 安全 | TZC | TZC | √ | | | |
| 安全 | TAMP | TAMP | √ | √ | | |
| 跟踪 & 调试 | DBGMCU | DBGMCU | | | | |
| 跟踪 & 调试 | HDP | HDP | | □ | | |
| 跟踪 & 调试 | STM | STM | | □ | | |
| 视觉 | CEC | CEC | | □ | □ | 单选 |
| 视觉 | DCMI | DCMI | | □ | □ | 单选 |
| 视觉 | DSI | DSI | | □ | | |
| 视觉 | GPU | GPU | | □ | | |
| 视觉 | LTDC | LTDC | | □ | | |

在以上的资源中,除了 DDR、RTC、STGEN、MDMA、GIC、IWDG、USB、DSI、GPU、FMC、ETH 和 LTDC 等资源 M4 不可访问之外,其他大部分资源 M4 是可以进行访问的。FMC 可以用来外扩 SRAM、SDRAM、Nand Flash 等,也可以通过

FMC 来连接 8080 接口的 MCU 屏幕。LTDC 可以用来连接 RGB 接口屏幕,配置 DMA2D,可以实现绚丽的 UI 界面设计。

值得注意的是,M4 内核没有内部 Flash,不能保存 M4 的程序。DDR 内存只有 A7 可以访问,M4 不能够访问;M4 可以访问(A7 也可以访问)的是 RETRAM、SYSRAM 和 SRAM1~SRAM4,这是芯片内置的存储,M4 程序可以在其中运行,程序掉电后会丢失。从表中还可以看出,M4 一般访问的是低速接口,如 UART、SPI 和 IIC,而 A7 可以访问 ETH、高速接口(如 USB)以及一些大功耗的外设,如 LTDC 接口上接 RGB 屏幕,在运行 UI 界面时需要的功耗是比较大的。M4 还可以访问电源控制模块(PWR);PWR 用于实现电源监控和电源管理,可使 CPU 系统进入睡眠/停止/待机模式而降低功耗,也可以唤醒系统。

从 STM32MP157 的资源分配上看,通常 Linux 运行在 A7 上,具有完整的网络、UI 显示、内存管理和安全功能,而 M4 可以运行特定的软件应用,如:

① 实时传感器处理程序,如 SPI 和 IIC 可以接一些传感器,实时采集数据;

② 系统管理,可以让设备在 Linux 处于待机状态时唤醒;

③ 系统监控,能够在发生故障时重置或者恢复整个系统。

随着工业控制、消费电子、智能家居、医疗应用和保健系统之间的互联越来越密切,需要特定的嵌入式设计来管理较高的处理负载和具有丰富人机界面(HMI)的复杂应用,针对这些需求,使用 STM32MP157 就很合适。采用这样的异核处理器,在实现高性能应用控制和图像处理的基础上,还可以保证低功耗的实时控制,运用起来非常灵活。目前,STM32MP157 可广泛应用于 HMI 设计、工业控制和 IoT(物联网)应用开发中。

此外,A7(非安全模式)和 M4 内核都可以访问 HSEM 和 IPCC,这两个外设比较特殊:

### 1. HSEM

HSEM 是硬件信号量,用于共享资源的管理。两个 CPU 可访问的所有外设受到信号量的保护,当某个 CPU 在访问某个共享的外设之前,应先获取相关的信号量,使用完外设后再释放信号量。通过信号量可防止共享资源访问冲突,所有内核可以有序地访问公共资源。打个比方,共享的资源就像是一条路,所有的内核就像是行人和车,信号量就像是交通的信号灯,这条路是人走还是车走就需要信号灯来指示,这样交通就变得井然有序了。

### 2. IPCC

IPCC 是核间通信控制模块,可用于 A7 和 M4 实现核间通信;它可以提供中断信令,允许处理器以非阻塞的方式交换信息。IPCC 最多有 6 个双向通道,每个通道支持单工、半双工和全双工模式,通道的数据(即核间通信的数据)存储在共享的内存中。

表 17.2 也可以从 ST 官方提供的资源分配框图中直观地看出(资源分配图可以在 ST 官方的 Wiki 上找到,网址是 https://wiki.st.com/stm32mpu/wiki/STM32MP15_peripherals_overview)。

如果 A7 跑 Linux 操作系统、M4 跑裸机或者 OneOS 操作系统,一定要根据资源分配情况来对 A7 和 M4 做好资源分配,不然实验可能无法得到正常现象或者出现系统崩溃的情况。

# 17.3  STM32MP157 存储分配

如果 A7 跑 Linux 系统、M4 跑 OneOS 系统,除了需要关注外设怎么分配,我们还需要关注存储怎么分配,特别是当存储资源有限制的时候,存储该怎么分配,分配多大才能保证系统得以正常运行。这个时候,就需要在 Linux 下配置设备树来指定 A7 和 M4 的存储资源占用范围,需要在 OneOS 下配置链接脚本(或者说分散加载文件)来指定程序的加载域和执行域。下面来了解 STM32MP157 的存储分配情况。

STM32MP157 是一个 32 位 ARM 芯片,这 4 GB 的存储空间已经规划好了不同外设所占用的存储范围,数据字节以小端模式存放在存储器中,数据的高字节保存在内存的高地址中,而数据的低字节保存在内存的低地址中。表 17.3 为 STM32MP157 的内存分配情况。

表 17.3  存储块功能及地址范围

| 存储块 | 功　能 | 地址范围 |
|---|---|---|
| BOOT | BOOT ROM 区域 | 0x00000000～0x0FFFFFFF(256 MB) |
| SRAMs | SRAM 区域 | 0x10000000～0x1FFFFFFF(256 MB) |
| SYSRAM | SYSRAM 区域 | 0x20000000～0x2FFFFFFF(256 MB) |
| RAM aliases | SRAM 的别名区,作用同 SRAM | 0x30000000～0x3FFFFFFF(256 MB) |
| Peripherals 1 | 外设内存区域 1 | 0x40000000～0x4FFFFFFF(256 MB) |
| Peripherals 2 | 外设内存区域 2 | 0x50000000～0x5FFFFFFF(256 MB) |
| FMC NOR | FMC 接口 Nor Flash 映射后的内存区域 | 0x60000000～0x6FFFFFFF(256 MB) |
| QUADSPI | QUAD SPI Flash 映射后的内存区域 | 0x70000000～0x7FFFFFFF(256 MB) |
| FMC NAND | FMC 接口 Nand Flash 映射后的内存区域 | 0x80000000～0x8FFFFFFF(256 MB) |
| STM | STM 寄存器区域 | 0x90000000～0x9FFFFFFF(256 MB) |
| CA7 | Cortex-A7 内核区域 | 0xA0000000～0xBFFFFFFF(512 MB) |
| DDR | DDR 内存区域 | 0xC0000000～0xDFFFFFFF(512 MB) |
| DDR 扩展(仅仅 CA7)或调试 | DDR 扩展或调试区域 | 0xE0000000～0xFFFFFFFF(512 MB) |

图 17.1 是 STM32MP157 的内存映射图。从图 17.1 左侧部分可以看到，STM32MP157 整个 4 GB 内存空间被分为 13 块，这 13 块存储区域对应不同的功能，和表 17.3 的划分是对应的。图的右侧则是某块存储区域的地址划分情况，如 0x40000000～0x50000000 区域是外设内存区域 1,从右图中可以看出是被划分给了 APB1、APB2、AHB2 和 AHB3。因为芯片厂商是不可能把 4 GB 空间用完的,为了方便后续型号升级,会将一些空间当作预留(Reserved)区域,图中灰色框部分就是未使用的预留存储块。

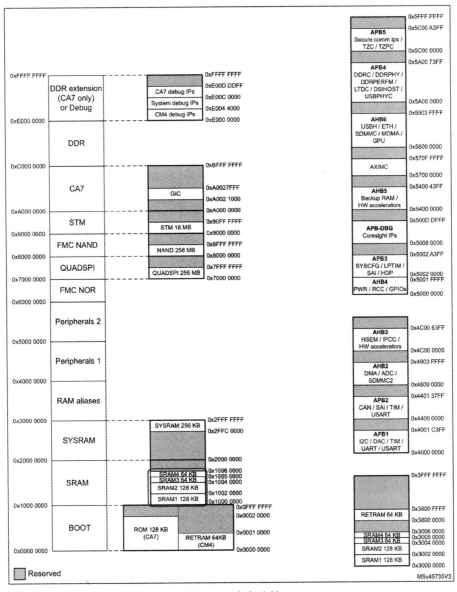

**图 17.1　内存映射**

下面来看几个比较重要的存储块(SRAM 存储区域)分配情况,BOOT、SRAM、SYSRAM、RAM aliases 存储区域如图 17.2 所示。

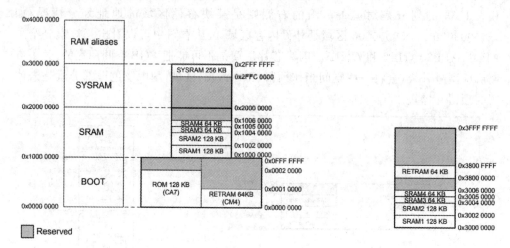

图 17.2　SRAM 存储区域

### 1. BOOT 存储区域

BOOT 存储区域从地址 0x00000000 开始,这是 STM32MP157 内部 BOOT ROM,用来存储 ST 自己编写的启动代码,用户不可以使用该区域。BOOT 存储区域中的 RETRAM(64 KB)仅用于存放 M4 内核的中断向量表,M4 内核的中断向量表是从地址 0x0000 0000 开始的。

### 2. SRAM 存储区域

从图 17.4 看出,SRAM 区域从 0x10000000～0x20000000,除了预留存储块,还有 4 块 SRAM,分别为 SRAM1～SRAM4,其地址范围如表 17.4 所列。

表 17.4　SRAM 区域地址范围

| 存储块 | 内存区域 | 大小/KB |
|--------|----------|---------|
| SRAM1 | 0x10000000～0x1001FFFF | 128 |
| SRAM2 | 0x10020000～0x1003FFFF | 128 |
| SRAM3 | 0x10040000～0x1004FFFF | 64 |
| SRAM4 | 0x10050000～0x1005FFFF | 64 |

BOOT 区域的 RETRAM 和 SRAM 里的 SRAM1～SRAM4 可以称为 MCURAM,是 MCU 可以使用的区域,用于存放 M4 内核的中断向量表。

SRAM1～SRAM4 的地址空间是连续的,地址范围为 0x10000000～0x1005FFFF,总大小为 384 KB。如果 STM32MP157 不运行 A7 内核,只运行 M4

内核,那么 M4 内核可以全部使用这 384 KB 内存来运行程序,RAM 和 ROM 全部都

在这 384 KB 内存范围内,注意,程序
掉电就会丢失。但是,如果既要启动
A7 内核,又要启动 M4 内核,且 A7 内
核和 M4 内核之间又要进行核间通信,
那么 M4 就不能使用这全部的 384 KB
内存了,此时 ST 给出的 SRAM1～
SRAM4 内存分配如图 17.3 所示。

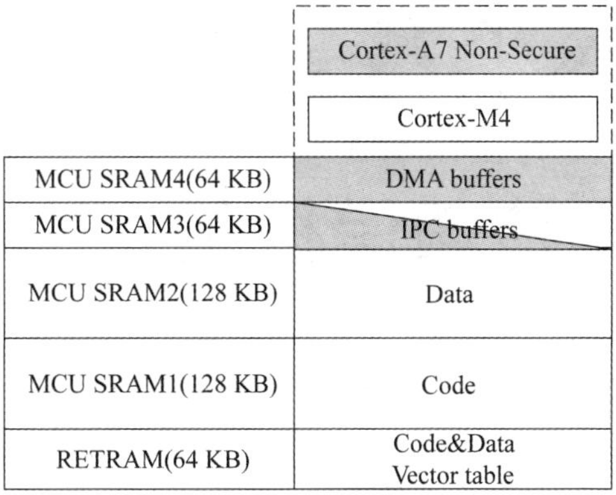

| | |
|---|---|
| | Cortex-A7 Non-Secure |
| | Cortex-M4 |
| MCU SRAM4(64 KB) | DMA buffers |
| MCU SRAM3(64 KB) | IPC buffers |
| MCU SRAM2(128 KB) | Data |
| MCU SRAM1(128 KB) | Code |
| RETRAM(64 KB) | Code&Data Vector table |

可以看出,RETRAM 用于存放
M4 的中断向量表。SRAM1 用于存放
M4 的代码段,SRAM2 用于存放 M4
的数据段,两者加起来为 256 KB;
SRAM3 用作 IPC 缓冲区,A7 和 M4

图 17.3    SRAM1～SRAM4 内存分配

的共享内存在 SRAM3 中;SRAM4 被 A7 默认用于 Linux 下的 DMA,M4 不能
使用。

以上 SRAM1～SRAM4 的地址分配情况只是 ST 官方给的默认配置(ST 在设
备树文件和 M4 工程的链接脚本中默认这么配置),当然,用户也可以根据自己的代
码和数据段的大小来重新调整所占用的范围。例如,如果 A7 不需要 DMA 功能,那
么将 SRAM4 分配给 M4 使用也是可以的,可以在设备树下注释对应的节点以释放
SRAM4 资源,然后再去调整链接脚本。

### 3. RAM aliases 存储区域

RAM aliases 从名字上看是 RAM 的别名区,地址范围 0x30000000～
0x40000000,除了预留存储块,还有和 SRAM 一样大小的 SRAM1～SRAM4 以及和
BOOT 区域一样大小的 RETRAM。RAM aliases 里的 RETRAM、SRAM1～
SRAM4 称为 A7 可以访问的 RAM。实际 RAM aliases 里的 SRAM1～SRAM4、
RETRAM 与 SRAM 里的 SRAM1～SRAM4 和 BOOT 里的 RETRAM 对应的是同
一个物理地址,什么意思呢? 例如,物理地址 A 映射到 RAM aliases 里的
RETRAM,也映射到了 BOOT 里的 RETRAM,物理地址 B 映射到 RAM aliases 里
的 SRAM1,也映射到了 SRAM 里的 SRAM1,依此类推(这里说的物理地址 A 和 B
只是为了举例说明),即一块物理地址映射到了两段内存区域中,其中一段内存区域
是 A7"可见"的,另一段内存区域是 M4"可见"的。正因为 RAM aliases 和 SRAM 对
应同一个物理地址,所以如果要手动配置链接脚本重新划分 RAM 和 ROM 的大小,
不要忘了修改设备树,且设备树中 RAM aliases 的地址范围最好和 SRAM 里的地址
范围对应,关于这点会在后面的章节进行讲解。

# 第 **18** 章

# 异核通信框架

Cortex-A7 可以运行 Linux 操作系统，Cortex-M4 可以运行 RTOS 或者裸机，Cortex-A7 和 Cortex-M4 进行异核通信时，我们采用的是 OpenAMP 软件框架。OpenAMP 为实现 AMP 系统软件应用程序开发提供了所需的软件组件，用户通过调用这些组件中的 API 就可以实现核间通信。采用 OpenAMP 软件框架可以简化异核架构系统的开发，为了加深理解异核通信的实现过程，我们有必要先了解其框架。

本章分为如下几部分：

18.1　SMP 和 AMP 架构

18.2　IPCC 通信框架

18.3　OpenAMP 框架

18.4　驱动文件

## 18.1　SMP 和 AMP 架构

1971 年，Intel 公司设计出一款 4 位的 4004 微处理器，它是第一款商用处理器，很快 Intel 又推出了 8 位的 8008 处理器和 16 位的 8086 处理器。那时候的 4004 芯片、8008 芯片和 8086 芯片上都只有一个核（单核 CPU），随着需求的提高和功耗问题，慢慢发现一个核不够用了，于是就在一个芯片上建造两个或者多个核，进而转向多核处理器发展了。多核 CPU 具有更高的计算密度和更强的并行处理能力，多核化趋势改变了 IT 计算的面貌。

### 18.1.1　同构和异构

从硬件的角度来分，多核处理器可以分为同构和异构。

#### 1. 同　构

如果所有的 CPU 或核心的架构都一样，那么称为同构。例如，三星的 Exynos4210、飞思卡尔的 I. MX6D 以及 TI 的 OMAP4460，它们有两个架构相同的

ARM Cortex-A9 内核,都属于同构。

## 2. 异　构

如果所有 CPU 或核心的架构有不一样的,那么就称为异构。例如,ST 推出的 STM32MP157 有两个 ARM Cortex-A7 核和一个 ARM Cortex-M4 核,Xilinx 的 ZYNQ7000 系列有两个 ARM Cortex-A9 核和 FPGA,TI 的达芬奇系列 TMS320DM8127 有一个 DSP C674x 核和一个 ARM Cortex-A8 核,这些处理器有不一样结构的核,所以都属于异构。

## 18.1.2　SMP 和 AMP

从软件的角度来分,多核处理器平台的操作系统体系有 SMP(Symmetric multiprocessing,对称多处理)结构、AMP(Asymmetric Multi-Processing,非对称多处理)结构和 BMP(bound multi-processing,边界多处理)结构。

### 1. 对称多处理结构(SMP)

SMP 结构是指只有一个操作系统(OS)实例运行在多个 CPU 上,一个 OS 同等地管理各个内核,为各个内核分配工作负载,系统中所有的内核平等地访问内存资源和外设资源。因为异构处理器的各个内核结构不同,如果一个 OS 去管理不同的内核,这种情况实现起来比较复杂,所以一般运行在 SMP 结构下的通常都是同构处理器。Windows、Linux 和 Vxworks 等多种操作系统都支持 SMP 结构。

如图 18.1 所示,SMP 结构下一个 OS 负责协调两个处理器,两个处理器共享内存,每个核心运行的应用程序(APP1 和 APP2)的地址是相同的,通过 MMU(Memory Management Unit,内存管理单元)把它们映射到主存的不同位置上。

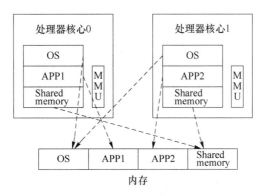

图 18.1　SMP 结构

### 2. 非对称多处理结构(AMP)

AMP 结构是指每个内核运行自己的 OS 或同一 OS 的独立实例,或者说不运行

OS,如运行裸机。每个内核有自己的内存空间,也可以和其他内核共享部分内存空间。每个核心相对独立地运行不同的任务,但是有一个核心为主要核心,它负责控制其他核心以及整个系统的运行,而其他核心负责"配合"主核心来完成特定的任务。这里,主核心就称为主处理器,其他核心称为协处理器或者远程处理器。这种结构最大的特点在于各个操作系统都有本身独占的资源,其他资源由用户指定多个系统共享或者专门分配给某一个系统来使用,系统之间可以通过共享的内存来完成通信。

图 18.2 是 STM32MP157 的资源简图。STM32MP157 的 Cortex-A7 可以运行 Linux 操作系统,Cortex-M4 可以运行裸机或者其他实时操作系统,如 OneOS 操作系统或者 FreeRTOS 操作系统。Cortex-A7 和 Cortex-M4 都有自己独占的资源,也有共享的资源,这些资源由用户来分配,双核之间可通过共享内存来进行通信。

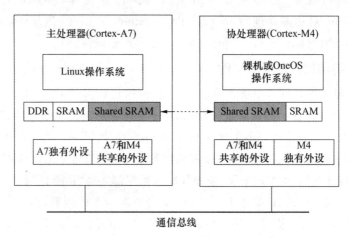

**图 18.2　STM32MP157 资源简图**

在 AMP 系统设计中,一般需要解决两个问题:生命周期管理(启动顺序)和内核间通信问题。配置 AMP 系统最好的方法是使用一个满足控制和通信要求的统一框架,而 OpenAMP 就是当前多核架构使用的标准框架,许多芯片供应商都提供了 OpenAMP 的实现。基于 OpenAMP,生命周期管理是通过 Remoteproc 来实现的,内核间通信是通过 RPMsg 来管理的,关于两者的实现方式后面章节重点介绍。

## 3. 边界多处理结构(BMP)

BMP 和 SMP 类似,也是由一个操作系统同时管理所有 CPU 内核,但是开发者可以指定某个任务在某个核中执行。

前面讲解的 AMP 和 SMP 有着明显的差别,但两者之间也有着联系。例如,可能多个相同架构的内核被配置为一个 SMP 子系统,而此时另外的内核跑的是其他的操作系统,那么从整体来看就是 AMP 结构了;从逻辑上来分,这个 SMP 子系统看起来像是一个单核,可以看作包含在这个大的 AMP 系统中。

# 18.2 IPCC 通信框架

IPC(Inter-Process Communication,进程间通信)是指两个进程的数据之间发生交互,它是通过IPCC(IPC控制器)实现的。IPCC用于实现两个CPU之间发送消息,交换的数据存储在共享内存中,共享的内存对参与的CPU都是可见的。前面说的SRAM3就是用于STM32MP157的A7和M4的数据缓冲区(IPC Buffers),即共享的内存在SRAM3中,这是ST官方的默认配置。注意,共享的内存并不是IPCC的一部分。

IPCC模块有6个双向通道,并为6个双向通道提供了一种非阻塞信令机制,以原子方式发布和检索通信数据。每个通道分为两个子通道,当一个数据包被放入共享内存时,CPU需要中断或"通知"另一个CPU有新的数据包要处理,这是使用硬件中断机制来完成的;A7内核的中断控制器是GIC,M4内核的中断控制器是NVIC。图18.3是A7内核和M4内核通过IPCC进行通信的结构框图。

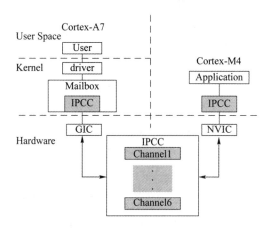

**图 18.3 IPC 通信**

图18.3的通信过程为:硬件层主要是IPCC硬件部分,IPCC有6个双向通道用于处理器间交换数据。A7主处理器的内核层有ST专门移植好的驱动,如用于发送消息队列的Mailbox(邮箱)框架,再通过内核层的驱动可以将接收到的M4数据传输给A7的用户空间。M4协处理器主要通过HAL库以及OpenAMP库的API将接收到的A7数据传输给M4应用处理。

## 18.2.1 Mailbox 框架

我们先来看看和IPCC紧密联系的Mailbox(邮箱)框架。Mailbox是一种驱动架构,依赖于硬件平台来实现,例如,STM32MP1平台的Mailbox依赖IPCC外设。

Mailbox的实现分为邮箱控制器(Mailbox contoller)和邮箱客户端(Mailbox

client)。邮箱控制器主要负责配置和处理来自 IPCC 外设的消息队列或者中断请求,并为负责发送或接收消息的邮箱客户端提供一个通用的 API。邮箱客户端主要负责发送或接收消息,它通过邮箱控制器提供的通道来发送或接收消息数据,这个通道就是 IPCC 的通道。

用户可以自己定义邮箱客户端,我们后面要介绍的 RPMsg 框架就是使用邮箱客户端来进行处理器间通信的。可以这么说,邮箱客户端就是一个用于发送或者接收信息的 RPMsg 框架。

STM32MP1 的 Mailbox 框架如图 18.4 所示。

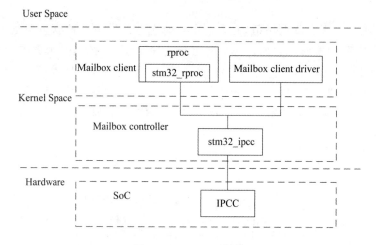

**图 18.4 Mailbox 框架**

Linux 下的邮箱控制器是 stm32_ipcc,它配置和控制 IPCC 外设,可以提供邮箱服务。stm32_rproc 是远程处理器平台驱动程序,它主要处理与远程处理器关联的平台资源(如寄存器、看门狗、复位、时钟和存储器),可将对应回调函数注册到 Remoteproc 框架中,还可以通过邮箱框架将消息转发到远程处理器。

RPMsg 框架和 Remoteproc 框架会在后面重点讲解。

## 18.2.2 IPCC 框架

IPCC 是 SoC 的硬件层,邮箱依赖于 IPCC。STM32MP157 的硬件层 IPCC 有 6 个双向通道,下面来看这 6 个双向通道的用途:
- 从 CPU1 到 CPU2 的方向有 6 个通道(P1_TO_P2 子通道,P1 代表 CPU1,P2 代表 CPU2);
- 从 CPU2 到 CPU1 的方向有 6 个通道(P2_TO_P1 子通道,P1 代表 CPU1,P2 代表 CPU2)。

这 6 个通道的工作模式可以是单工、半双工和全双工模式。在 ST 官方配置的 IPCC 的通信模型中,这 6 个通道被当作不同的软件框架来使用。其中,通道 3 为单工模式,使用的是 RemoteProc 框架,主处理器可通过该框架来加载固件以及远程控制协处理器的生命周期;通道 2 为全双工模式,使用的是 RPMsg 框架,用于将 A7 的消息传输到 M4;通道 1 为全双工模式,使用的也是 RPMsg 框架,用于将 M4 的消息传输到 A7,如表 18.1 所列。

可以看到,在 ST 配置好的框架中,A7 和 M4 传输数据的时候主要是靠 RPMsg(本质上就是依赖邮箱控制器来通知在共享内存的接收缓冲区有消息可接收了,并依赖邮箱客户端来发/收消息),Linux 内核下已经有 ST 移植好的 RemoteProc 和 RPMsg 软件框架,M4 使用的 OpenAMP(开放非对称多处理)库也有对应的 RemoteProc 和 RPMsg 软件框架,M4 主要依赖 OpenAMP 库中已有的软件框架来实现和 A7 的通信。后面主要关注的是 RemoteProc 和 RPMsg 框架。

**表 18.1　IPCC 的 6 个双向通道**

| 通　道 | 模　式 | 用　　法 | 软件客户端框架 | |
|---|---|---|---|---|
| | | | Cortex-A7(非安全) | Cortex-M4 |
| 通道 1 | 全双工 | 从 Cortex-M4 到 Cortex-A7 的 RPMsg 传输: ① Cortex-M4 使用该信道来指示一个消息可用 ② Cortex-A7 使用该信道来指示该消息被处理 | RPMsg 框架 | OpenAMP |
| 通道 2 | 全双工 | 从 Cortex-A7 到 Cortex-M4 的 RPMsg 传输: ① Cortex-A7 使用该信道来指示一个消息可用 ② Cortex-M4 使用该信道来指示该消息被处理 | RPMsg 框架 | OpenAMP |
| 通道 3 | 单工 | Cortex-M4 关闭请求 | RemoteProc 框架 | CprocSync cube utility |
| 通道 4、5、6 | | 未使用 | | |

如图 18.5 所示,双核实际上是通过通道 1 和通道 2 来传递数据的。

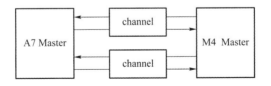

**图 18.5　Cortex-A7 和 Cortex-M4 之间传递数据**

# 18.3　OpenAMP 框架

在具有多个处理器的分布式系统中会面临一系列难题,如内存怎么分配、系统资源怎么分配、如何为处理器之间的信息交换设置共享内存以及中断的分配和管理等,而开源框架 OpenAMP 就是为解决这些难题而产生的。

OpenAMP 最初是由 Mentor Graphics 与 Xilinx 公司为解决 AMP 系统中的 RTOS 或者裸机程序与 Linux 接口能进行通信而开发的一个软件框架,目前可用在 ST、NXP、TI 和 Xilinx 等平台上;这些厂商已经提供了移植好的 OpenAMP 的开发实例,用户可参考实例来进行开发。OpenAMP 为 AMP 系统开发应用程序提供了 3 个重要组件,分别是 Virtio、RPMsg 和 Remoteproc。

### 18.3.1 Virtio(虚拟化模块)

Virtio 是一个提供共享内存管理的虚拟设备框架,其中的 vring 是指向数据缓冲区指针的 FIFO 队列;有两个单向的 vring,一个 vring 专用于发送到远程处理器的消息,另一个 vring 用于从远程处理器接收的消息。两个 vring 组成一个环形,A7 和 M4 的数据通过 vring 的缓冲区来共享。vring 的缓冲区就是两个处理器的共享内存 (Shared memory,也可称为 IPC Buffers 或者 Vring buffers),在 ST 给的参考配置中,STM32MP157 共享的内存就在 SRAM3 中。

通信的处理器都可访问共享的内存,围绕共享内存,从主处理器到协处理器以及从协处理器到主处理器的方向可以配置一根中断线,即内核间中断(PPI,简称核中断)。核中断发起方首先将消息写到共享内存中,然后发起核间中断,被中断的核线程在中断服务例程中读取该内存,以获得发起方通知的消息,如图 18.6 所示。

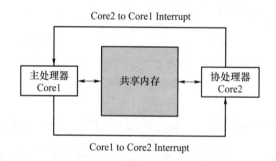

**图 18.6　共享内存和核间中断**

### 18.3.2 RPMsg(远程处理器消息传递)

RPMsg 框架是一种基于 Virtio 的消息总线,使用邮箱进行处理器间通信。在这种情况下,邮箱客户端是 RPMsg 框架转发消息服务的 remoteproc 驱动程序。RPMsg 框架如图 18.7 所示。

可见,Mailbox 框架之上是 Remoteproc(远程处理器)框架,该框架后面会介绍到。在 Cortex-A7 上,Remoteproc 框架负责根据固件资源表中的可用信息激活基于 Linux 的进程间通信(IPC),RPMsg 服务通过 RPMsg 框架实现,邮箱服务由邮箱驱

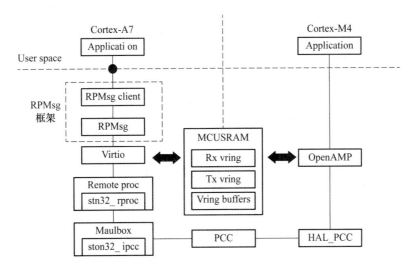

**图 18.7　RPMsg 框架示意图**

动程序 stm32_ipcc 实现。在 Cortex-M4 上，RPMsg 服务由 OpenAMP 库实现，邮箱服务由 HAL_IPCC 驱动程序实现。

在 ST 给的默认配置中，MCUSRAM 里的 SRAM3 区域有两个 vring，分别用于发送和接收的消息，Vring buffers 缓冲区就是共享的内存。RPMsg 框架基于 Virtio vrings，它通过 virtio vrings 向远程处理器发送消息，或者从远程处理器接收消息；当新消息已经在共享内存中时，邮箱框架就会通知处理器已经有消息可以接收。

RPMsg 实际上是一种基于 Virtio 的消息总线，用于实现的是消息传递。可以认为 RPMsg 是一个与远程处理器通信的通道，这个通道也可以称为 RPMsg 设备。每个通道都有一个本地源地址和远程目标地址，消息就可以在源地址和目标地址之间进行传输，关于 RPMsg 后面章节进行讲解。基于这些软件框架，所有的数据都在 RPMsg 上传递，RPMsg 将数据传输到内核层的 RPMsg 客户端，再通过内核下的设备节点传输给用户空间。结合网络 TCP/IP 结构层级关系，共享的内存和核间中断相当于物理硬件层，Virtio 相当于 MAC 子层，而 RPMsg 相当于传输层，如图 18.8 所示。

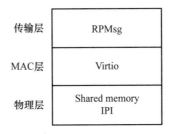

**图 18.8　共享内存、Virtio 和 RPMsg 的层级关系**

### 18.3.3 Remoteproc(远程处理)

对于具有非对称多处理 SoC,不同的核心可能跑不同的操作系统,例如,STM32MP157 的 Cortex-A7 运行 Linux 操作系统,Cortex-M4 可以运行 OneOS 操作系统。为了使运行 Linux 的主处理器与协处理器之间能够轻松通信,Linux 3.4.X 版本以后就引入了 Remoteproc 核间通信框架。Remoteproc 框架是由 Texas Instrument 开发的,Mentor Graphics 公司在此基础上开发了一种软件框架 OpenAMP,在这个框架下,主处理器上的 Linux 操作系统可以对远程处理器及其相关软件环境进行生命周期管理,即启动或关闭远程处理器。

这里以 STM32MP157 为例来看 M4 和 A7 的 Remoteproc 框架,如图 18.9 所示。

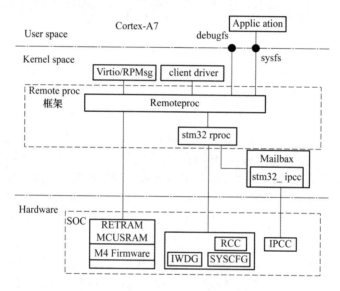

**图 18.9 Remoteproc 框架**

Remoteproc 是通用远程处理框架部分,其作用是:

① A7 将 M4 固件映像的代码段和数据段加载到 M4 内存中,以便就地执行程序;

② 解析固件资源表,以设置关联的资源(固件中各个段的起始地址和大小等信息,Virtio 设备特性、vring 地址、大小和对齐信息);

③ 控制 M4 内核固件的启动和关闭;

④ 为与 M4 的通信建立 RPMsg 通信通道;

⑤ 提供监视和调试远程服务(使用 sysfs 和 debugfs 文件系统,这两个在开发板的 Linux 文件系统中已经默认配置好了,可开机即用)。

stm32_rproc 是远程处理器(M4 内核)的驱动程序,其作用是:

① 向 Remoteproc 框架注册供应商特定的功能(如回调函数部分);

② 处理和 M4 关联的平台资源(如寄存器、看门狗、复位、时钟和存储器);

③ 通过邮箱框架将通知转发到 M4。

以上所说的固件就是 M4 的可执行文件,如 MDK 下编译好的 .axf 文件或者 STM32CubeIDE 下编译好的 .elf 文件。A7 称为主处理器,M4 称为协处理器或远程处理器,主处理器先启动,再引导协处理器启动。主处理器可以通过 Remoteproc 框架先加载协处理器的固件,然后再解析固件资源表发布的信息来配置协处理器系统资源并创建 Virtio 设备。一旦主处理器上的 Remoteproc 加载并启动远程处理器的固件后,协处理器就得到运行,两个处理器的 RPMsg 通道就会建立,核间通信就可以进行。如果需要停止运行固件,主处理器也可以关闭固件,协处理器程序随即停止运行。总之,Remoteproc 框架实现了对远程协处理器生命周期的管理(LCM)和控制,如图 18.10 所示。

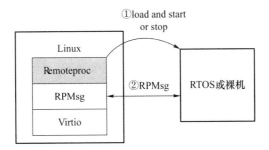

**图 18.10　Remoteproc 控制协处理器**

在 STM32MP157 的 Linux 操作系统下执行以下指令可以查看此时运行的 CPU:

```
root@ATK-MP157:~ # cat /proc/cpuinfo
processor        : 0
model name       : ARMv7 Processor rev 5 (v7l)
BogoMIPS       : 24.00
Features         : half thumb fastmult vfp edsp thumbee neon vfpv3 tls vfpv4 idiva idivt
vfpd32 lpae evtstrm
CPU implementer : 0x41
CPU architecture : 7
CPU variant    : 0x0
CPU part    : 0xc07
CPU revision   : 5
processor   : 1
model name       : ARMv7 Processor rev 5 (v7l)
BogoMIPS       : 24.00
Features         : half thumb fastmult vfp edsp thumbee neon vfpv3 tls vfpv4 idiva idivt
vfpd32 lpae evtstrm
```

```
CPU implementer : 0x41
CPU architecture : 7
CPU variant     : 0x0
CPU part        : 0xc07
CPU revision : 5

Hardware        : STM32 (Device Tree Support)
Revision        : 0000
Serial          : 004800353030511739383538
```

其中,A7(非安全模式)是 CPU0,也就是主处理器,A7(安全模式)是 CPU1,M4 是协处理器。CPU1 和 CPU0 运行 Linux 操作系统,属于 SMP 子系统。

使用 OpenAMP 实现核间通信的过程:假定主处理器已经在运行并且远程处理器处于某种状态,如待机或断电状态,主处理器基于 Remoteproc 框架,先将远程处理器的固件加载到内存中;然后主处理器启动远程处理器(运行固件)并等待它初始化完成,如唤醒、解除复位、上电等;远程处理器初始化完成后通知主处理器,主处理器和远程处理器建立起 RPMsg 通信通道,通过 RPMsg 通道两者可进行核间通信。

# 18.4　驱动文件

## 18.4.1　Linux 驱动编译配置

Linux 下的 IPCC、Mailbox、Remoteproc、Virtio 和 RPMsg 相关驱动在 Linux 内核下已经默认使能了,打开 Linux 内核源码的 arch/arm/configs/stm32mp1_atk_defconfig 配置文件,可以找到如下配置:

```
/* 使能 Mailbox */
CONFIG_ARM_SMC_MBOX = y
CONFIG_PL320_MBOX = y
/* 使能 stm32_ipcc */
CONFIG_STM32_IPCC = y
/* 使能 Remoteproc */
CONFIG_REMOTEPROC = y
/* 使能 stm32_rproc */
CONFIG_STM32_RPROC = y
/* 使能 rpmsg_vrtio */
CONFIG_RPMSG_VIRTIO = y
/* 使能 rpmsg_tty,可用于虚拟串口 */
CONFIG_RPMSG_TTY = y
```

可以看到,以上选项默认配置为"y",即默认将驱动编译进内核中。启动 Linux 系统后,以上驱动已经在内核启动时自行加载了,不需要手动去加载相关驱动。也可以通过 Linux 内核的 menuconfig 配置界面去查看以上驱动的配置选项,例如,执行如下 menuconfig 配置指令,在 Device drivers→Mailbox Hardware Support 下可以

看到已经默认使能了邮箱驱动,如图 18.11 所示:

```
make ARCH = arm CROSS_COMPILE = arm-none-linux-gnueabihf-menuconfig
```

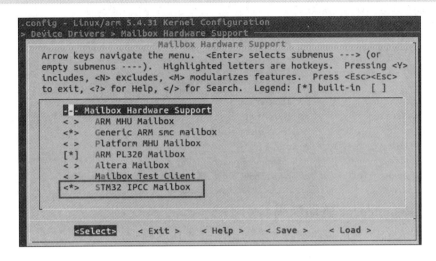

图 18.11　Linux 内核源码开启了 Mailbox

其他的驱动配置选项也可以在 menuconfig 下找到,这里就不一一列出了。

## 18.4.2　Linux 驱动文件

以上是 Linux 下的驱动编译配置选项,之所以可以编译出以上驱动,是因为在 Linux 内核源码下已经有芯片厂商移植好的对应的驱动文件了,无须自己编写驱动,只要编译内核后就可以使用这些驱动了,而我们更应该关注的是如何去使用这些驱动。

### 1. IPCC 和 Mailbox 驱动源码

Mailbox 相关说明文档或示例代码如表 18.12 所列。

表 18.12　Mailbox 相关说明文档或示例代码

| 文　件 | 描　述 |
| --- | --- |
| 通用 Mailbox 框架说明文档 | Documentation/mailbox.txt |
| 通用 Mailbox 设备树说明文档 | Documentation/devicetree/bindings/mailbox/mailbox.txt |
| ST 官方 Mailbox 设备树说明文档 | Documentation/devicetree/bindings/mailbox/sti-mailbox.txt |
| ST 提供的通用 Mailbox 测试示例代码文件 | drivers/mailbox/mailbox-test.c |
| ST 实现的创建 Mailbox client 的驱动文件 | drivers/remoteproc/stm32_rproc.c |
| Mailbox 和 IPCC 相关的驱动源码 | drivers/mailbox |
| ST 实现的创建 Mailbox contoller 的驱动文件 | drivers/mailbox/stm32-ipcc.c |

Linux 内核源码 drivers/mailbox 目录下的是 Mailbox 和 IPCC 相关的驱动源码文件：

```
alientek@alientek-virtual-machine:~/157/kenel/drivers/mailbox$ ls
armada-37xx-rwtm-mailbox.c   Kconfig                     pcc.c
arm_mhu.c                     mailbox-altera.c            pl320-ipc.c
arm-smc-mailbox.c            mailbox.c                   pl320-ipc.o
arm-smc-mailbox.o            mailbox.h                   platform_mhu.c
bcm2835-mailbox.c            mailbox.o                   qcom-apcs-ipc-mailbox.c
bcm-flexrm-mailbox.c         mailbox-sti.c               rockchip-mailbox.c
bcm-pdc-mailbox.c            mailbox-test.c              stm32-ipcc.c
built-in.a                   mailbox-xgene-slimpro.c     stm32-ipcc.o
hi3660-mailbox.c             Makefile                    tegra-hsp.c
hi6220-mailbox.c             mtk-cmdq-mailbox.c          ti-msgmgr.c
imx-mailbox.c                omap-mailbox.c              zynqmp-ipi-mailbox.c
```

## 2. Remoteproc 驱动源码

Remoteproc 相关说明文档或示例代码如表 18.3 所列。

**表 18.3　Remoteproc 相关说明文档或示例代码**

| 文　件 | 描　述 |
|---|---|
| Remoteproc 框架说明文档 | Documentation/remoteproc.txt |
| STM32MP 系列芯片 Remoteproc 设备树说明文档 | Documentation/devicetree/bindings/remoteproc/stm32-rproc.txt |
| Remoteproc 系统资源管理器说明文档 | Documentation/devicetree/bindings/remoteproc/rproc-srm.txt |
| Remoteproc 驱动程序 | drivers/remoteproc |

Linux 内核源码的 drivers/remoteproc 目录下就有 Remoteproc 相关的驱动文件：

```
alientek@alientek-virtual-machine:~/157/kenel/drivers/remoteproc$ ls
built-in.a                   remoteproc_core.o
da8xx_remoteproc.c           remoteproc_debugfs.c
imx_rproc.c                  remoteproc_debugfs.o
Kconfig                      remoteproc_elf_loader.c
keystone_remoteproc.c        remoteproc_elf_loader.o
Makefile                     remoteproc_internal.h
omap_remoteproc.c            remoteproc_sysfs.c
omap_remoteproc.h            remoteproc_sysfs.o
qcom_common.c                remoteproc_virtio.c
qcom_common.h                remoteproc_virtio.o
qcom_q6v5_adsp.c             rproc_srm_core.c
```

```
qcom_q6v5.c                      rproc_srm_core.h
qcom_q6v5.h                      rproc_srm_core.o
qcom_q6v5_mss.c                  rproc_srm_dev.c
qcom_q6v5_pas.c                  rproc_srm_dev.o
qcom_q6v5_wcss.c                 stm32_rproc.c
qcom_sysmon.c                    stm32_rproc.o
qcom_wcnss.c                     st_remoteproc.c
qcom_wcnss.h                     st_slim_rproc.c
qcom_wcnss_iris.c                wkup_m3_rproc.c
remoteproc_core.c
```

### 3. Virtio 驱动源码

Linux 内核源码的 drivers/virtio 目录下就有 Virtio 相关的驱动文件：

```
alientek@alientek-virtual-machine:~/157/kenel/drivers/virtio$ ls
built-in.a      virtio.c         virtio.o                virtio_pci_modern.c
Kconfig         virtio_input.c   virtio_pci_common.c     virtio_ring.c
Makefile        virtio_mmio.c    virtio_pci_common.h     virtio_ring.o
virtio_balloon.c  virtio_mmio.o  virtio_pci_legacy.c
```

### 4. RPMsg 驱动源码

RPMsg 相关说明文档或示例代码如表 18.4 所列。

表 18.4  RPMsg 相关说明文档或示例代码

| 文　件 | 描　述 |
| --- | --- |
| RPMsg 框架说明文档 | Documentation/rpmsg.txt |
| RPMsg 客户端示例代码文件 | samples/rpmsg/rpmsg_client_sample.c |
| RPMsg 驱动程序 | drivers/rpmsg |

Linux 内核源码的 drivers/rpmsg 目录下就有 RPMsg 相关的驱动文件：

```
alientek@alientek-virtual-machine:~/157/kenel/drivers/rpmsg$ ls
built-in.a          qcom_glink_native.h  rpmsg_char.c     rpmsg_tty.c
Kconfig             qcom_glink_rpm.c     rpmsg_core.c     rpmsg_tty.o
Makefile            qcom_glink_smem.c    rpmsg_core.o     virtio_rpmsg_bus.c
qcom_glink_native.c qcom_smd.c           rpmsg_internal.h virtio_rpmsg_bus.o
```

## 18.4.3  M4 工程驱动文件

### 1. OpenAMP 库文件

前面新建的 OneOS 工程的 openamp 文件夹下可以找到有关的驱动文件，这里简单介绍几个重要的文件，如表 18.5 所列。

表 18.5　OpenAMP 库文件说明

| 文　件 | 描　述 |
| --- | --- |
| virtio. c | M4 内核使用的 Virtio 驱动 |
| mbox_ipcc. c | M4 内核使用的邮箱驱动 |
| rpmsg. c<br>rpmsg_virtio. c | RPMsg 相关驱动文件 |
| remoteproc. c<br>remoteproc_virtio. c | 和 Remoteproc 相关的驱动文件 |
| rsc _ table. c  rsc _ table_parser. c | M4 的固件资源表配置相关的文件 |
| openamp. c | OpenAMP 相关应用文件。OpenAMP 初始化就是由此文件中 MX_OPENAMP_Init()函数完成的,包括 Mailbox、共享内存、RPMsg、Virtio 和 vring 相关的初始化 |
| virtqueue. c | 虚拟队列(virtqueue)相关的驱动文件,用于管理 Virtio 队列和 vring 队列。每个 RPMsg 通道包含两个与之关联的虚拟队列,一个 tx virtqueue 用于主处理器单向传输数据到远程处理器,另一个 rx virtqueue 用于远程处理器单向传输数据到主处理器 |
| virt_uart. c | 虚拟串口相关驱动文件。双核之间是通过 RPMsg 来进行消息传递的,基于 RPMsg,OpenAMP 向上又进行了一层封装,并抽象出了虚拟串口(可以理解为一个普通的串口),主处理器和远程处理器可通过虚拟串口来传输数据。类似地,基于 RPMsg 还可以再继续封装抽象出其他更多的通信接口,例如,还可以封装成虚拟 IIC、虚拟 SPI、虚拟 GPIO、虚拟网口等。虚拟串口是一种典型的应用,ST 已经在 STM32Cube 中提供示例,后面的章节会使用 OpenAMP 封装好的虚拟串口来实现异核通信 |

其他文件就不一一进行介绍了,感兴趣的读者可以自行研究这些文件。

图 18.12　OneOS 工程下的 OpenAMP 库文件

　　OpenAMP 旨在通过 AMP 的开源解决方案来标准化嵌入式异构系统中操作环境之间的交互,基于现有 Remoteproc、RPMsg 和 Virtio 的实现,涵盖了生命周期管理、消息传递和底层抽象等操作。OpenAMP 的标准化工作还在进行中,未来还会继续优化并添加更多的功能,源码的结构还是会有变动的。

　　Linux 下的驱动代码和 OpenAMP 库的代码比较多,也比较复杂和不易于理解,对于我们来说,先理解其框架,再基于代码就更加容易理解其实现过程。采用库开发的好处就是不需要我们从 0 到 1 去编写底层的实现,只需要在上层调用对应的 API 即可完成对应的功能,这将加快产品应用程序迁移的速度,大大节省了开发时间和开发成本。

## 2. OneOS 驱动文件

　　在 OneOS 源码的 drivers\hal\st\drivers 下可以找到 drv_vuart. c 文件,该文件是对 OpenAMP 库中 virt_uart. c 文件的又一层封装得来的,最后抽象出一个串口设备,设备名是 uartRPMSG0 或者 uartRPMSG1。通过这两个字符设备,我们可以从 M4 端将数据发给 A7 端,操作起来很是方便。

# 第 **19** 章

# Remoteproc 相关驱动简析

　　Remoteproc(远程处理器)框架负责根据固件资源表中可用的信息激活 Linux 端的进程间通信(IPC),本章介绍 Linux 下的 Remoteproc 相关驱动及 Remoteproc 是怎样控制远程处理器的。本章内容会涉及分析代码,比较枯燥乏味,如果只想了解 Remoteproc 使用方法,则可以直接看本章的最后一小节。

　　本章分为如下几部分:

19.1　资源表

19.2　存储和系统资源分配

19.3　Linux 下 Remoteproc 相关 API 函数

19.4　分散加载文件

19.5　Remoteproc 的使用

## 19.1　资源表

　　远程处理器的固件映像一般包括资源表(resource_table)、用户应用程序、RTOS 或者裸机(Bare Metal,简称 BM)相关代码以及 OpenAMP 的库,如图 19.1 所示。主处理器将远程处理器的固件加载到远程处理器的内核中,然后去解码固件映像以获取关联的资源,并且未为固件代码段和数据留出内存;再在主处理器上创建 RPMsg,用于远程通信,最后启动远程处理器。

**图 19.1　远程固件映像组成**

　　远程处理器的资源包含远程处理器在上电之前需要的系统资源,例如,分配给远程处理器的连续物理内存、分配给远程处理器的外围设备(这些设备可以是保留的、未使用的),这些资源在 stm32mp157-m4-srm.dtsi 设备树文件的资源管理器(即 m4_system_resources 节点)中配置,后面会讲到。除了系统资源之外,远程处理器都会有一个资源表(resource_table),资源表还可能包含资源条目,这些条目发布远程处理器支持的功能或存在的配置,如 Virtio 设备中的 vring 地址、vring 的大小等。只有在满足所有资源的要求后,Remotecore 才会启动设备。

打开内核源码下的 include/linux/remoteproc.h 文件,找到如下结构体 resource_table,它是固件资源表头:

```
truct resource_table{        /* 固件资源表头 */
     u32 ver;                /* 版本号 */
     u32 num;                /* 可用的资源条目数量 */
     u32 reserved[2];        /* 保留(必须为零) */
     u32 offset[0];          /* 指向各种资源条目的偏移量的数组 */
} __packed;
```

紧跟此固件资源表头的是资源条目本身,每个条目都以"struct fw_rsc_hdr"标头开头,条目本身的内容会紧跟在这个头之后,根据资源类型来解析。以下是资源条目标头开头:

```
struct fw_rsc_hdr {        /* 固件资源入口头 */
    u32 type;              /* 资源类型 */
    u8 data[0];            /* 资源数据 */
} __packed
```

一些资源条目仅仅是公告,如主机被告知特定的 Remoteproc 配置、其他条目需要主机做一些事情(如分配系统资源)。有时需要协商固件请求资源,一旦分配资源,主机应提供其详细信息(如分配的内存区域的地址)。以下是当前支持的各种资源类型:

```
enum fw_resource_type {  /* 资源条目的类型 */
  RSC_CARVEOUT      = 0,  /* 请求分配物理上连续的内存区域 */
  RSC_DEVMEM        = 1,  /* 请求 iommu_map 一个基于内存的外设 */
  RSC_TRACE         = 2,  /* 宣布跟踪缓冲区的可用性,远程处理器将在其中写入日志 */
  RSC_VDEV          = 3,  /* 声明对 Virtio 设备的支持,并作为其 Virtio 标头 */
  RSC_LAST          = 4,  /* 把这个放在标准资源的末尾 */
  RSC_VENDOR_START  = 128,/* 供应商特定资源类型范围的开始 */
  RSC_VENDOR_END    = 512,/* 供应商特定资源类型范围的末尾 */
};
```

以上这些值用作 rproc_handle_rsc()函数(在 remoteproc_internal.h 文件中)查找表的索引。当注册一个新的远程处理器时,Remoteproc 框架将查找其资源表并注册它支持的 Virtio 设备,固件应提供有关其支持的 Virtio 设备及其配置的 Remoteproc 信息,RSC_VDEV 资源条目应指定 Virtio 设备 ID(如 virtio_ids.h)、Virtio 功能、Virtio 配置空间、vrings 信息等,我们可以通过查看 Linux 文件系统/sys/kernel/debug/remoteproc/remoteproc0/resource_table 文件得到 RSC_VDEV 信息。

资源表信息在 OpenAMP 库的 rsc_table. h 和 rsc_table. c 下，打开前面创建的工程，打开 openamp 文件夹下的 rsc_table. c 文件，如图 19.2 所示。

```
⊕ common                    104  #endif
⊕ dlog                      105    .reserved = {0, 0},
⊕ drivers                   106    .offset = {
⊕ hal/devices              107      offsetof(struct shared_resource_table, vdev),
⊕ hal/drivers              108      offsetof(struct shared_resource_table, cm_trace),
⊕ hal/lowlevel             109    },
⊕ kernel                   110
⊕ libc                     111    /* Virtio device entry */
⊕ openamp                  112    .vdev= {
   ⊕ rsc_table.c           113      RSC_VDEV, VIRTIO_ID_RPMSG_, 0, RPMSG_IPU_C0_FEATURES, 0, 0, 0,
   ⊕ openamp_log.c         114      VRING_COUNT, {0, 0},
   ⊕ openamp.c             115    },
   ⊕ mbox_ipcc.c           116
   ⊕ lib_device.c          117    /* Vring rsc entry - part of vdev rsc entry */
   ⊕ dma.c                 118    .vring0 = {VRING_TX_ADDRESS, VRING_ALIGNMENT, VRING_NUM_BUFFS, VRING0_ID, 0},
   ⊕ init.c                119    .vring1 = {VRING_RX_ADDRESS, VRING_ALIGNMENT, VRING_NUM_BUFFS, VRING1_ID, 0},
   ⊕ io.c                  120
   ⊕ irq.c                 121  #if defined (__LOG_TRACE_IO_)
                           122    .cm_trace = {
                           123      RSC_TRACE,
                           124      (uint32_t)system_log_buf, SYSTEM_TRACE_BUF_SZ, 0, "cm4_log",
                           125    },
```

**图 19.2　rsc_table. c 文件**

rsc_table. c 文件的部分代码如下：

```
1    # include "rsc_table.h"
2    # include "openamp/open_amp.h"
3
4    # define RPMSG_IPU_C0_FEATURES        1
5    # define VRING_COUNT                  2  /* vring 个数 */
6    /* VirtIO RPMsg 设备 ID */
7    # define VIRTIO_ID_RPMSG_             7
8
9    # if defined(__ICCARM__)||defined(__CC_ARM)||defined (LINUX_RPROC_MASTER)
10     .version = 1,
11   # if defined (__LOG_TRACE_IO_)
12     .num = 2,
13   # else
14     .num = 1,
15   # endif
16     .reserved = {0, 0},
17     .offset = {
18       offsetof(struct shared_resource_table, vdev),
19       offsetof(struct shared_resource_table, cm_trace),
20     },
21
22     /* Virtio 设备入口 */
23     .vdev = {
24       RSC_VDEV, VIRTIO_ID_RPMSG_, 0, RPMSG_IPU_C0_FEATURES, 0, 0, 0,
25       VRING_COUNT, {0, 0},
26     },
27
28     /* Vring rsc 条目 - vdev rsc 条目的一部分 */
29     .vring0 = {VRING_TX_ADDRESS, VRING_ALIGNMENT, VRING_NUM_BUFFS,VRING0_ID, 0},
```

```
30    .vring1 = {VRING_RX_ADDRESS, VRING_ALIGNMENT, VRING_NUM_BUFFS, VRING1_ID, 0},
31
32
33  void resource_table_init(int RPMsgRole, void * * table_ptr, int * length)
34  {
35  #if ! defined (LINUX_RPROC_MASTER)
36  #if defined (__GNUC__) && ! defined (__CC_ARM)
37  #ifdef VIRTIO_MASTER_ONLY
38  /* 当前,GCC 链接器在启动时不会初始化 resource_table 全局变量
39   * 它是由主设备应用程序在此处完成的
40   */
41    memset(&resource_table, '\0', sizeof(struct shared_resource_table));
42    resource_table.num = 1;
43    resource_table.version = 1;
44    resource_table.offset[0] = offsetof(struct shared_resource_table, vdev);
45
46    resource_table.vring0.da = VRING_TX_ADDRESS;
47    resource_table.vring0.align = VRING_ALIGNMENT;
48    resource_table.vring0.num = VRING_NUM_BUFFS;
49    resource_table.vring0.notifyid = VRING0_ID;
50
51    resource_table.vring1.da = VRING_RX_ADDRESS;
52    resource_table.vring1.align = VRING_ALIGNMENT;
53    resource_table.vring1.num = VRING_NUM_BUFFS;
54    resource_table.vring1.notifyid = VRING1_ID;
55
56    resource_table.vdev.type = RSC_VDEV;
57    resource_table.vdev.id = VIRTIO_ID_RPMSG_;
58    resource_table.vdev.num_of_vrings = VRING_COUNT;
59    resource_table.vdev.dfeatures = RPMSG_IPU_C0_FEATURES;
60  #else
61
62    /* 对于从设备应用程序,等待资源表正确初始化 */
63    while(resource_table.vring1.da != VRING_RX_ADDRESS)
64    {
65
66    }
67  #endif
68  #endif
69  #endif
70
71    (void)RPMsgRole;
72    * length = sizeof(resource_table);
73    * table_ptr = (void * )&resource_table;
74  }
```

第 5 行,vring 个数是 2;

第 7 行,Virtio RPMsg 设备 ID 为 7,此 ID 和 Linux 内核源码的 include/uapi/

linux/virtio_ids.h 文件中的宏 VIRTIO_ID_RPMSG 的值是一样,都是 7;目的就是实现主处理器的 Virtio 匹配到远程处理器的 Virtio,然后注册 Virtio 设备;

第 16 行,固件资源表头的 Reserved 为 0;

第 17～20 行,资源条目的偏移量;

第 23～26 行,Virtio 设备入口,是 RSC_VDEV 资源条目,此条目支持 Virtio 设备;

第 29～30 行,vring 的条目,包括 vring 的发送端和接收端地址、地址对齐方式、RPMsg Buffer 数量以及 vring ID 等信息。打开 openamp_conf.h 头文件,找到如下代码:

```
#if defined LINUX_RPROC_MASTER
#define VRING_RX_ADDRESS      ((unsigned int)-1)      /* 由主处理器分配:A7 */
#define VRING_TX_ADDRESS      ((unsigned int)-1)      /* 由主处理器分配:A7 */
#define VRING_BUFF_ADDRESS    ((unsigned int)-1)      /* 由主处理器分配:A7 */
#define VRING_ALIGNMENT       16                       /* 数据对齐 */
#define VRING_NUM_BUFFS       16                       /* RPMsg Buffer 数量 */
#else
#define VRING_RX_ADDRESS      0x10040000               /* 由主处理器分配:A7 */
#define VRING_TX_ADDRESS      0x10040400               /* 由主处理器分配:A7 */
#define VRING_BUFF_ADDRESS    0x10040800               /* 由主处理器分配:A7 */
#define VRING_ALIGNMENT       4                        /* 数据对其 */
#define VRING_NUM_BUFFS       4                        /* RPMsg Buffer 数量 */
#endif
```

VRING_RX_ADDRESS 和 VRING_TX_ADDRESS 分别是收、发 vring 的地址,VRING_BUFF_ADDRESS 是 Vring Buffer 的地址,这些地址是在 Linux 内核的设备树下配置的,即由主处理器 A7 来分配。vring 是 16 位数据对齐,每个 vring 有 16 个 RPMsg Buffer。

第 35～69 行,LINUX_RPROC_MASTER 宏已经定义了,这部分的代码主要是初始化资源表,M4 不会执行,实际资源表的初始化是由 A7 来完成的。

# 19.2 存储和系统资源分配

下面我们来了解在设备树下,M4 的存储和外设资源是怎么配置的?

## 19.2.1 存储分配

先来了解在设备树下是怎么分配 M4 的存储地址的? 在 stm32mp157d-atk.dtsi 设备树下可以看到这段代码:

```
1   reserved-memory {
2       #address-cells = <1>;
```

```
3          #size-cells = <1>;
4       ranges;
5
6       mcuram2: mcuram2@10000000 {
7           compatible = "shared-dma-pool";
8           reg = <0x10000000 0x40000>;
9           no-map;
10      };
11
12      vdev0vring0: vdev0vring0@10040000 {
13          compatible = "shared-dma-pool";
14          reg = <0x10040000 0x1000>;
15          no-map;
16      };
17
18      vdev0vring1: vdev0vring1@10041000 {
19          compatible = "shared-dma-pool";
20          reg = <0x10041000 0x1000>;
21          no-map;
22      };
23
24      vdev0buffer: vdev0buffer@10042000 {
25          compatible = "shared-dma-pool";
26          reg = <0x10042000 0x4000>;
27          no-map;
28      };
29
30      mcuram: mcuram@30000000 {
31          compatible = "shared-dma-pool";
32          reg = <0x30000000 0x40000>;
33          no-map;
34      };
35
36      retram: retram@38000000 {
37          compatible = "shared-dma-pool";
38          reg = <0x38000000 0x10000>;
39          no-map;
40      };
```

第一行的 reserved-memory 表示该节点下分配的内存都是预留的内存。预留的内存区域一般是给特定的驱动程序使用的，它和 Linux 内核使用的内存区域不同，一般预留的内存功能和 Linux 内核的 DMA 或者 CMA 紧密相关。

如果某个节点的 compatible 属性为 shared-dma-pool，则表示该节点内存区域用作一组设备的 DMA 缓冲区共享池。此时，如果看到节点属性中有 no-map，则表示该内存不能被内核映射为系统内存的一部分，需要从系统内存中分离出来；如果看到节点属性中有 reusable 属性，则表示该内存不用从系统内存分离出来，当特定驱动不使用这些内存的时候,OS 可以使用这些内存。注意,一个节点不能同时有 no-map 和 reusable 属性,因为它们是逻辑上的矛盾关系。reserved-memory 节点下的每个子节点都包含 no-map 属性,说明这些内存不能被 Linux 系统使用,实际上是留给 M4 的系统使用的。

设备树中设备节点的名称格式 node-name@unit-address,例如,vdev0vring0 子节点:

```
vdev0vring0: vdev0vring0@10040000 {
            compatible = "shared-dma-pool";
            reg = <0x10040000 0x1000>;
            no-map;
};
```

其中,vdev0vring0 是子节点的名字(node-name),@ 后面的 10040000 表示 vdev0vring0 节点的地址为 0x10040000。reg 后面是设备的起始地址和地址的长度。

下面看看 reserved-memory 节点下的每个子节点。

**(1) mcuram2 子节点**

0x10000000 是 SRAM1 的起始地址,0x40000 的大小刚好 256 KB,这段区域是 SRAM1+SRAM2 区域,主要用来保存 M4 固件的代码段和数据段:SRAM1(代码)和 SRAM2(数据);可以从 M4 工程的链接脚本(分散加载文件)看出,不过也可以通过修改链接脚本重新划分地址范围。注意,链接脚本的地址范围要和设备树配置的范围一致。

vdev0vring0、vdev0vring1 和 vdev0buffer 子节点刚好在 SRAM3 处,即 IPC 缓冲区,我们来看看这 3 个节点怎么分配的。

**(2) vdev0vring0 子节点**

0x10040000 是 vring0 的起始地址,地址长度为 0x1000,即 4 KB。同样的,vdev0vring1 是 vring1 的起始地址,地址长度也是 0x1000,即 4 KB。这两个节点就是前面说的用于发送和接收消息的 vring。vdev0buffer 子节点起始地址为 0x10042000,地址长度为 0x4000,大小为 16 KB,这段地址刚好落在 SRAM3 中,这就是设置的共享的内存区域。这里只占用了 SRAM3 的前 24 KB,SRAM3 有 64 KB,并未使用完,所以如果有需要,也可以通过修改设备树和链接脚本来将 SRAM3 未使用到的地址用作其他功能。

**(3) mcuram 子节点**

起始地址是 0x30000000,地址长度为 0x40000,大小为 256 KB,这段地址是 RAM aliases 里的 SRAM1 和 SRAM2 区域。因为 RAM aliases 和 SRAMs 的物理地址是一样的,所以也需要配置对于 A7"可见"的对应区域,这段区域对应的是 M4 "可见"的 mcuram2 区域。因为 mcuram 和 mcuram2 的物理地址一样,所以这两段存储区域的功能是一样的。可以说,mcuram 是 mcuram2 的别名存储区域,这可能

就是 RAM aliases 中 aliases(别名)的由来。注意,在设备树中,mcuram 和 mcuram2
内存段定义必须是一致的。

　　retram 子节点的起始地址是 0x38000000,地址长度 0x10000 为 64 KB,属于
RAM aliases 里的 RETRAM 区域;此区域和 BOOT 存储区域的 RETRAM 区域对
应,它们是同一个物理地址。RETRAM 用于存放 M4 内核的中断向量表(中断向量
表从 0x00000000 开始),默认情况下,RETRAM 起始地址为 0x38000000,它会重新
映射到 0x00000000 以执行 M4 的代码。

　　SRAM 地址配置如表 19.1 所列。

表 19.1　SRAM 地址划分

| 子节点 | 地　　址 | 大小/KB | 区　　域 |
|---|---|---|---|
| mcuram2 | 0x10000000～0x10040000 | 256 | M4 可见的 SRAM1+SRAM2 |
| vdev0vring0 | 0x10040000～0x10041000 | 4 | SRAM3 |
| vdev0vring1 | 0x10041000～0x10042000 | 4 | |
| vdev0buffer | 0x10042000～0x10046000 | 16 | |
| mcuram | 0x30000000～0x30040000 | 256 | A7 可见的 SRAM1+SRAM2 |
| retram | 0x38000000～0x38010000 | 64 | A7 可见的 RETRAM |

## 19.2.2　系统资源分配

　　打开内核源码的 stm32mp151.dtsi 设备树文件,找到如下地方:

```
mlahb{
        compatible = "simple-bus";
        #address-cells = <1>;
        #size-cells = <1>;
        dma-ranges = <0x00000000 0x38000000 0x10000>,
                <0x10000000 0x10000000 0x60000>,
                <0x30000000 0x30000000 0x60000>;
m4_rproc: m4@10000000 {
                compatible = "st,stm32mp1-m4";
                reg = <0x10000000 0x40000>,
                        <0x30000000 0x40000>,
                        <0x38000000 0x10000>;
                resets = <&scmi0_reset RST_SCMI0_MCU>;
                st,syscfg-holdboot = <&rcc 0x10C 0x1>;
                st,syscfg-tz = <&rcc 0x000 0x1>;
                st,syscfg-rsc-tbl = <&tamp 0x144 0xFFFFFFFF>;
                st,syscfg-copro-state = <&tamp 0x148 0xFFFFFFFF>;
                st,syscfg-pdds = <&pwr_mcu 0x0 0x1>;
                status = "disabled";
```

```
         m4_system_resources{
                 compatible = "rproc-srm-core";
                 status = "disabled";
             };
         };
 };
```

以上设备树节点中有个 m4_system_resources 子节点（也就是 M4 的资源管理器），它用于配置 M4 的外设资源。其中，compatible 属性中的 rproc-srm-core 会匹配到内核源码源码的 drivers/remoteproc/rproc_srm_core.c 驱动文件。rproc_srm_core.c 文件的部分代码如下：

```
static const struct of_device_id rproc_srm_core_match[] = {
    { .compatible = "rproc - srm - core", },
    {},
};
MODULE_DEVICE_TABLE(of, rproc_srm_core_match);
static struct platform_driver rproc_srm_core_driver = {
        .probe = rproc_srm_core_probe,
        .remove = rproc_srm_core_remove,
        .driver = {
                .name = "rproc-srm-core",
                .of_match_table = of_match_ptr(rproc_srm_core_match),
        },
};
module_platform_driver(rproc_srm_core_driver);
```

当设备和驱动匹配成功以后，platform_driver 的 probe 成员变量所代表的函数 rproc_srm_core_probe()被执行，通过该函数实现注册 rproc 子设备（rproc 代表一个物理远程处理器设备，可以说是一个外设）。

打开内核源码的 stm32mp157-m4-srm.dtsi 设备树文件，看到如下代码（&m4_rproc 表示在前面的 m4_rproc 节点下追加内容，我们看追加了哪些内容）：

```
&m4_rproc {
  m4_system_resources{
    #address-cells = <1>;
    #size-cells = <0>;
    m4_timers2: timer@40000000 {
            compatible = "rproc-srm-dev";
            reg = <0x40000000 0x400>;
            clocks = <&rcc TIM2_K>;
            clock-names = "int";
            status = "disabled";
        };
    /* 省略部分代码 */
    m4_adc: adc@48003000 {
            compatible = "rproc-srm-dev";
```

```
                reg = ＜0x48003000 0x400＞;
                clocks = ＜&rcc ADC12＞, ＜&rcc ADC12_K＞;
                clock-names = "bus", "adc";
                status = "disabled";
    };
/* 省略部分代码 */
    m4_ethernet0: ethernet@5800a000 {
                compatible = "rproc-srm-dev";
                reg = ＜0x5800a000 0x2000＞;
                clock-names = "stmmaceth",
                            "mac-clk-tx",
                            "mac-clk-rx",
                            "ethstp",
                            "syscfg-clk";
                clocks = ＜&rcc ETHMAC＞,
                        ＜&rcc ETHTX＞,
                        ＜&rcc ETHRX＞,
                        ＜&rcc ETHSTP＞,
                        ＜&rcc SYSCFG＞;
                status = "disabled";
        };
    };
};
```

以上代码配置的就是 M4 的系统资源,即 M4 配置了哪些外设,不过 status 属性都是 disabled,也就是虽然配置了外设,但是不使能外设。因为 stm32mp157d-atk. dtsi 文件包含了 stm32mp157-m4-srm. dtsi 文件,stm32mp157d-atk. dts 文件又包含了 stm32mp157d-atk. dtsi 文件,所以可以直接在 stm32mp157d-atk. dtsi 或 stm32mp157d-atk. dts 设备树文件中选择使能 M4 的某个外设。

这里说明一下,M4 和 A7 有些外设是共享的,如 GPIO 是共享的资源,如果此 GPIO 没有复用做其他功能,只是单纯当作普通的 I/O 使用,那么 A7 和 M4 都可以访问这些资源。例如,stm32mp157d-atk. dtsi 下配置了一个蜂鸣器和两个 led 节点,它们使用的是 GPIO 功能,这些节点是给 A7 用的,但 M4 也可以使用:

```
leds{
    compatible = "gpio-leds";
    led1{
        label = "sys-led";
        gpios = ＜&gpioi 0 GPIO_ACTIVE_LOW＞;
        linux,default-trigger = "heartbeat";
        default-state = "on";
        status = "okay";
    };
    led2{
        label = "user-led";
```

```
        gpios = <&gpiof 3 GPIO_ACTIVE_LOW>;
        linux,default-trigger = "none";
        default-state = "on";
        status = "okay";
    };

    beep{
        label = "beep";
        gpios = <&gpioc 7 GPIO_ACTIVE_LOW>;
        default-state = "off";
    };
};
```

如果是具有单选功能的外设，也就是这些外设要么只能单独给 A7 使用，要么只能单独给 M4 使用；如果 A7 和 M4 都一起使用该外设，就会存在资源争用问题，某一方就会出现异常（主处理器有一定的优先权，一般是协处理器出现异常）。例如，如果 A7 和 M4 一起占用 ADC1 来采集数据，这个时候 M4 采集到的数据会不准确，可能因采集不到数据而显示 0。

对于单选的外设，如果 A7 要使用该外设，则设备树下一定要配置 A7 对应的外设节点；如果该外设要给 M4 使用，设备树下可以不必配置 M4 相关的节点，只需要在固件中配置该外设即可（也就是在裸机程序中配置）。当 A7 加载和启动固件后，M4 就可以使用该外设了。如果已经在设备树下配置 A7 对应的某个外设节点，M4 想使用此外设的话，是否需要将设备树下 A7 占用的相关节点注释掉呢？例如，stm32mp157d-atk.dtsi 设备树下有如下节点：

```
    adc1_in6_pins_b: adc1-in6 {
        pins{
            pinmux = <STM32_PINMUX('A', 5, ANALOG)>;
        };
    };
&adc {
    /* ADC1 & ADC2 common resources */
    pinctrl-names = "default";
    pinctrl-0 = <&adc1_in6_pins_b>;
        vdd-supply = <&vdd>;
        vdda-supply = <&vdd>;
        vref-supply = <&vdd>;
    status = "okay";
    adc1: adc@0 {
        /* private resources for ADC1 */
        st,adc-channels = <19>;
        st,min-sample-time-nsecs = <10000>;
        status = "okay";
    };
};
```

以上代码段表示将 ADC1 分配给 A7 使用,如果 M4 要使用,这段代码可以不用注释掉,只要确保 Linux 系统运行以后 A7 不去操作 ADC1,那么,加载和运行 M4 的固件后(固件中已经配置了 ADC1),M4 就可以使用 ADC1 来采集数据了。但是,如果此时 A7 去操作 ADC1,M4 的 ADC1 采集到的数据就会不准确。所以,要么将设备树下 A7 占用 ADC1 的节点注释掉,这样 A7 就永远无法使用 ADC1 了;要么保留 A7 占用的 ADC1 节点,只需要保证 Linux 系统启动后,A7 不去操作 ADC1,这样 M4 就可以正常使用 ADC1 了。如果采用前者的方法,将 A7 占用 ADC1 的相关节点注释掉,可以修改如下:

```
/*
    adc1_in6_pins_b: adc1 - in6 {
        pins {
            pinmux = <STM32_PINMUX('A', 5, ANALOG)>;
        };
    };
*/
/*
&adc {
  //   * ADC1 & ADC2 common resources *
    pinctrl-names = "default";
    pinctrl-0 = <&adc1_in6_pins_b>;
        vdd-supply = <&vdd>;
        vdda-supply = <&vdd>;
        vref-supply = <&vdd>;
    status = "okay";
    adc1: adc@0 {
    //     * private resources for ADC1 *
        st,adc-channels = <19>;
        st,min-sample-time-nsecs = <10000>;
        status = "okay";
    };
};
*/
&m4_adc {
        vref-supply = <&vrefbuf>;
        status = "okay";                /* 使能 M4 的 ADC */
};
```

也就是将 A7 占用的 ADC1 部分注释掉。后面 &m4_adc 节点部分是手动添加的,这段可以添加也可以不添加,不过按照 ST 的标准最好要添加。设备树 stm32mp157c-dk2-m4-examples.dts 是模板文件,修改设备树的时候可以参考模板文件,以上修改的 &m4_adc 节点就是参考此文件来写的。修改好设备树以后,执行如下指令重新编译设备树:

```
make ARCH = arm CROSS_COMPILE = arm-none-linux-gnueabihf-dtbs
```

将编译出来的 stm32mp157d-atk.dtb 文件复制到开发板文件系统的/boot 目录下，替换掉以前的设备树二进制文件；再执行 sync 指令以同步缓存，然后重启开发板，重新进入 Linux 操作系统后，A7 就不能再去操作 ADC1 了。当加载和启动 M4 固件后，M4 可单独访问 ADC1。关于这些操作，读者在后期操作的时候可以多实践。

## 19.3　Linux 下 Remoteproc 相关 API 函数

内核源码根目录的 Documentation/remoteproc.txt 文本有对 Remoteproc 的说明，可以查阅此帮助文档获得一些信息。Linux 内核源码的 drivers/remoteproc 目录下就是 Remoteproc 驱动文件，这些文件中比较关心的是 remoteproc_core.c、remoteproc_elf_loader.c、remoteproc_core.c、remoteproc_sysfs.c、remoteproc_virtio.c 和 stm32_rproc.c 文件。stm32_rproc.c 文件是 ST 官方编写的部分驱动程序，而其他文件主要就是注册设备、初始化调试目录、为 stm32_rproc.c 文件驱动提供接口等。

```
alientek@alientek-virtual-machine:~/157/kenel/drivers/remoteproc $ ls
built-in.a                      remoteproc_core.o
da8xx_remoteproc.c              remoteproc_debugfs.c
imx_rproc.c                     remoteproc_debugfs.o
Kconfig                         remoteproc_elf_loader.c
keystone_remoteproc.c           remoteproc_elf_loader.oMakefile
                                remoteproc_internal.h
omap_remoteproc.c               remoteproc_sysfs.c
omap_remoteproc.h               remoteproc_sysfs.o
qcom_common.c                   remoteproc_virtio.c
qcom_common.h                   remoteproc_virtio.o
qcom_q6v5_adsp.c                rproc_srm_core.c
qcom_q6v5.c                     rproc_srm_core.h
qcom_q6v5.h                     rproc_srm_core.o
qcom_q6v5_mss.c                 rproc_srm_dev.c
qcom_q6v5_pas.c                 rproc_srm_dev.o
qcom_q6v5_wcss.c                stm32_rproc.c
qcom_sysmon.c                   stm32_rproc.o
qcom_wcnss.c                    st_remoteproc.c
qcom_wcnss.h                    st_slim_rproc.c
qcom_wcnss_iris.c               wkup_m3_rproc.c
remoteproc_core.c
```

在 OneOS 工程的 openamp 文件夹下也可以看到 Remoteproc 驱动相关的文件：remoteproc.c 和 remoteproc_virtio.c，感兴趣的读者也可以分析这部分的代码。

下面了解几个和 Remoteproc 框架相关的函数。首先打开 Linux 内核源码 drivers/remoteproc/remoteproc_core.c 文件，分别查看如表 19.2 所列的函数。

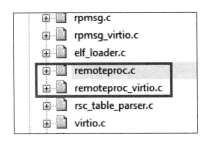

图 19.3　OneOS 工程目录

表 19.2　几个重要的 API 函数

| 函　数 | 描　述 |
|---|---|
| remoteproc_init() | 初始化 Remoteproc 实例 |
| remoteproc_exit() | 退出 Remoteproc 实例 |
| rproc_alloc() | 分配远程处理器句柄 |
| stm32_rproc_parse_dt() | 获取设备树中的属性 |
| rproc_boot() | 启动远程处理器 |
| rproc_shutdown() | 关闭远程处理器 |
| rproc_add() | 注册远程处理器 |
| stm32_rproc_request_mbox() | 为远程处理器申请邮箱 |
| stm32_rproc_probe() | 在 platform 驱动中,设备和驱动匹配成功后,此函数会执行 |

　　Remoteproc 框架通过 remoteproc_init()函数初始化远程处理器环境,其根据固件资源表的配置信息来建立远程固件所需的运行环境,如配置固件所需的物理存储地址、注册所支持的 Virtio 设备等。

　　rproc_alloc()函数根据远程处理器(即 M4)的名称和固件来分配一个远程处理器句柄,并完成远程设备的部分初始化,此时远程处理器的初始状态处于离线状态。stm32_rproc_parse_dt()函数用于获取设备树中的属性,目的是完成远程处理器的配置。接下来调用 rproc_add()函数注册远程处理器,rproc_add()函数内部会调用 rproc_boot()函数来启动远程处理器,此时远程处理器为在线状态。stm32_rproc_request_mbox()函数用于为远程处理器申请邮箱,A7 和 M4 的核间通信时通过邮箱机制来通知已经有数据在共享内存中了,可以进行读取操作。以上 API 的关系可以使用图 19.4 来表示。

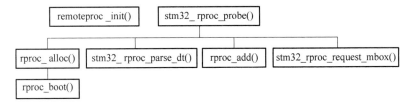

图 19.4　API 函数的调用关系

### 19.3.1 rproc 结构体

这部分驱动可以简单了解即可，下面先看和远程处理器相关的 rproc 结构体。打开 include/linux/remoteproc.h 文件，找到如下示例代码：

```
struct rproc {                          /* rproc 代表一个物理远程处理器设备 */
  struct list_head node;                /* rproc 对象的节点 */
  struct iommu_domain * domain;         /* iommu 域 */
  const char * name;                    /* rproc 的可读名称 */
  char * firmware;                      /* 要加载的固件文件名字 */
  void * priv;                          /* 芯片厂商保存自己私有数据的指针 */
/* rproc_ops 结构体是芯片厂商做好的，用于加载/启动/停止固件 */
  struct rproc_ops * ops;
  struct device dev;                    /* 用于引用计数和常见 Remoteproc 行为的虚拟设备 */
  atomic_t power;                       /* 需要此 rproc 启动的用户的引用计数 */
  unsigned int state;                   /* 设备状态 */
  struct mutex lock;                    /* 保护 rproc 并发操作的锁 */
  struct dentry * dbg_dir;              /* 这个 rproc 设备的 debugfs 目录 */
  struct list_head traces;              /* 跟踪缓冲区列表 */
  int num_traces;                       /* 跟踪缓冲区的数量 */
  struct list_head carveouts;           /* 物理连续内存分配列表 */
  struct list_head mappings;            /* 我们启动的 iommu 映射列表，关闭时需要 */
  u32 bootaddr;                         /* 加载的首地址 */
  struct list_head rvdevs;              /* 远程 Virtio 设备列表 */
  struct list_head subdevs;             /* 子设备列表，跟踪运行状态 */
  struct idr notifyids;                 /* idr 用于动态分配 rproc 范围内的唯一通知 ID */
  int index;                            /* 这个 rproc 设备的索引 */
  struct work_struct crash_handler;     /* 处理崩溃的工作队列 */
  unsigned int crash_cnt;               /* 崩溃计数器 */
  bool recovery_disabled;               /* 如果恢复被禁用，则标记该状态 */
  int max_notifyid;                     /* 最大分配的通知 ID */
  struct resource_table * table_ptr;    /* 指向有效资源表的指针 */
  struct resource_table * cached_table; /* 资源表的副本 */
  size_t table_sz;                      /* cached_table 的大小 */
  bool has_iommu;                       /* 指示远程处理器是否在 MMU 后面的标志 */
  bool auto_boot;                       /* 指示是否应自动启动远程处理器的标志 */
  struct list_head dump_segments;       /* 固件中的段列表 */
  int nb_vdev;                          /* 当前由 rproc 处理的 vdev 数量 */
  bool early_boot;                      /* 固件加载标志位(0 表示加载,1 表示没有加载)*/
};
```

对于写驱动的人来说，rproc 是 Remoteproc 框架的一个重要的结构体，后面的函数只需要定义一个结构体指针，然后通过指针来配置这个结构体里面的成员变量就可以达到一定的目的。

### 19.3.2 初始化 Remoteproc 实例

remoteproc_init()函数用于初始化 Remoteproc 实例，即初始化远程处理器环

境,其定义如下:

```
static int __init remoteproc_init(void)
{
        rproc_init_sysfs();
        rproc_init_debugfs();
        return 0;
}
subsys_initcall(remoteproc_init);
```

rproc_init_sysfs()函数在 remoteproc_sysfs.c 文件中定义,它为 sysfs 文件系统注册 Remoteproc 设备类;它提供了一个用于控制远程处理器的 sysfs 接口,sysfs 其实也是个文件系统,挂载在/sys 下。

rproc_init_debugfs()函数在 remoteproc_debugfs.c 文件中定义,用于创建调试(debugfs)目录。debugfs 其实也是一个虚拟文件系统,它是内核空间与用户空间的接口,方便开发人员调试和向用户空间导出内核空间数据;一般发行版的内核都已经默认将 debugfs 和 sysfs 编译到了内核,并将 debugfs 自动挂载到文件系统的/sys/kernel/debug 目录下。进入到开发板 Linux 文件系统该目录下:

```
root@ATK-MP157:~ # cd /sys/kernel/debug
root@ATK-MP157:/sys/kernel/debug# ls
49000000.usb-otg device_component  gpio           mtd        remoteproc
allocators       devices_deferred  hid            opp        sleep_time
asoc             dma_buf           ieee80211      pinctrl    stmmaceth
bdi              dmaengine         iio            pm_genpd   suspend_stats
block            dri               memblock       pm_qos     tracing
bluetooth        dynamic_debug     memcg_slabinfo pwm        ubi
cec              extfrag           mmc0           ras        ubifs
clear_warn_once  fault_around_bytesmmc1           regmap     usb
clk              gc                mmc2           regulator wakeup_sources
```

可以看到有 remoteproc 文件夹,进入文件夹发现有如下一个 remoteproc0 目录:

```
root@ATK-MP157:/sys/kernel/debug# cd remoteproc/
root@ATK-MP157:/sys/kernel/debug/remoteproc# ls
remoteproc0
root@ATK-MP157:/sys/kernel/debug/remoteproc# cd remoteproc0/
root@ATK-MP157:/sys/kernel/debug/remoteproc/remoteproc0# ls
carveout_memories  crash  name  recovery  resource_table
root@ATK-MP157:/sys/kernel/debug/remoteproc/remoteproc0#
```

进入到 remoteproc0 目录下可以看到,有如下文件:carveout_memories、crash、name、recovery 和 resource_table。这几个文件说明如下:

① name 中的内容是处理器的名字,内容为 m4,也就是 M4 协处理器;

② resource_table 记录了 M4 的资源信息(资源表);

③ carveout_memories 记录了 M4 的内存分配情况（内存是在设备树下配置的）；

④ recovery 文件的内容可以是 enabled、disabled 或 recovery 三者之一，用于控制恢复机制的行为。enabled 表示远程处理器在崩溃时可以自动恢复；disabled 表示远程处理器在崩溃时将保持崩溃状态；recovery 表示如果远程处理器处于崩溃状态，此功能将触发立即恢复，而不用手动更改或检查恢复状态（启用/禁用）。这 3 种模式在调试的时候很有用，默认为 enabled；如果要修改为 disabled，执行如下指令即可：

```
echo disabled>/sys/kernel/debug/remoteproc/remoteproc0/recovery
```

⑤ crash 是记录系统崩溃时候的有关信息。

如果 A7 没有使用 Remoteproc 加载固件，则 carveout_memories 和 resource_table 文件中是没有什么内容的，如下操作所示（使用 cat 命令查看文件是没有什么内容的）：

```
root@ATK-MP157:/sys/kernel/debug/remoteproc/remoteproc0 # cat name
m4
root@ATK-MP157:/sys/kernel/debug/remoteproc/remoteproc0 # cat carveout_memories
root@ATK-MP157:/sys/kernel/debug/remoteproc/remoteproc0 # cat resource_table
No resource table found
root@ATK-MP157:/sys/kernel/debug/remoteproc/remoteproc0 #
```

如果 A7 使用 Remoteproc 加载固件后固件资源被解析，则关联的资源信息会被记录到以上文件中，后面加载固件后再来查看这些文件的内容。

### 19.3.3　退出 Remoteproc 实例

remoteproc_exit() 函数用于退出 Remoteproc 实例，即退出远程处理器环境，其定义如下：

```
static void __exit remoteproc_exit(void)
{
        ida_destroy(&rproc_dev_index);
        rproc_exit_debugfs();
        rproc_exit_sysfs();
}
module_exit(remoteproc_exit);
```

释放 Remoteproc 和初始化 Remoteproc 相反，也就是退出 debugfs、sysfs 目录并删除关联的资源。

### 19.3.4　启动远程处理器

rproc_boot() 函数用于启动远程处理器，其定义如下：

```
1   /**
2    * @brief      启动远程处理器(即加载其固件,打开电源)
3    * @param      rproc:指针变量,远程处理器的结构体
4    * @retval     成功返回 0,否则返回适当的错误值
5    */
6   int rproc_boot(struct rproc * rproc)
7   {
8       const struct firmware * firmware_p = NULL;
9       struct device * dev;
10      int ret;
11
12      if (! rproc) {
13              pr_err("invalid rproc handle\n");
14              return-EINVAL;
15      }
16
17      dev = &rproc->dev;
18      /* 获取互斥锁,可中断 */
19      ret = mutex_lock_interruptible(&rproc->lock);
20      if (ret) {
21              dev_err(dev, "can't lock rproc % s: % d\n", rproc->name, ret);
22              return ret;
23      }
24      /* 如果处理器的状态是已经删除,则解锁互斥锁 */
25      if (rproc->state == RPROC_DELETED) {
26              ret = - ENODEV;
27              dev_err(dev, "can't boot deleted rproc % s\n", rproc->name);
28              goto unlock_mutex;
29      }
30      /* 如果 rproc 已经通电,则跳过引导过程 */
31      if (atomic_inc_return(&rproc->power) > 1) {
32              ret = 0;
33              goto unlock_mutex;
34      }
35
36      dev_info(dev, "powering up % s\n", rproc->name);
37
38      if (! rproc->early_boot) {
39              /* 如果没有加载固件的话,则加载固件到内存 */
40              ret = request_firmware(&firmware_p, rproc->firmware, dev);
41              if (ret < 0) {
42                      dev_err(dev, "request_firmware failed: % d\n", ret);
43                      goto downref_rproc;
44              }
45      } else {
46              /* 如果已经加载了固件,则将固件名称设置为 null 作为未知 */
47              kfree(rproc->firmware);
48              rproc->firmware = NULL;
49      }
```

```
50      /* 获取固件并用固件启动远程处理器。*/
51      ret = rproc_fw_boot(rproc, firmware_p);
52      /* 释放固件 */
53      release_firmware(firmware_p);
54
55   downref_rproc:
56           if (ret)
57                   atomic_dec(&rproc->power);  /* 递减原子变量 */
58   unlock_mutex:
59           mutex_unlock(&rproc->lock);          /* 释放互斥锁 */
60           return ret;
61   }
62   EXPORT_SYMBOL(rproc_boot);
```

启动远程处理器的代码比较简单,简单分析这段代码:

第 12~15 行,判断远程处理器的结构体是否为真,其实也就是检查远程处理器是否准备好了。

第 19 行,获取互斥锁操作,目的就是操作设备的时候先上锁,其他线程将阻塞等待而不能同时操作设备(防止多个线程同时访问共享数据)。

第 24~29 行,如果远程处理器状态已经删除,则解锁互斥锁。

第 30~34 行,如果远程处理器已经通电,则跳过引导过程,该函数立即返回 0(成功)。

第 36 行,打印"powering up m4",这里处理器的名字是 m4,启动固件后会打印这句话。

第 38~45,early_boot 是固件加载标记,如果没有加载固件,则加载固件。其中,firmware_p 是指向固件名字的指针变量。

第 51 行,rproc_fw_boot 函数会检查固件是否合法、使能 iommu(地址映射)、从固件中获取到 boot 启动地址、从固件加载资源表、核心转储段列表等信息,然后启动远程处理器的固件资源(包括 RSC_CARVEOUT、RSC_DEVMEM、RSC_VDEV 和 RSC_TRACE 等资源条目),并将内存分配情况记录在 carveout_memories 文件中,将资源表信息记录在 resource_table 文件中。如果获取到固件,则打印固件的名字和大小。例如,测试的时候会打印类似语句"Booting fw image oneos.axf, size 5582740",这里获取固件的名字是 oneos.axf,文件大小为 5 582 740 bit(约 5.4 MB)。如果未获取到固件,则打印"Synchronizing with early booted co-processor"。

第 52 行,释放固件,一旦驱动程序处理完固件,它就可以调用 release_firmware 来释放固件映像和任何相关资源。

### 19.3.5　关闭远程处理器

前面使用 rproc_boot()启动远程处理器,这里 rproc_shutdown()函数用于关闭

远程处理器,其定义如下:

```
1   /**
2    * @brief       关闭远程处理器
3    * @param       rproc:指针变量,远程处理器的结构体
4    * @retval      无
5    * @note        如果rproc仍在被其他用户使用,则此函数只会
6    *              减少电源引用计数并退出,无须真正关闭设备电源
7   */
8   void rproc_shutdown(struct rproc * rproc)
9   {
10      struct device * dev = &rproc->dev;
11      int ret;
12      /* 获取互斥锁,可中断 */
13      ret = mutex_lock_interruptible(&rproc->lock);
14      if (ret) {
15              dev_err(dev, "can't lock rproc % s: % d\n", rproc->name, ret);
16              return;
17      }
18
19      /* 如果仍然需要远程过程,请退出 */
20      if (! atomic_dec_and_test(&rproc->power))
21              goto out;
22      /* Virtio 设备被 rproc_stop() 销毁 */
23      ret = rproc_stop(rproc, false);
24      if (ret) {
25              atomic_inc(&rproc->power);
26              goto out;
27      }
28
29      /* 清理所有获得的资源 */
30      rproc_resource_cleanup(rproc);
31
32      rproc_disable_iommu(rproc);
33
34      /* 释放资源表 */
35      kfree(rproc->cached_table);
36      rproc->cached_table = NULL;
37      rproc->table_ptr = NULL;
38  out:
39      mutex_unlock(&rproc->lock); /* 释放互斥锁 */
40  }
41  EXPORT_SYMBOL(rproc_shutdown);
```

关闭远程处理器的过程和启动远程处理器的过程相反,我们看看上面代码做了哪些操作。

第23行,关闭远程处理器,其中,rproc_stop()函数会停止远程处理器的任何子设备,不访问已关联的资源表,关闭远程处理器,然后打印"stopped remote processor m4"，后面调试时可以多关注打印的信息。

第 30 行，清理所有获得的资源，清理调试跟踪条目，清除 carveout_memories 文件等。

第 32 行，这里补充一下，IOMMU 主要是将虚拟内存地址映射为物理内存地址，让实体设备可以在虚拟的内存环境中工作，在加载和获取固件的时候已经做了这步操作了。这里是注销设备、注销远程处理器的操作域（iommu 域）。

第 35～37，释放资源表。

注意，如果远程处理器仍在被其他用户使用，则此函数只会减少电源引用计数并退出，而不会真正关闭设备电源。

## 19.3.6 分配远程处理器句柄

在远程处理器初始化期间会调用 rproc_alloc( )函数，该函数会根据远程处理器的名称和固件来分配一个远程处理器句柄，并完成远程设备的部分初始化。使用此函数分配新的远程处理器句柄后，远程处理器还未注册，后期应该调用 rproc_add( )函数以完成远程处理器的注册。

运行此函数后，远程处理器的初始状态处于离线状态。

```
/ * *
 * @brief          分配一个远程处理器句柄
 * @dev            dev:底层设备
 *                 name:此远程处理器的名称
 *                 ops:处理程序（主要是启动/停止）
 *                 firmware:要加载的固件文件的名称,可以为空
 *                 len:rproc 驱动程序所需的私有数据长度(字节)
 * @retval         成功时返回新的 rproc,失败时返回 NULL
 * @note           注意:如果要释放 rproc_add( )函数分配的处理器,则使用 rproc_free( )
 * /
struct rproc * rproc_alloc(struct device * dev, const char * name,
                 const struct rproc_ops * ops,
                 const char * firmware, int len)
{
  struct rproc * rproc;
  char * p, * template = "rproc - % s - fw";
  int name_len;

  if (! dev || ! name || ! ops)
  return NULL;
  /* 如果调用方没有传入固件名称,则构造一个默认名称 */
  if (! firmware)
  {
    name_len = strlen(name) + strlen(template) - 2 + 1;
    p = kmalloc(name_len, GFP_KERNEL);
    if (! p)
```

```
                return NULL;
        snprintf(p, name_len, template, name);
    }
    /*
     * 如果调用方有传入固件名称,则分配内存空间,
     * 并将该固件名称字符串拷贝到所分配的地址空间中
     */
else
{
        p = kstrdup(firmware, GFP_KERNEL);
        if (! p)
            return NULL;
    }
    /* 调用 kzalloc 分配一个内存空间 */
    rproc = kzalloc(sizeof(struct rproc) + len, GFP_KERNEL);
    if (! rproc)
    {
        kfree(p);
        return NULL;
    }
    /* 根据给定的 ops 来分配一个内存空间 */
    rproc->ops = kmemdup(ops, sizeof(*ops), GFP_KERNEL);
    if (! rproc->ops)
    {
        kfree(p);
        kfree(rproc);
        return NULL;
    }
    rproc->firmware = p;          /* 要加载的固件文件名字 */
    rproc->name = name;          /* 远程处理器的名称 */
    rproc->priv = &rproc[1];  /* 私有数据 */
    rproc->auto_boot = true;   /* 自动启动远程处理器 */
    /* 对设备进行初始化,主要是设备引用计数器、信号量、设备访问锁等字段的初始化 */
    device_initialize(&rproc->dev);
    rproc->dev.parent = dev;
    rproc->dev.type = &rproc_type;
    rproc->dev.class = &rproc_class;
    rproc->dev.driver_data = rproc;

    /* 分配唯一的设备索引和名称 */
    rproc->index = ida_simple_get(&rproc_dev_index, 0, 0, GFP_KERNEL);
    if (rproc->index < 0)
    {
        dev_err(dev, "ida_simple_get failed: %d\n", rproc->index);
        put_device(&rproc->dev); /* 对设备引用次数减一 */
        return NULL;
    }

    dev_set_name(&rproc->dev, "remoteproc%d", rproc->index);
```

```
    atomic_set(&rproc->power, 0);
    /* Default to ELF loader if no load function is specified */
    /* 若未指定加载的文件名,则默认是 ELF 文件 */
    if (! rproc->ops->load)
    {
        /* 加载 ELF 文件,即加载固件到内存中 */
        rproc->ops->load = rproc_elf_load_segments;
        /* 加载固件资源表 */
        rproc->ops->parse_fw = rproc_elf_load_rsc_table;
        /* 查找已经加载的资源表 */
        rproc->ops->find_loaded_rsc_table = rproc_elf_find_loaded_rsc_table;
        /* 检查 ELF 固件映像 */
        rproc->ops->sanity_check = rproc_elf_sanity_check;
        /* 获取处理器的启动地址 */
        rproc->ops->get_boot_addr = rproc_elf_get_boot_addr;
    }
    mutex_init(&rproc->lock);
    idr_init(&rproc->notifyids);
    /* 初始化对应的双向链表 */
    INIT_LIST_HEAD(&rproc->carveouts);
    INIT_LIST_HEAD(&rproc->mappings);
    INIT_LIST_HEAD(&rproc->traces);
    INIT_LIST_HEAD(&rproc->rvdevs);
    INIT_LIST_HEAD(&rproc->subdevs);
    INIT_LIST_HEAD(&rproc->dump_segments);
    /* 初始化一个工作队列 */
    INIT_WORK(&rproc->crash_handler, rproc_crash_handler_work);
    /* 远程处理器的初始状态是离线的状态 */
    rproc->state = RPROC_OFFLINE;
    return rproc;
}
    EXPORT_SYMBOL(rproc_alloc);
```

## 19.3.7　注册远程处理器

rproc_add()函数用于注册一个远程处理器(rproc),rproc_add()函数把 rproc 结构体注册进 Remoteproc 框架,就能够为上一层提供接口去加载固件。使用 rproc_add()函数注册 rproc 结构体后,需要删除时可以使用 rproc_del()函数。

```
1   /**
2    * @brief        注册一个远程处理器
3    * @param        rproc:远程处理器的结构体
4    * @retval       成功返回 0,否则返回适当的错误代码
5    * @note         注意:此函数会启动一个异步固件加载上下文
6    *               它将寻找 rproc 的固件支持的 virtio 设备
7    */
8   int rproc_add(struct rproc * rproc)
```

```
9   {
10      struct device * dev = &rproc－>dev;
11      int ret;
12      /* 调用 device_add 增加一个设备对象 */
13      ret = device_add(dev);
14      if (ret < 0)
15              return ret;
16
17      dev_info(dev, "% s is available\n", rproc－>name);
18
19      /* 创建 debugfs 条目 */
20      rproc_create_debug_dir(rproc);
21
22      /* 添加资源管理器设备 */
23      ret = devm_of_platform_populate(dev－>parent);
24      if (ret < 0)
25              return ret;
26      if (rproc－>early_boot) {
27      /* 如果已经加载固件,则无须等待固件,只须处理关联资源并启动子设备 */
28              ret = rproc_boot(rproc);
29              if (ret < 0)
30                      return ret;
31      } else if (rproc－>auto_boot) {
32      /* 如果 rproc 被标记为永远在线,则请求它启动 */
33              ret = rproc_trigger_auto_boot(rproc);
34              if (ret < 0)
35                      return ret;
36      }
37
38      /* 暴露给 rproc_get_by_phandle 用户 */
39      mutex_lock(&rproc_list_mutex);
40      list_add(&rproc－>node, &rproc_list);
41      mutex_unlock(&rproc_list_mutex);
42
43      return 0;
44  }
45  EXPORT_SYMBOL(rproc_add);
```

rproc_add()函数调用了 rproc_boot()函数,分析其启动过程:

第 12 行,调用 device_add()增加一个设备对象,注册一个远程处理器。

第 23 行,添加资源管理器设备。dev 是从设备树请求的设备,devm_of_platform
_populate()函数会调用 of_platform_populate()函数,of_platform_populate()函数
会遍历对应的设备树节点,并将设备树节点转化为一个 platform device;因为在
platform driver 中最终是 platform device 和 platform driver 匹配,最后可以完成
probe 过程。

第 26～36 行,如果已经加载了固件,则执行 rproc_boot()函数,表示处理关联资

源并启动处理器;如果远程处理器被标记为永远在线,则请求启动它。

第 39～41 行,先调用互斥锁锁定 rproc_list_mutex 互斥对象,再使用 list_add 将处理器设备节点添加到列表中,然后解锁 rproc_list_mutex 互斥对象。这样操作后,rproc_get_by_phandle()可通过设备节点的 phandle 查找远程处理器。

前面的第 20 行,创建 debugfs 条目,rproc_create_debug_dir()函数在 remoteproc_debugfs.c 文件中定义,如下:

```c
void rproc_create_debug_dir(struct rproc * rproc)
{
struct device * dev = &rproc->dev;
if (! rproc_dbg)
    return;
rproc->dbg_dir = debugfs_create_dir(dev_name(dev), rproc_dbg);
if (! rproc->dbg_dir)
    return;
debugfs_create_file("name", 0400, rproc->dbg_dir,
                rproc, &rproc_name_ops);
debugfs_create_file("recovery", 0400, rproc->dbg_dir,
                rproc, &rproc_recovery_ops);
debugfs_create_file("crash", 0200, rproc->dbg_dir,
                rproc, &rproc_crash_ops);
debugfs_create_file("resource_table", 0400, rproc->dbg_dir,
                rproc, &rproc_rsc_table_ops);
debugfs_create_file("carveout_memories", 0400, rproc->dbg_dir,
                rproc, &rproc_carveouts_ops);
}
```

可以看到,rproc_create_debug_dir()函数通过 debugfs_create_file()创建了 4 个 debugfs 文件:name、recovery、crash、resource_table 和 carveout_memories。rproc_name_ops、rproc_recovery_ops 等类似 XXX_ops 结构的其实是回调函数结构体,其中的函数会对文件进行打开、释放、读文件等操作。例如,rproc_rsc_table_ops 如下:

```c
static const struct file_operations rproc_rsc_table_ops = {
    .open          = rproc_rsc_table_open,
    .read          = seq_read,
    .llseek        = seq_lseek,
    .release       = single_release,
};
```

open 处理程序会执行 rproc_rsc_table_open()函数:

```c
static int rproc_rsc_table_open(struct inode * inode, struct file * file)
{
    return single_open(file, rproc_rsc_table_show, inode->i_private);
}
```

rproc_rsc_table_open()函数会执行 single_open()函数,single_open()调用 rproc_rsc_table_show()函数,rproc_rsc_table_show()函数的内容,如下:

```
1   / * *
2       * @brief        通过 debugfs 打印出资源表内容
3       * @param        seq:序列文件接口指针
4       * @retval       成功返回 0,否则返回适当的错误代码
5       * /
6   static int rproc_rsc_table_show(struct seq_file * seq, void * p)
7   {
8       static const char * const types[] = {"carveout","devmem","trace", "vdev"};
9       struct rproc * rproc = seq->private;
10      struct resource_table * table = rproc->table_ptr;
11      struct fw_rsc_carveout * c;
12      struct fw_rsc_devmem * d;
13      struct fw_rsc_trace * t;
14      struct fw_rsc_vdev * v;
15      int i, j;
16
17      if (! table) {
18      seq_puts(seq, "No resource table found\n");
19      return 0;
20      }
21
22      for (i = 0; i < table->num; i++) {
23      int offset = table->offset[i];
24      struct fw_rsc_hdr * hdr = (void * )table + offset;
25      void * rsc = (void * )hdr + sizeof( * hdr);
26
27      switch (hdr->type) {
28        case RSC_CARVEOUT:
29            / * 省略部分代码 * /
30            break;
31        case RSC_DEVMEM:
32            / * 省略部分代码 * /
33            break;
34        case RSC_TRACE:
35            / * 省略部分代码 * /
36            break;
37        case RSC_VDEV:
38            v = rsc;
39            seq_printf(seq, "Entry %d is of type %s\n", i, types[hdr->type]);
40
41            seq_printf(seq, "  ID %d\n", v->id);
42            seq_printf(seq, "  Notify ID %d\n", v->notifyid);
43            seq_printf(seq, "  Device features 0x%x\n", v->dfeatures);
44            seq_printf(seq, "  Guest features 0x%x\n", v->gfeatures);
45            seq_printf(seq, "  Config length 0x%x\n", v->config_len);
46            seq_printf(seq, "  Status 0x%x\n", v->status);
47            seq_printf(seq, "  Number of vrings %d\n", v->num_of_vrings);
48            seq_printf(seq, "  Reserved (should be zero) [%d][%d]\n\n",
49                    v->reserved[0], v->reserved[1]);
```

```
50
51              for ( j = 0; j < v−>num_of_vrings; j++ ) {
52          seq_printf(seq, "   Vring %d\n", j);
53          seq_printf(seq, "     Device Address 0x%x\n", v−>vring[j].da);
54          seq_printf(seq, "     Alignment %d\n", v−>vring[j].align);
55          seq_printf(seq, "     Number of buffers %d\n", v−>vring[j].num);
56          seq_printf(seq, "     Notify ID %d\n", v−>vring[j].notifyid);
57          seq_printf(seq, "     Physical Address 0x%x\n\n",
58                            v−>vring[j].pa);
59          }
60          break;
61      default:
62          seq_printf(seq, "Unknown resource type found: %d [hdr: %pK]\n",
63                          hdr−>type, hdr);
64          break;
65      }
66      }
67      return 0;
68  }
```

seq_file 是序列文件接口,可以将 Linux 内核里面常用的数据结构通过文件导出到用户空间。如果读取或者打开 Linux 文件系统/sys/kernel/debug/remoteproc/remoteproc0 下的 resource_table 文件,那么就会执行第 37～60 行的代码,即打印 RSC_VDEV 资源条目信息(包括 Virtio 设备 ID、Virtio 功能、Virtio 配置空间、vrings 信息等)。假设此时已经加载固件了,在 Linux 文件系统的/sys/kernel/debug/remoteproc/remoteproc0 目录下执行如下指令:

> cat resource_table

打印如下信息可以看到,Virtio RPMsg 设备 ID 为 7,vring 个数是 2,每个 vring 有 16 个 rpmsg buffer。这些信息在前面分析资源表的时候已经确定下来了,其中,vring0 和 vring1 的地址和前面分析 stm32mp157d-atk.dtsi 设备树的时候看到的配置一样:

```
root@ATK-MP157:/sys/kernel/debug/remoteproc/remoteproc0 # cat resource_table
Entry 0 is of type vdev
  ID 7
  Notify ID 0
  Device features 0x1
  Guest features 0x1
  Config length 0x0
  Status 0x7
  Number of vrings 2
  Reserved (should be zero) [0][0]

  Vring 0
```

```
Device Address 0x10040000
Alignment 16
Number of buffers 16
Notify ID 0
Physical Address 0x0

Vring 1
Device Address 0x10041000
Alignment 16
Number of buffers 16
Notify ID 1
Physical Address 0x0
```

又比如 rproc_carveouts_ops：

```
static const struct file_operations rproc_carveouts_ops = {
    .open        = rproc_carveouts_open,
    .read        = seq_read,
    .llseek      = seq_lseek,
    .release     = single_release,
};
```

打开处理程序会执行 rproc_carveouts_open()函数。rproc_carveouts_open()函数如下：

```
static int rproc_carveouts_open(struct inode * inode, struct file * file)
{
    return single_open(file, rproc_carveouts_show, inode->i_private);
}
```

再打开 rproc_carveouts_show()函数如下：

```
/* *
 * @brief     通过 debugfs 打印 carveout 内容
 * @param     seq:序列文件接口指针
 * @retval    成功返回 0,否则返回适当的错误代码
 */
static int rproc_carveouts_show(struct seq_file * seq, void * p)
{
    struct rproc * rproc = seq->private;
    struct rproc_mem_entry * carveout;
    list_for_each_entry(carveout, &rproc->carveouts, node) {
        seq_puts(seq, "Carveout memory entry:\n");
        seq_printf(seq, "\tName: % s\n", carveout->name);
        seq_printf(seq, "\tVirtual address: % pK\n", carveout->va);
        seq_printf(seq, "\tDMA address: % pad\n", &carveout->dma);
        seq_printf(seq, "\tDevice address: 0x% x\n", carveout->da);
        seq_printf(seq, "\tLength: 0x% x Bytes\n\n", carveout->len);
    }
}
```

```
    return 0;
    }
```

可以看到,最终打印的是 carveout_memories 的信息,即 M4 内存相关配置信息,如名字 Name、虚拟地址 Virtual address、DMA 地址 DMA address、设备地址 Device address 和地址长度 Length 等。假设此时已经加载了固件,则在 Linux 文件系统的 /sys/kernel/debug/remoteproc/remoteproc0 目录下执行如下指令:

```
    cat carveout_memories
```

如下操作所示(这是笔者加载固件后查看的信息,这些信息就是 M4 的内存分配信息,有 retram、mcuram、mcuram2、vdev0vring0、vdev0vring1 和 vdev0buffer,这些地址范围和前面讲解 stm32mp157d-atk.dtsi 设备树下的存储配置一样):

```
root@ATK-MP157:/sys/kernel/debug/remoteproc/remoteproc0# cat carveout_memories
Carveout memory entry:
        Name: retram
        Virtual address: 0662f442
        DMA address: 0x38000000
        Device address: 0x0
        Length: 0x10000 Bytes
Carveout memory entry:
        Name: mcuram
        Virtual address: 2ff38d38
        DMA address: 0x30000000
        Device address: 0x30000000
        Length: 0x40000 Bytes
Carveout memory entry:
        Name: mcuram2
        Virtual address: 76cb7fbc
        DMA address: 0x10000000
        Device address: 0x10000000
        Length: 0x40000 Bytes
Carveout memory entry:
        Name: vdev0vring0
        Virtual address: 884a4537
        DMA address: 0x10040000
        Device address: 0x10040000
        Length: 0x1000 Bytes
Carveout memory entry:
        Name: vdev0vring1
        Virtual address: 49bfe371
        DMA address: 0x10041000
        Device address: 0x10041000
        Length: 0x1000 Bytes
Carveout memory entry:
        Name: vdev0buffer
```

```
Virtual address：9a4b17fb
DMA address：0x00000000
Device address：0x10042000
Length：0x4000 Bytes
```

　　后面实验操作的时候读者可以多查看这些文件的信息，其他回调函数这里就不再一一分析了，感兴趣的读者可以自行阅读代码。

## 19.3.8　rproc 设备树节点

　　打开 stm32mp151.dtsi 设备树文件，找到设备树中和 M4 相关的 Remoteproc 配置，如下：

```
1     mlahb {
2               compatible = "simple-bus";
3               #address-cells = <1>;
4               #size-cells = <1>;
5               dma-ranges = <0x00000000 0x38000000 0x10000>,
6                            <0x10000000 0x10000000 0x60000>,
7                            <0x30000000 0x30000000 0x60000>;
8
9               m4_rproc: m4@10000000 {
10                      compatible = "st,stm32mp1-m4";
11                      reg = <0x10000000 0x40000>,
12                            <0x30000000 0x40000>,
13                            <0x38000000 0x10000>;
14                      resets = <&scmi0_reset RST_SCMI0_MCU>;
15                      st,syscfg-holdboot = <&rcc 0x10C 0x1>;
16                      st,syscfg-tz = <&rcc 0x000 0x1>;
17                      st,syscfg-rsc-tbl = <&tamp 0x144 0xFFFFFFFF>;
18                      st,syscfg-copro-state = <&tamp 0x148 0xFFFFFFFF>;
19                      st,syscfg-pdds = <&pwr_mcu 0x0 0x1>;
20                      status = "disabled";
21
22                      m4_system_resources {
23                              compatible = "rproc-srm-core";
24                              status = "disabled";
25                      };
26              };
27         };
```

　　上面的代码段里有 3 个节点：mlahb 节点、m4_rproc 节点和 m4_system_resources 节点。m4_rproc 节点下就是加载和管理 M4 固件的配置信息。m4_system_resources 节点（也就是 M4 的资源管理器）下就是 M4 的资源分配配置信息。第 10 行，compatible 属性值为"st,stm32mp1-m4"，在 Linux 内核源码中搜索此属性值找到对应的驱动文件为 drivers/remoteproc/stm32_rproc.c，打开此文件找到如下内容：

```
1   static const struct of_device_id stm32_rproc_match[] = {
2          { .compatible = "st,stm32mp1 - m4" },
3          {},
4   };
5   MODULE_DEVICE_TABLE(of, stm32_rproc_match);
6   /* 此处省略部分代码 */
7   static SIMPLE_DEV_PM_OPS(stm32_rproc_pm_ops,
8                          stm32_rproc_suspend, stm32_rproc_resume);
9
10  static struct platform_driver stm32_rproc_driver = {
11         .probe = stm32_rproc_probe,
12         .remove = stm32_rproc_remove,
13         .shutdown = stm32_rproc_shutdown,
14         .driver = {
15                 .name = "stm32 - rproc",
16                 .pm = &stm32_rproc_pm_ops,
17                 .of_match_table = of_match_ptr(stm32_rproc_match),
18         },
19  };
20  /* 向 Linux 内核注册 stm32_rproc_driver 驱动 */
21  module_platform_driver(stm32_rproc_driver);
22  MODULE_DESCRIPTION("STM32 Remote Processor Control Driver");
23  MODULE_AUTHOR("Ludovic Barre <ludovic.barre@st.com>");
24  MODULE_AUTHOR("Fabien Dessenne <fabien.dessenne@st.com>");
25  MODULE_LICENSE("GPL v2");
```

上面的驱动代码是一个标准的 platform 驱动，第 2 行就是设备树下匹配到驱动程序的地方，在 stm32_rproc_match 中。第 15 行，成员 name 属性是 stm32-rproc，即定义了驱动的名字是 stm32-rproc，用于驱动与设备匹配。

第 17 行，用于匹配对应的 device，即匹配设备树中的节点。第 21 行 module_platform_driver()函数用于向 Linux 内核注册 stm32_rproc_driver 这个 platform 驱动。当设备和驱动匹配成功后，stm32_rproc_driver→probe 函数（即 stm32_rproc_probe()函数）就会被执行。下面直接看 stm32_rproc_probe()函数做了哪些操作。

stm32_rproc_probe()函数在 Linux 内核源码的 drivers/remoteproc/stm32_rproc.c 文件下，其函数定义如下所示：

```
1   static int stm32_rproc_probe(struct platform_device * pdev)
2   {
3     struct device * dev = &pdev->dev;
4     struct stm32_rproc * ddata;
5     struct device_node * np = dev->of_node;
6     struct rproc * rproc;
7     int ret;
8
9     ret = dma_coerce_mask_and_coherent(dev, DMA_BIT_MASK(32));
```

```
10      if (ret)
11              return ret;
12
13      rproc = rproc_alloc(dev,np->name,&st_rproc_ops,NULL,sizeof(*ddata));
14      if (! rproc)
15              return - ENOMEM;
16
17      rproc->has_iommu = false;
18      ddata = rproc->priv;
19      ddata->workqueue = create_workqueue(dev_name(dev));
20      if (! ddata->workqueue) {
21              dev_err(dev, "cannot create workqueue\n");
22              ret = - ENOMEM;
23              goto free_rproc;
24      }
25
26      platform_set_drvdata(pdev, rproc);
27
28      ret = stm32_rproc_parse_dt(pdev);
29      if (ret)
30              goto free_wkq;
31  if (! rproc->early_boot) {
32              ret = stm32_rproc_stop(rproc);
33              if (ret)
34                      goto free_wkq;
35      }
36
37      ret = stm32_rproc_request_mbox(rproc);
38      if (ret)
39              goto free_wkq;
40
41      ret = rproc_add(rproc);
42      if (ret)
43              goto free_mb;
44
45      return 0;
46
47  free_mb:
48      stm32_rproc_free_mbox(rproc);
49  free_wkq:
50      destroy_workqueue(ddata->workqueue);
51  free_rproc:
52      if (device_may_wakeup(dev)) {
53              dev_pm_clear_wake_irq(dev);
54              device_init_wakeup(dev, false);
55      }
56      rproc_free(rproc);
57      return ret;
58  }
```

第 4 行,ddata 指针是 ST 官方的私有数据 stm32_rproc 结构体。

第 6 行,声明了一个 rproc 类型的结构体。

第 9 行,DMA 相关配置。

第 13 行,rproc_alloc 函数主要作用是分配一个新的 rproc 结构体空间,同时 st_rproc_ops 地址赋值给 rproc→ops 参数,目的是调用回调函数完成对应的功能(类似 XXX_ops 结构体中的成员变量,就是一些回调函数)。这行的目的就是分配一个新的远程处理器(rproc)结构体,使用此函数创建 rproc 结构体后,应调用 rproc_add() 来完成远程处理器的注册,后面会看到调用此函数。

第 18 行,保存 ST 官方的私有数据到 rproc 结构体里。

第 19 行,创建工作队列,workqueue 的名称是设备的名字,每个 workqueue 就是一个内核进程,为系统创建一个内核线程。

第 28 行,调用 stm32_rproc_parse_dt() 函数来获取设备树中的属性,目的就是完成 M4 设备的配置。

第 31~35 行,如果没有加载固件,则调用 stm32_rproc_stop 函数。该函数会做一些操作,如请求关闭远程处理器,此时传输阻塞,则打印“warning:remote FW shutdown without ack”,并将远程处理器状态设置为离线状态等。

第 37 行,stm32_rproc_request_mbox() 函数为远程处理器申请邮箱,A7 和 M4 可通过邮箱发布数据。

第 41 行,rproc_add() 函数就是注册一个远程处理器。

第 56 行,rproc_free() 函数释放由 rproc_alloc () 分配的 rproc。

下面来看看 st_rproc_ops 结构体,在 stm32_rproc. c 找到如下代码:

```
static struct rproc_ops st_rproc_ops = {
    .start          = stm32_rproc_start,
    .stop           = stm32_rproc_stop,
    .kick           = stm32_rproc_kick,
    .load           = stm32_rproc_elf_load_segments,
    .parse_fw       = stm32_rproc_parse_fw,
    .find_loaded_rsc_table = stm32_rproc_elf_find_loaded_rsc_table,
    .sanity_check= stm32_rproc_elf_sanity_check,
    .get_boot_addr = stm32_rproc_elf_get_boot_addr,
};
```

st_rproc_ops 结构体中有几个处理程序,每个处理程序对应一个回调函数,如 start 处理程序接受一个 rproc 结构体,然后打开设备电源并启动它。stop 处理程序采用 rproc 并关闭远程处理器。kick 处理程序接受一个 rproc 和一个放置新消息的虚拟队列的索引,调用此函数时会中断远程处理器并让它知道有待处理的消息。find_loaded_rsc_table 就是查找已经加载的固件资源表,执行的是 stm32_rproc_elf_find_loaded_rsc_table() 函数。

每个 Remoteproc 的实现至少应该提供 start 和 stop 处理程序,关于这些函数我们不必深入分析,只要知道这是 ST 官方实现操作 M4 相关的接口函数就行了。

# 19.4 分散加载文件

## 19.4.1 分散加载文件地址分配

打开前面第 16 章创建的 OneOS 工程,按照如下路径可以打开分散加载文件(也就是链接脚本):单击魔法棒再单击 Linker,则可以看到 Scatter File 目录下指向工程根目录的 board\linker_scripts\link.sct 文件;该文件就是链接脚本,单击 Edit 可以选择打开和编辑此链接脚本,如图 19.5 所示。

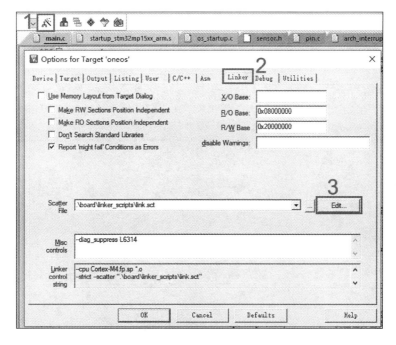

**图 19.5 打开分散加载文件**

程序的编译一般分为预处理、汇编、编译和链接这 4 个步骤。在编译过程中,编译器将.c 和.s 源文件编译生成很多中间文件,其中,以.o 结尾的中间文件叫可重定向对象文件。可重定向是指该文件包含数据/代码,但是并没有指定地址,它的地址可由后续链接的时候指定。于是,链接脚本会告诉链接器,把所有的中间文件链接起来,并重定向它们的数据,然后链接生成可以被单片机运行的可执行文件;这些可执行文件所包含的数据/代码都已经指定地址了,不能再改变,所以也称为不可重定向文件,例如,MDK 下生成的.axf 文件就是不可重定向文件。

通过链接脚本可以知道代码和数据都链接到了哪段地址,我们看看 link.sct

文件：

```
 1   ; ***********************************************************
**
 2   ; *** Scatter-Loading Description                      ***
 3   ; ***********************************************************
 4
 5   LR_VECTORS 0x00000000 0x00000400  {     ; load region size_region
 6     .isr_vector  + 0 {
 7        * (vtor_table, + First)
 8     }
 9   }
10
11   LR_IROM1 0x10000000 0x3f800 {        ; load region size_region
12     ER_IROM1 0x10000000 0x2a800  {    ; load address = execution address
13        * (InRoot $ $ Sections)
14        * (FSymTab)
15        * (AtestTcTab)
16        * (.init_call * )
17        * (at_cmd_tab)
18        * (driver_table)
19        * (device_table)
20        * (MSymTab)
21      * (os_irq_hook)
22       .ANY ( + RO)
23       .ANY ( + XO)
24     }
25
26
27     RW_IRAM0 0x1002a800 0x10  {  ; RW data
28      * (reserved_ram)
29     }
30
31     RW_IRAM1 0x1002a810 0x14ff0 {  ; RW data
32       .ANY ( + RW  + ZI)
33     }
34
35   ; *****   Create region for OPENAMP                        *****
36   ; ***      These 4 lines can be commented if OPENAMP is not used   ***
37   .resource_table 0x1003f800 0x00000800 {         ; resource table
38      * (.resource_table)
39     }
40
41     __OpenAMP_SHMEM__ 0x10040000 EMPTY 0x8000 {} ; Shared Memory area used by OpenAMP
42   }
```

从以上链接脚本看到：

第 5～9 行，地址 0x00000000～0x00000400，大小为 1 KB，存放的是中断向量表。

第 11～39 行，0x10000000～0x10040000 位于 SRAM1＋SRAM2 区域。其中，

0x10000000～0x1002a800 的大小为 170 KB,用于存放代码段;0x1002a800～0x1003f800 大小为 84 KB,用于存放数据段;0x1003f800～0x10040000 大小为 2 KB,用于存放资源表。

第 41 行,OPENAMP 开始于 0x10040000,地址长度是 0x8000(即 32 KB),是 vring 和共享内存区域。这段地址位于 SRAM3(64 KB)中,这 64 KB 只用了 32 KB,而前面分析设备树的时候知道,设备树下配置的是 24 KB,那么 32 KB 里实际也只用到了 24 KB,剩余的 40 KB 也可以用作其他功能,这就需要修改设备树和链接脚本了。

以上链接脚本的地址分配如表 19.3 所列。

表 19.3　链接脚本的地址分配

| 段 | 地　址 | 大小/KB | 区　域 |
|---|---|---|---|
| 代码段 | 0x10000000～0x1002a800 | 170 | M4 可见的 SRAM1+SRAM2 |
| 数据段 | 0x1002a800～0x1003f800 | 84 | M4 可见的 SRAM2 |
| 资源表 | 0x1003f800～0x10040000 | 2 | |
| 共享内存和 vring | 0x10040000～0x10048000 | 32 | SRAM3 |
| 中断向量表 | 0x00000000～0x00000400 | 1 | M4 可见的 RETRAM |

## 19.4.2　重新划分存储区域

本小节主要讲解如何重新规划 MCURAM 的存储区域,用户可以根据自己的实际情况来划分存储区域。假设用户的代码段已经超出了原来链接脚本配置的范围了,则可以通过手动调整链接脚本和设备树来解决。

本小节的内容只是为了讲解如何重新划分存储区域,读者可以不必按照本小节的讲解修改原来 OneOS 链接脚本的配置以及内核源码下设备树的配置,因为默认的配置已经满足后续双核通信例程测试,当自己开发有需要时再根据实际情况来修改。

OneOS 的源码后期可能还会更新,读者下载到的 OneOS 源码中的链接脚本可能和本文档中的稍微不同,如果真要修改链接脚本,则根据自己下载到的源码来修改。

### 1. 修改链接脚本

前面说过,SRAM4 在 Linux 下默认当作 DMA 的区域了,如果 Linux 下不使用 DMA,那么可以将 SRAM4 用作其他用途。例如,可以将 SRAM4 分配给 M4 使用,SRAM3 未使用的区域也可以用作其他功能,假设刚好有这个需求,那么可以将以上链接脚本修改如下:

```
  1  ; ****************************************************************
**
  2  ; *** Scatter-Loading Description                        ***
  3  ; ****************************************************************
```

```
4
5   LR_VECTORS 0x00000000 0x00000400 {     ; load region size_region
6     . isr_vector + 0 {
7       * (vtor_table, + First)
8     }
9   }
10
11  LR_IROM1 0x10000000 0x50000 {          ; load region size_region
12    ER_IROM1 0x10000000 0x3A800 {        ; load address = execution address
13      * (InRoot $ $ Sections)
14      * (FSymTab)
15      * (AtestTcTab)
16      * (.init_call * )
17      * (at_cmd_tab)
18      * (driver_table)
19      * (device_table)
20      * (MSymTab)
21      * (os_irq_hook)
22      . ANY ( + RO)
23      . ANY ( + XO)
24    }
25
26
27    RW_IRAM0 0x1003A800 0x10  {  ; RW data
28      * (reserved_ram)
29    }
30
31    RW_IRAM1 0x1003A810 0x14ff0 {  ; RW data
32      . ANY ( + RW + ZI)
33    }
34
35  ; *****   Create region for OPENAMP                              *****
36  ; ***     These 4 lines can be commented if OPENAMP is not used     ***
37  . resource_table 0x1004F800 0x00000800 {          ; resource table
38      * (. resource_table)
39    }
40
41    __OpenAMP_SHMEM__ 0x10050000 EMPTY 0x8000 {} ; Shared Memory area used by OpenAMP
42  }
```

以上的配置如表 19.4 所列。

表 19.4　新的链接脚本地址划分

| 段 | 地　址 | 大小/KB | 区　域 |
|---|---|---|---|
| 代码段 | 0x10000000～0x1003A800 | 234 | M4 可见的 SRAM1＋SRAM2 |
| 数据段 | 0x1003A800～0x1004F800 | 84 | M4 可见的 SRAM2＋SRAM3 |
| 资源表 | 0x1004F800～0x10050000 | 2 | M4 可见的 SRAM3 |
| 共享内存和 vring | 0x10050000～0x10058000 | 32 | SRAM4 |
| 中断向量表 | 0x00000000～0x00000400 | 1 | M4 可见的 RETRAM |

这些地址范围是根据后面的实验代码情况来分配的,当然也可以分配为其他地址范围。可以看到,在以上地址配置中,共享的内存占用了 SRAM4,而在 ST 官方默认的配置中,共享的内存在 SRAM3 中。此外,这里并未将 SRAM4 使用完,剩余的这部分地址空间可以用作其他用途,或者可以将其配置为共享的内存。可以发现,这些地址分配并不是固定的,只要在合理的范围内就行,在实际项目开发中可根据个人情况进行配置。

修改完链接脚本,还要修改 OneOS 工程 board.h 文件的 STM32_SRAM1_END 宏定义,因为此宏定义了堆栈末尾地址。将原来的 0x1003f800 改为 0x10060000:

```
//#define STM32_SRAM1_END    0x1003f800
#define STM32_SRAM1_END    0x10060000
```

## 2. 修改设备树

在链接脚本中对存储区域重新划分后,还需要同步修改设备树。设备树的地址也要和链接脚本的对应,否则 A7 启动 M4 固件后无法建立通信或者报地址请求错误。

stm32mp157d-atk.dtsi 设备树需要修改如下地方,首先,将分配给 A7 当作 DMA 的相关节点注释掉以释放资源:

```
/*
&dma1 {
        sram = <&dma_pool>;
};
&dma2 {
        sram = <&dma_pool>;
};
*/
/*
&sram {
        dma_pool: dma_pool@0 {
                reg = <0x50000 0x10000>;
                pool;
        };
};
*/
```

然后在 stm32mp157d-atk.dtsi 下修改 MCURAM 的地址范围,如下:

```
1    reserved-memory {
2                    #address-cells = <1>;
3                    #size-cells = <1>;
4                    ranges;
5       mcuram2: mcuram2@10000000 {
6                    compatible = "shared-dma-pool";
7                    reg = <0x10000000 0x50000>;
```

```
 8
 9                              no-map;
10                      };
11
12      vdev0vring0: vdev0vring0@10050000 {
13                      compatible = "shared-dma-pool";
14                      reg = <0x10050000 0x1000>;
15
16                      no-map;
17                      };
18
19      vdev0vring1: vdev0vring1@10051000 {
20                      compatible = "shared-dma-pool";
21                      reg = <0x10051000 0x1000>;
22
23                      no-map;
24                      };
25
26      vdev0buffer: vdev0buffer@10052000 {
27                      compatible = "shared-dma-pool";
28                      reg = <0x10052000 0x4000>;
29
30                      no-map;
31                      };
32
33      mcuram: mcuram@30000000 {
34                      compatible = "shared-dma-pool";
35                      reg = <0x30000000 0x50000>;
36
37                      no-map;
38                      };
39
40      retram: retram@38000000 {
41                      compatible = "shared-dma-pool";
42                      reg = <0x38000000 0x10000>;
43
44                      no-map;
45                      };
46          };
```

以上地址配置如表 19.5 所列。

表 19.5　SRAM 地址划分

| 子节点 | 地　　址 | 大小/KB | 区　　域 |
| --- | --- | --- | --- |
| mcuram2 | 0x10000000～0x10050000 | 320 | M4 可见的 SRAM1＋SRAM2＋SRAM3 |
| vdev0vring0 | 0x10050000～0x10051000 | 4 | |
| vdev0vring1 | 0x10051000～0x10052000 | 4 | SRAM4 |
| vdev0buffer | 0x10052000～0x10056000 | 16 | |

| 子节点 | 地　址 | 大小/KB | 区　域 |
|---|---|---|---|
| mcuram | 0x30000000～0x30050000 | 320 | A7 可见的 SRAM1＋SRAM2＋SRAM3 |
| retram | 0x38000000～0x38010000 | 64 | A7 可见的 RETRAM |

第 33～39 行,RAM aliases 和 SRAMs 的物理地址是一样的,所以在配置设备树的时候它们的地址范围最好是一致的,这里 mcuram 子节点和 mcuram2 子节点的地址范围设置一致。

在前面链接脚本的配置中,代码段、数据段和资源表加起来刚好是 320 KB,也就是等于此处 mcuram2 区域的地址范围。此处两个 vring 和共享内存(vdev0buffer)占用了 24 KB,前面的链接脚本中配置了 32 KB,但实际上只能用这 24 KB。

注意,设备节点@后面的地址一定不要忘了同步修改。修改好后,重新编译设备树并生成 stm32mp157d-atk.dtb 文件,然后将开发板 Linux 文件系统/boot 目录下的 stm32mp157d-atk.dtb 文件替换掉。接下来编译 OneOS 工程,生成 .axf 文件,此.axf 文件就是 M4 的固件,然后可以按照下文的测试方法来测试。

# 19.5　Remoteproc 的使用

本节实验主要介绍如何使用 Remoteproc 来加载和启动 M4 固件,实验中会使用到前面 OneOS 工程编译出来的 oneos.axf 文件。

## 19.5.1　硬件连接

如图 19.6 所示,Type-C 线接在开发板的 USB_TTL 接口,用于打印 A7 信息;USB 转 TTL 串口(CH340)模块的 TX 引脚接在开发板 USART3 的 U3_RX 引脚上;模块的 RX 引脚接在开发板 USART3 的 U3_TX 引脚上;模块另一端通过一根 T口 USB 线接到计算机的 USB 接口,目的是打印 OneOS 的信息。

网线的另一端接的是路由器,后面可以通过网络的方式将编译好的 oneos.axf 文件传输到开发板。屏幕可用于显示 Linux 的 APP 界面,如果用不到屏幕,则屏幕可以选择接或者不接。开发板要通过电源线来供电,注意,开发板的拨码开关一定要设置成 EMMC 启动方式,也就是启动开发板 EMMC 中已经烧录好的出厂 Linux 操作系统。硬件连接如图 19.6 所示。

## 19.5.2　传输固件

本实验需要将编译出来的 oneos.axf 文件复制到开发板 Linux 文件系统的/lib/firmware 目录下,复制的方式有多种,如可以使用 U 盘、TF 卡等存储设备,也可以使用网络的方式将文件传输到开发板上。这里使用网络传输方式,步骤如下:

**图 19.6 硬件连接**

## 1. 检查开发板和 PC 是否可以通过网络通信

启动开发板,进入 Linux 操作系统后,执行如下 ifconfig 指令查看开发板的 IP 地址:

```
root@ATK-MP157:~# ifconfig
eth0      Link encap:Ethernet   HWaddr 22:E9:9F:88:54:B1
          inet addr:192.168.1.188  Bcast:192.168.1.255  Mask:255.255.255.0
          inet6 addr: fe80::20e9:9fff:fe88:54b1/64 Scope:Link
          UP BROADCAST RUNNING MULTICAST  MTU:1500  Metric:1
          RX packets:161 errors:0 dropped:4 overruns:0 frame:0
          TX packets:50 errors:0 dropped:0 overruns:0 carrier:0
          collisions:0 txqueuelen:1000
          RX bytes:16821 (16.4 KiB)  TX bytes:7453 (7.2 KiB)
          Interrupt:53 Base address:0x8000

lo        Link encap:Local Loopback
          inet addr:127.0.0.1  Mask:255.0.0.0
          inet6 addr: ::1/128 Scope:Host
          UP LOOPBACK RUNNING  MTU:65536  Metric:1
          RX packets:98 errors:0 dropped:0 overruns:0 frame:0
          TX packets:98 errors:0 dropped:0 overruns:0 carrier:0
          collisions:0 txqueuelen:1000
          RX bytes:7404 (7.2 KiB)  TX bytes:7404 (7.2 KiB)

usb0      Link encap:Ethernet   HWaddr 52:11:03:A8:DE:09
          UP BROADCAST MULTICAST  MTU:1500  Metric:1
          RX packets:0 errors:0 dropped:0 overruns:0 frame:0
```

```
    TX packets:0 errors:0 dropped:0 overruns:0 carrier:0
    collisions:0 txqueuelen:1000
    RX bytes:0 (0.0 B)   TX bytes:0 (0.0 B)
```

可以看到,开发板的 IP 地址是 192.168.1.188。如图 19.7 所示,在 Windows 的
cmd 下执行 ipconfig 指令查看 PC 的 IP 地址:

```
ipconfig
```

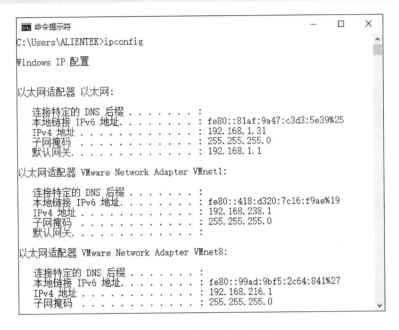

**图 19.7 查看 PC 的 IP 地址**

开发板的 IP 地址是 192.168.1.188,PC 的 IP 地址是 192.168.1.31,两者 IP 地
址在同一个网段内。在开发板中执行如下指令看看是否可以 ping 通:

```
root@ATK-MP157:~# ping 192.168.1.31
PING 192.168.1.31 (192.168.1.31) 56(84) bytes of data.
64 bytes from 192.168.1.31: icmp_seq = 1 ttl = 128 time = 0.714 ms
64 bytes from 192.168.1.31: icmp_seq = 2 ttl = 128 time = 0.363 ms
64 bytes from 192.168.1.31: icmp_seq = 3 ttl = 128 time = 0.403 ms
64 bytes from 192.168.1.31: icmp_seq = 4 ttl = 128 time = 0.365 ms
64 bytes from 192.168.1.31: icmp_seq = 5 ttl = 128 time = 0.394 ms
64 bytes from 192.168.1.31: icmp_seq = 6 ttl = 128 time = 0.395 ms
64 bytes from 192.168.1.31: icmp_seq = 7 ttl = 128 time = 0.389 ms
64 bytes from 192.168.1.31: icmp_seq = 8 ttl = 128 time = 0.408 ms
64 bytes from 192.168.1.31: icmp_seq = 9 ttl = 128 time = 0.386 ms
^C
--- 192.168.1.31 ping statistics ---
```

```
9 packets transmitted, 9 received, 0 % packet loss, time 8319ms
rtt min/avg/max/mdev = 0.363/0.424/0.714/0.103 ms
```

在以上测试中，当 ping 了几个包后，按 Ctrl＋C 组合键终止 ping 操作。可以看到，ping 了 9 个包，没有丢包情况，可以 ping 通，说明开发板和计算机可以通过网络来通信，所以可以通过网络的方式将 Windows 下的 oneos. axf 文件传输到开发板 Linux 文件系统中。

## 2. 进入 OneOS 工程编译目录

编译第 16 章的 OneOS 工程，工程编译出来的文件都在 projects\stm32mp157-atk-base\cm4\build\keil\Obj 目录下。进入该目录下，然后在该目录按下 Shift 键，同时右击鼠标则打开一个选项界面，如图 19.8 所示，可以看到 Powershell 选项，或者如果计算机安装了 Git，可以看到有 Git Bash Here。这两个也就是 Shell 终端，打开 Shell 后可以操作 Shell 指令，两者选其中一个就可以，这里选择使用 Powershell。

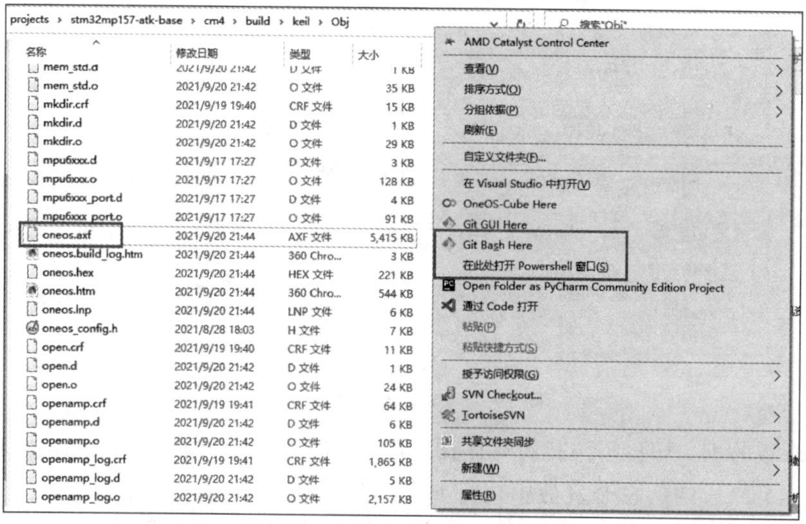

**图 19.8 打开 Shell 终端**

打开 Powershell 界面后，输入如下命令后可以再次确认当前目录下是否有 oneos. axf 文件，如图 19.9 所示，可以看到有 oneos. axf 文件，文件大小约为 5 386 KB：

```
ls oneos.axf
```

在 Powershell 界面下执行如下指令可以将 oneos. axf 文件传输到开发板的/lib/firmware 目录下，如图 19.10 所示，如遇到提示是否传输，则输入 yes 并按下回车即可。

```
scp oneos.axf root@192.168.1.188:/lib/firmware
```

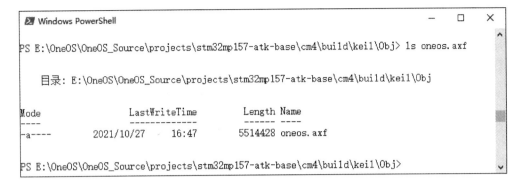

**图 19.9　查看 oneos. axf 文件**

**图 19.10　传输文件到开发板中**

在开发板的/lib/firmware 下执行 ls oneos. axf 指令可以确认/lib/firmware 目录下是否已经有了 oneos. axf 文件(文件存在,说明文件已经传输成功了):

```
root@ATK-MP157:/lib/firmware# ls oneos.axf
oneos.axf
```

## 19.5.3　加载和运行固件

在开发板的/lib/firmware 目录下执行如下指令,可以加载和启动固件:

```
/* 加载固件 */
echo oneos.axf >/sys/class/remoteproc/remoteproc0/firmware
/* 启动固件 */
echo start>/sys/class/remoteproc/remoteproc0/state
```

操作结果如下所示:

```
root  @  ATK-MP157:/lib/firmware  #  echo  oneos.  axf  >/sys/class/remoteproc/
remoteproc0/firmware
root@ATK-MP157:/lib/firmware# echo start >/sys/class/remoteproc/remoteproc0/state
[ 4684.005749] remoteproc remoteproc0: powering up m4
[ 4684.034380] remoteproc remoteproc0: Booting fw image oneos.axf, size 5514428
[ 4684.040586]  mlahb: m4 @ 10000000 # vdev0buffer: assigned reserved memory node
vdev0buffer@10042000
[ 4684.051605] virtio_rpmsg_bus virtio0: rpmsg host is online
```

```
[ 4684.051872] virtio_rpmsg_bus virtio0: creating channel rpmsg-tty-channel addr 0x0
[ 4684.055772] mlahb:m4@10000000# vdev0buffer: registered virtio0 (type 7)
[ 4684.069333] rpmsg_tty virtio0.rpmsg-tty-channel.-1.0: new channel: 0x400 -> 0x0 :
ttyRPMSG0
[ 4684.080844] remoteproc remoteproc0: remote processor m4 is now up
[ 4684.081386] virtio_rpmsg_bus virtio0: creating channel rpmsg-tty-channel addr 0x1
root@ATK-MP157:/lib/firmware# [ 4684.097967] rpmsg_tty virtio0.rpmsg-tty-channel.-1.
1: new channel: 0x401 -> 0x1 : ttyRPMSG1
```

当启动固件后,/dev/目录下会生成两个虚拟串口字符设备文件:/dev/ttyRPMSG0 和/dev/ttyRPMSG1,A7 可以通过这两个虚拟串口将数据发给 M4,使用上就相当于普通串口。执行 ls /dev/ttyRPMSG * 指令后可以查看确实有两个设备:

```
root@ATK-MP157:/lib/firmware# ls /dev/ttyRPMSG *
/dev/ttyRPMSG0 /dev/ttyRPMSG1
```

下面可以进入/sys/kernel/debug/remoteproc/remoteproc0 目录查看相关文件的内容,例如,查看资源表 resource_table:

```
root@ATK-MP157:/lib/firmware# cd /sys/kernel/debug/remoteproc/remoteproc0
root@ATK-MP157:/sys/kernel/debug/remoteproc/remoteproc0# ls
carveout_memories  crash  name  recovery  resource_table
root@ATK-MP157:/sys/kernel/debug/remoteproc/remoteproc0# cat resource_table
Entry 0 is of type vdev
  ID 7
  Notify ID 0
  Device features 0x1
  Guest features 0x1
  Config length 0x0
  Status 0x7
  Number of vrings 2
  Reserved (should be zero) [0][0]

  Vring 0
    Device Address 0x10040000
    Alignment 16
    Number of buffers 16
    Notify ID 0
    Physical Address 0x0

  Vring 1
    Device Address 0x10041000
    Alignment 16
    Number of buffers 16
    Notify ID 1
    Physical Address 0x0
```

可以看到，Virtio RPMsg 设备 ID 为 7，vring 个数是 2，每个 vring 有 16 个 rpmsg buffer，vring 0 的 设 备 地 址 为 0x10040000，vring 1 的 设 备 地 址 为 0x10041000。

查看 carveout_memories 可以得知 M4 的内存分配情况（如下 retram、mcuram、mcuram2、vdev0vring0、vdev0vring1 和 vdev0buffer 的设备地址以及地址长度和前面分析 stm32mp157d-atk.dtsi 设备树的时候看到的一致）：

```
root@ATK-MP157:/sys/kernel/debug/remoteproc/remoteproc0# cat carveout_memories
Carveout memory entry:
        Name：retram
        Virtual address：bba3fdf9
        DMA address：0x38000000
        Device address：0x0
        Length：0x10000 Bytes

Carveout memory entry:
        Name：mcuram
        Virtual address：a7aa5bc8
        DMA address：0x30000000
        Device address：0x30000000
        Length：0x40000 Bytes

Carveout memory entry:
        Name：mcuram2
        Virtual address：90c5e45c
        DMA address：0x10000000
        Device address：0x10000000
        Length：0x40000 Bytes

Carveout memory entry:
        Name：vdev0vring0
        Virtual address：5d837a29
        DMA address：0x10040000
        Device address：0x10040000
        Length：0x1000 Bytes

Carveout memory entry:
        Name：vdev0vring1
        Virtual address：0216aa25
        DMA address：0x10041000
        Device address：0x10041000
        Length：0x1000 Bytes

Carveout memory entry:
        Name：vdev0buffer
        Virtual address：257303d7
```

```
DMA address：0x00000000
Device address：0x10042000
Length：0x4000 Bytes
```

其他文件的内容和前面讲解的一样，如 name 下的是 m4，也就是远程处理器设备是 M4：

```
root@ATK-MP157:/sys/kernel/debug/remoteproc/remoteproc0# ls
carveout_memories   crash   name   recovery   resource_table
root@ATK-MP157:/sys/kernel/debug/remoteproc/remoteproc0# cat name
m4
root@ATK-MP157:/sys/kernel/debug/remoteproc/remoteproc0# cat recovery
enabled
root@ATK-MP157:/sys/kernel/debug/remoteproc/remoteproc0# cat crash
cat: crash: Invalid argument
```

在 M4 的控制台（USART3）输入 device 可以查看此时 OneOS 里已经配置的设备，其中，uartRPMSG0 和 uartRPMSG1 设备就是 OneOS 已经封装好的给 M4 使用的虚拟串口，M4 可以通过这两个虚拟串口发送数据给 A7，功能上就相当于普通串口。执行 show_task 可以看到 OneOS 正在执行的任务，我们看到有 user 这个任务，如下所示：

```
sh>device
device                          type                        ref count
---------------                 ---------------             ---------------
adc1                            Miscellaneous Device            0
tim7                            ClockEvent Device               0
tim6                            ClockEvent Device               0
tim2                            ClockSource Device              1
tim1                            ClockEvent Device               1
uartRPMSG1                      Character Device                0
uartRPMSG0                      Character Device                0
uart3                           Character Device                1
uart5                           Character Device                0
pin_0                           Miscellaneous Device            0
sh>show_task
Task     Priority  State     Stack top    Stack addr   Stack size Max used Left tick
-------  --------  -------   ---------    ---------    ---------  -------- --------
timer    0         Suspend   0x1002bc54   0x1002bab0   512        17%      10
recycle  0         Suspend   0x1002b9f4   0x1002b838   512        18%      10
idle     31        Ready     0x1002b654   0x1002b498   512        13%      7
sys_work 8         Block     0x1002c6ac   0x1002bf08   2048       4%       10
tshell   20        Running   0x1002d378   0x1002cc60   2048       21%      7
user     3         Sleep     0x100304ec   0x10030340   512        16%      10
```

在工程的 main() 函数中添加了 user 任务，任务函数 led_task() 控制 DS1 灯闪烁，细心的读者可以看到开发板底板上的 DS1 灯（黄色）在闪烁了，这是 M4 控制的。

而 DS0 灯（红色）也在闪烁，这是 A7 控制的，在设备树下 DS0 默认配置为心跳灯。

## 19.5.4 关闭固件

如果要关闭固件，则执行如下指令即可：

```
/* 关闭,停止固件运行 */
echo stop> /sys/class/remoteproc/remoteproc0/state
```

关闭固件就不会再有/dev/ttyRPMSG0 和/dev/ttyRPMSG1 文件了：

```
root @ ATK-MP157:/sys/kernel/debug/remoteproc/remoteproc0 #  echo stop > /sys/class/
remoteproc/remoteproc0/state
[ 5981.246069] rpmsg_tty virtio0.rpmsg-tty-channel. - 1.0: rpmsg tty device 0 is removed
[ 5981.260362] rpmsg_tty virtio0.rpmsg-tty-channel. - 1.1: rpmsg tty device 1 is removed
[ 5981.777178] remoteproc remoteproc0: warning: remote FW shutdown without ack
[ 5981.782833] remoteproc remoteproc0: stopped remote processor m4
root@ATK-MP157:/sys/kernel/debug/remoteproc/remoteproc0 # ls /dev/ttyRPMSG *
ls: cannot access '/dev/ttyRPMSG *': No such file or directory
```

## 19.5.5 编写脚本

以上操作都是通过手动输入指令来完成的，如果需要经过很多次测试，每次都要手动输入指令的话效率会低很多，所以我们可以将以上指令写入到一个脚本里，通过执行脚本大大提高效率。在/lib/firmware 目录下执行如下指令可以新建一个 test1.sh 脚本：

```
root@ATK-MP157:/lib/firmware# vi test1.sh
```

在脚本中添加内容如下：

```
#! /bin/sh

echo oneos.axf >/sys/class/remoteproc/remoteproc0/firmware

echo start>/sys/class/remoteproc/remoteproc0/state
```

添加完脚本后，保存修改退出，再执行如下指令以修改 test1.sh 为可读可写可执行权限：

```
chmod 777 test1.sh
```

以后只要将 oneos.axf 传输到/lib/firmware 目录下，都可以通过执行./test1.sh 指令来加载和启动固件：

```
root@ATK-MP157:/lib/firmware# chmod 777 test1.sh
root@ATK-MP157:/lib/firmware# ./test1.sh
[ 6434.227105] remoteproc remoteproc0: powering up m4
```

```
[ 6434.245265] remoteproc remoteproc0: Booting fw image oneos.axf, size 5514428
[ 6434. 251832]    mlahb: m4 @ 10000000 # vdev0buffer: assigned reserved memory node
vdev0buffer@10042000
[ 6434.260266] virtio_rpmsg_bus virtio0: rpmsg host is online
[ 6434.265114] virtio_rpmsg_bus virtio0: creating channel rpmsg-tty-channel addr 0x0
[ 6434.272799]    mlahb:m4@10000000#vdev0buffer: registered virtio0 (type 7)
[ 6434.279891] remoteproc remoteproc0: remote processor m4 is now up
[ 6434.285346] rpmsg_tty virtio0.rpmsg-tty-channel. - 1.0: new channel: 0x400 -> 0x0 :
ttyRPMSG0
root@ ATK-MP157:/lib/firmware # [ 6434. 317259] virtio _ rpmsg _ bus virtio0: creating
channel rpmsg-tty-channel addr 0x1
[ 6434.329286] rpmsg_tty virtio0.rpmsg-tty-channel. - 1.1: new channel: 0x401 -> 0x1 :
ttyRPMSG1
```

也可以进一步修改以上脚本,如在/lib/firmware 目录下新建一个 test2. sh 文件,文件内容如下:

```
#! /bin/sh
rproc_class_dir = "/sys/class/remoteproc/remoteproc0"
fmw_dir = "/lib/firmware"
cd/sys/class/remoteproc/remoteproc0
if [ $ 1 == "start" ]
then
    /bin/echo - n $ 2 > $ rproc_class_dir/firmware
    /bin/echo - n start > $ rproc_class_dir/state
fi
if [ $ 1 == "stop" ]
then
    /bin/echo - n stop > $ rproc_class_dir/state
fi
```

保存修改好的 test2. sh,然后同样设置 test2. sh 为可读可写可执行权限。修改好以后,可以通过执行如下指令来加载和启动 oneos. axf 固件,或者关闭 oneos. axf 固件:

```
/ * 加载、启动 M4 固件 * /
./test2. sh start oneos. axf
/ * 停止 M4 固件 * /
./test2. sh stop oneos. axf
```

操作过程如下所示:

```
root@ATK-MP157:/lib/firmware# ./test2. sh start oneos. axf
[ 6572.708933] remoteproc remoteproc0: powering up m4
[ 6572.724290] remoteproc remoteproc0: Booting fw image oneos.axf, size 5514428
[ 6572. 730504]    mlahb: m4 @ 10000000 # vdev0buffer: assigned reserved memory node
vdev0buffer@10042000
```

```
[ 6572.741713] virtio_rpmsg_bus virtio0：rpmsg host is online
[ 6572.745915] virtio_rpmsg_bus virtio0：creating channel rpmsg-tty-channel addr 0x0
[ 6572.749989]   mlahb：m4@10000000 ♯ vdev0buffer：registered virtio0（type 7）
[ 6572.756245] rpmsg_tty virtio0．rpmsg-tty-channel．-1．0：new channel：0x400 -> 0x0：
ttyRPMSG0
[ 6572.769000] virtio_rpmsg_bus virtio0：creating channel rpmsg-tty-channel addr 0x1
[ 6572.769925] remoteproc remoteproc0：remote processor m4 is now up
[ 6572.776718] rpmsg_tty virtio0．rpmsg-tty-channel．-1．1：new channel：0x401 -> 0x1：
ttyRPMSG1
root@ATK-MP157：/lib/firmware♯ ./test2．sh stop oneos．axf
[ 6587.014384] rpmsg_tty virtio0．rpmsg-tty-channel．-1．0：rpmsg tty device 0 is removed
[ 6587.021999] rpmsg_tty virtio0．rpmsg-tty-channel．-1．1：rpmsg tty device 1 is removed
[ 6587.537260] remoteproc remoteproc0：warning：remote FW shutdown without ack
[ 6587.542845] remoteproc remoteproc0：stopped remote processor m4
```

# 第20章

# RPMsg 相关驱动

远程处理器消息传递（RPMsg）是 OpenAMP 的一部分，是一种基于 Virtio 的消息总线，用于实现的是消息传递。RPMsg 通道建立后就可使用 RPMsg API 在主处理器与远程处理器软件环境之间进行处理器间通信（IPC）。本章来了解 RPMsg 组件相关的 API，本章分为如下几部分：

20.1　Linux 下 RPMsg 相关驱动文件

20.2　OpenAMP 库中的 API 函数

20.3　基于 RPMsg 的异核通信实验

## 20.1　Linux 下 RPMsg 相关驱动文件

Linux 内核源码的 Documentation/rpmsg.txt 下有 RPMsg 驱动相关 API 介绍，drivers/rpmsg 目录下就是 RPMsg 驱动，文件名中带有 glink、smd 字眼的一般用于高通的平台。我们主要关注的是 rpmsg_core.c、virtio_rpmsg_bus.c、rpmsg_char.c 和 rpmsg_tty.c 文件，运行 Linux 操作系统的主处理器可以通过调用这些驱动文件中的 API 来给协处理器发送消息。

```
alientek@alientek-virtual-machine:~/157/kenel/drivers/rpmsg$ ls
built-in.a          qcom_glink_native.h   rpmsg_char.c        rpmsg_tty.c
Kconfig             qcom_glink_rpm.c      rpmsg_core.c        rpmsg_tty.o
Makefile            qcom_glink_smem.c     rpmsg_core.o        virtio_rpmsg_bus.c
qcom_glink_native.c qcom_smd.c           rpmsg_internal.h    virtio_rpmsg_bus.o
```

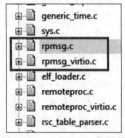

**图 20.1　OneOS 工程目录**

OneOS 工程的 openamp 文件夹下有 rpmsg.c 和 rpmsg_virtio.h 文件，如图 20.1 所示，协处理器可以通过调用这些文件中的 API 来给主处理器发送消息。

在 Linux 内核源码的 include/uapi/linux/virtio_ids.h 文件中可以找到如下定义（这些是 Virtio 设备的设备 ID）。可以看到，Virtio RPMsg 设备 ID 为 7，另外，虚拟串口的设备 ID 为 11，系统通过这些 ID 来识别这是哪一种 Virtio 设备：

```
#define VIRTIO_ID_NET              1          /* virtio net */
#define VIRTIO_ID_BLOCK            2          /* virtio block */
#define VIRTIO_ID_CONSOLE          3          /* virtio console */
#define VIRTIO_ID_RNG              4          /* virtio rng */
#define VIRTIO_ID_BALLOON          5          /* virtio balloon */
#define VIRTIO_ID_RPMSG            7          /* virtio remote processor messaging */
#define VIRTIO_ID_SCSI             8          /* virtio scsi */
#define VIRTIO_ID_9P               9          /* 9p virtio console */
#define VIRTIO_ID_RPROC_SERIAL    11          /* virtio remoteproc serial link */
#define VIRTIO_ID_CAIF            12          /* Virtio caif */
#define VIRTIO_ID_GPU             16          /* virtio GPU */
#define VIRTIO_ID_INPUT           18          /* virtio input */
#define VIRTIO_ID_VSOCK           19          /* virtio vsock transport */
#define VIRTIO_ID_CRYPTO          20          /* virtio crypto */
#define VIRTIO_ID_IOMMU           23          /* virtio IOMMU */
#define VIRTIO_ID_FS              26          /* virtio filesystem */
#define VIRTIO_ID_PMEM            27          /* virtio pmem */
```

OpenAMP 库下有如下定义：

```
/* VirtIO rpmsg device id */
#define VIRTIO_ID_RPMSG_                      7
```

即定义 VIRTIO_ID_RPMSG 为 7，此值和 OpenAMP 库中的 VIRTIO_ID_RPMSG_值必须一样，两者为 7。在 Linux 内核源码的 drivers/rpmsg/virtio_rpmsg_bus.c 文件中，rpmsg_init() 函数会注册 Virtio 设备驱动，通过 id_table 中的 Virtio 设备 ID（VIRTIO_ID_RPMSG，值为 7）和 OpenAMP 库中的 VIRTIO_ID_RPMSG_值匹配，这样主处理器的 Virtio 匹配到远程处理器，如匹配成功，则注册 Virtio 设备；注册成功后，A7 内核打印"registered virtio0（type 7）"。

Virtio 设备注册成功后，通过 rpmsg_probe() 函数配置缓冲区（Vring Buffer），一半缓冲区用于发送消息数据，一半缓冲区用于接收消息数据。当 virtqueue 和 Virtio 设备准备就绪后，A7 内核打印"rpmsg host is online"，提示 RPMsg 主处理器在线。接下来就可以通过 rpmsg_ns_cb() 函数创建 RPMsg 通道了。RPMsg Virtio 的初始化过程如图 20.2 所示。

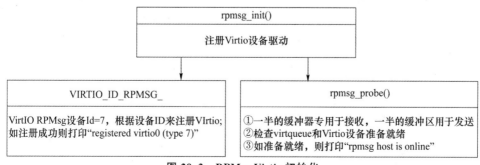

图 20.2　RPMsg Virtio 初始化

### 20.1.1　相关的结构体

首先来看几个重要的结构体,打开 Linux 内核源码的 include/linux/rpmsg.h 文件,找到 rpmsg_device 和 rpmsg_endpoint 结构体。

**1. rpmsg_device 结构体**

rpmsg_device 是属于 RPMsg 总线的设备的结构体,其中,成员变量 id 是设备 ID,设备 ID 用于 RPMsg 驱动程序和设备之间的匹配。

```
struct rpmsg_device {                /* 属于 RPMsg 总线的设备 */
  struct device dev;                 /* 设备结构体 */
  struct rpmsg_device_id id;         /* 设备 ID(用于匹配 RPMsg 驱动程序和设备) */
  char * driver_override;            /* 驱动程序名称以强制匹配 */
  u32 src;                           /* 本地地址 */
  u32 dst;                           /* 目的地址 */
  struct rpmsg_endpoint * ept;       /* RPMsg 通道的端点 */
  bool announce;                     /* 如果设置,RPMsg 将宣布此通道的创建/删除 */
  /* RPMsg 设备回调函数结构体 */
  const struct rpmsg_device_ops * ops;
};
```

rpmsg_device_ops 是 RPMsg 设备回调函数结构体,在 Linux 内核源码的 drivers/rpmsg/rpmsg_internal.h 文件下有定义。

```
struct rpmsg_device_ops { /* rpmsg_device 回调函数 */
  /* 创建端点(必须) */
  struct rpmsg_endpoint * ( * create_ept)(struct rpmsg_device * rpdev,
                            rpmsg_rx_cb_t cb, void * priv,
                            struct rpmsg_channel_info chinfo);
  /* 宣布新通道的存在,可选 */
  int ( * announce_create)(struct rpmsg_device * ept);
  /* 宣布通道销毁,可选 */
  int ( * announce_destroy)(struct rpmsg_device * ept);
};
```

其中,announce_create 和 announce_destroy 是可选的,因为后端可能通过创建端点隐式地通告新通道。

在 virtio_rpmsg_bus.c 文件中找到如下定义,通过指定 virtio_rpmsg_ops 结构体成员即可后续调用对应的回调函数:

```
static const struct rpmsg_device_ops virtio_rpmsg_ops = {
    .create_ept = virtio_rpmsg_create_ept,
    .announce_create = virtio_rpmsg_announce_create,
    .announce_destroy = virtio_rpmsg_announce_destroy,
};
```

表 20.1 是回调函数说明。

表 20.1　回调函数说明

| 函　　数 | 描　　述 |
|---|---|
| virtio_rpmsg_create_ept () | 创建一个 rpmsg 端点 |
| virtio_rpmsg_announce_create () | 创建新通道,且告知远程处理器通道存在 |
| virtio_rpmsg_announce_destroy () | 销毁通道,且告知远程处理器通道被销毁 |

## 2. rpmsg_endpoint 结构体

rpmsg_endpoint 结构体是 RPMsg 端点结构体,用于将本地 RPMsg 地址绑定到对应的用户中,其指定了 RPMsg 通道的设备,对应的回调函数定义如下:

```
struct rpmsg_endpoint {            /* 将本地 RPMsg 地址绑定到其用户 */
  struct rpmsg_device * rpdev;     /* RPMsg 通道设备 */
  struct kref refcount;            /* 当此值为零时,ept 端点被释放 */
  rpmsg_rx_cb_t cb;                /* rx 回调处理程序 */
  struct mutex cb_lock;            /* 必须在访问/更改 cb 之前进行 */
  u32 addr;                        /* 本地 RPMsg 地址 */
  void * priv;                     /* 供驱动使用的私人数据 */
  /* rpmsg 端点回调函数结构体 */
  const struct rpmsg_endpoint_ops * ops;
};
```

rpmsg_endpoint_ops 是 RPMsg 端点回调函数结构体,在 Linux 内核源码的 drivers/rpmsg/rpmsg_internal.h 文件下有定义:

```
struct rpmsg_endpoint_ops {            /* rpmsg_endpoint 处理程序结构体 */
  /* destroy_ept 处理程序 */
  void ( * destroy_ept)(struct rpmsg_endpoint * ept);
  /* send 处理器程序 */
  int ( * send)(struct rpmsg_endpoint * ept, void * data, int len);
  /* sendto 处理程序 */
  int ( * sendto)(struct rpmsg_endpoint * ept, void * data, int len, u32 dst);
  /* send_offchannel 处理程序 */
  int ( * send_offchannel)(struct rpmsg_endpoint * ept,
                    u32 src, u32 dst,
                    void * data, int len);
  /* trysend 处理程序 */
  int ( * trysend)(struct rpmsg_endpoint * ept, void * data, int len);
  /* trysendto 处理程序 */
  int ( * trysendto)(struct rpmsg_endpoint * ept, void * data, int len, u32 dst);
  /* trysend_offchannel 处理程序 */
  int ( * trysend_offchannel)(struct rpmsg_endpoint * ept,
                    u32 src, u32 dst,
                    void * data, int len);
  /* poll 处理程序 */
```

```
   __poll_t( * poll)(struct rpmsg_endpoint * ept,
                  struct file * filp,
                  poll_table * wait);
   /* get_buffer_size 处理程序 */
   int ( * get_buffer_size)(struct rpmsg_endpoint * ept);
};
```

在 Linux 内核源码 drivers/rpmsg/virtio_rpmsg_bus.c 中找到如下结构体,此结构体成员指定对应的回调函数;当在程序中调用 rpmsg_endpoint_ops 处理程序的某个成员时,则会执行对应的回调函数。

```
static const struct rpmsg_endpoint_ops virtio_endpoint_ops = {
   .destroy_ept = virtio_rpmsg_destroy_ept,
   .send = virtio_rpmsg_send,
   .sendto = virtio_rpmsg_sendto,
   .send_offchannel = virtio_rpmsg_send_offchannel,
   .trysend = virtio_rpmsg_trysend,
   .trysendto = virtio_rpmsg_trysendto,
   .trysend_offchannel = virtio_rpmsg_trysend_offchannel,
   .get_buffer_size = virtio_get_buffer_size,
};
```

表 20.2 是回调函数说明。

表 20.2　回调函数说明

| 函　　数 | 描　　述 |
| --- | --- |
| virtio_rpmsg_destroy_ept() | 销毁现有的 rpmsg 端点 |
| virtio_rpmsg_send() | 通过默认端点给远程处理器默认端点发送数据(阻塞) |
| virtio_rpmsg_sendto() | 通过默认端点和 dst 给远程处理器发送数据(阻塞) |
| virtio_rpmsg_send_offchannel() | 通过指定端点(src 和 dst)给远程处理器发送数据 |
| virtio_rpmsg_trysend() | 通过默认端点给远程处理器默认端点发送数据(非阻塞) |
| virtio_rpmsg_trysendto() | 通过默认端点和 dst 给远程处理器发送数据(非阻塞) |
| virtio_rpmsg_trysend_offchannel() | 通过指定端点(src 和 dst)给远程处理器发送数据(非阻塞) |
| virtio_get_buffer_size() | 获取消息的有效负载(除去消息头后的长度) |

以上的发送函数都调用了 virtio_rpmsg_send_offchannel()函数来实现发送功能,后面会重点讲解此函数。

### 3. virtio_rpmsg_channel

在 Linux 内核源码 drivers/rpmsg/virtio_rpmsg_bus.c 中找到 virtio_rpmsg_channel 结构体,此结构体用于指定是哪个通道以及使用的是此通道的那个处理器。

```
struct virtio_rpmsg_channel {
  struct rpmsg_device rpdev;  /* RPMsg 通道 */
  struct virtproc_info * vrp;  /* 此通道所属的远程处理器 */
};
```

### 4. virtproc_info

每个物理远程处理器可能有多个 virtio proc 设备, virtproc_info 结构体用于指定 virtio 远程处理器设备的 RPMsg 状态。virtproc_info 在 Linux 内核源码 drivers/rpmsg/virtio_rpmsg_bus.c 下定义:

```
struct virtproc_info {                    /* 远程处理器状态 */
  struct virtio_device * vdev;            /* virtio 设备 */
  struct virtqueue * rvq, * svq;          /* rx 和 tx 的 virtqueue */
  void * rbufs, * sbufs;                  /* rx 和 tx 缓冲区的内核地址 */
  unsigned int num_bufs;                  /* rx 和 tx 的缓冲区总数 */
  unsigned int buf_size;                  /* 一个 rx 或 tx 缓冲区的大小 */
  int last_sbuf;                          /* 上次使用的 tx 缓冲区的索引 */
  dma_addr_t bufs_dma;                    /* 缓冲区的 dma 基地址 */
  struct mutex tx_lock;                   /* 保护 svq, sbufs 和 sleepers, 以允许并发发送者 */
  struct idr endpoints;                   /* 本地端点的 idr, 允许快速检索 */
  struct mutex endpoints_lock;            /* 端点集的锁 */
  wait_queue_head_t sendq;                /* 发送上下文的等待队列等待 tx 缓冲区 */
  atomic_t sleepers;                      /* 等待 tx 缓冲区的发送者数量 */
  struct rpmsg_endpoint * ns_ept;         /* 总线的名称服务端点 */
};
```

### 5. rpmsg_channel_info

在 Linux 内核源码 drivers/rpmsg/virtio_rpmsg_bus.c 中找到 rpmsg_channel_info 结构体, rpmsg_channel_info 是通道信息, 如下:

```
struct rpmsg_channel_info {
        char name[RPMSG_NAME_SIZE];     /* 远程服务名字 */
        u32 src;                        /* 本地地址 */
        u32 dst;                        /* 目的地址 */
};
```

### 6. rpmsg_ns_msg

在 Linux 内核源码 drivers/rpmsg/ virtio_rpmsg_bus.c 下有如下定义:

```
struct rpmsg_ns_msg {                        /* 动态服务公告名称消息 */
    char name[RPMSG_NAME_SIZE];              /* 已发布的远程服务的名称 */
    u32 addr;                                /* 已发布的远程服务的地址 */
    u32 flags;                               /* 用于指示是创建服务还是销毁服务 */
} __packed;

/* flags 的取值枚举类型 */
```

```
enum rpmsg_ns_flags {              /* 动态名称服务公告标志取值 */
    RPMSG_NS_CREATE = 0,           /* 刚刚创建了一个新的远程服务 */
    RPMSG_NS_DESTROY = 1,          /* 一个已知的远程服务刚刚被销毁 */
};
```

rpmsg_ns_msg 是名称服务公告消息结构体,其中,name 就是和端点关联的服务的名字(service name),addr 是已经发布服务公告名称的远程处理器的地址,flags 标志位用于指示是创建服务还是销毁服务。

## 20.1.2 缓冲区

在 Linux 内核下,驱动为每个通信分配 512 字节的缓冲区,且每个缓冲区将 16 字节用作消息头,所以每次最大只能发送 496 字节的数据,即消息数据的有效负载大小为 496 字节。缓冲区的数量是根据 vring 支持的缓冲区数量来计算的,最多 512 个缓冲区(每个方向 256 个)。Linux 内核源码 drivers/rpmsg/virtio_rpmsg_bus.c 下的定义:

```
#define MAX_RPMSG_NUM_BUFS  (512)/* 最多 512 个缓冲区(收和发方向各 256 个) */
#define MAX_RPMSG_BUF_SIZE  (512)/* 缓冲区大小为 512 字节,16 字节用于消息头 */
```

Linux 内核源码的 drivers/rpmsg/virtio_rpmsg_bus.c 文件中定义了 rpmsg_hdr 结构体,此结构体用于表示在 RPMsg 通道上发送/接收的每条消息的格式,每条消息都以此结构体为开头。

```
struct rpmsg_hdr {/* 所有 RPMsg 消息的公共标头 */
    u32 src;            /* 源地址 */
    u32 dst;            /* 目的地址 */
    u32 reserved;       /* 保留字段 */
    u16 len;            /* 消息有效负载的长度(以字节为单位) */
    u16 flags;          /* 消息标志 */
    u8 data[0];         /* 长度为字节的消息有效负载数据 */
} __packed;
```

根据以上定义,RPMsg 中的消息格式如图 20.3 所示。前面是消息头,共占用了

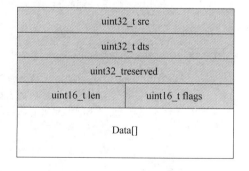

**图 20.3 RPMsg 中的消息格式**

16 字节,由 RPMsg 内部使用。消息头组成是:第一个字(32 位)用作发送方或源端点的地址,下一个字是接收方或目标端点的地址,第三个字是保留字段,最后一个字是有效负载的长度(16 位)和一个(16 位)标志字段。紧跟消息头后面的才是用户消息的有效负载,即用户发送的有效消息数据,以字节为单位。

### 20.1.3 创建 RPMsg 通道 API 函数

RPMsg 通道(RPMsg channel)是主处理器与远程处理器(也称为 RPMsg 设备)之间的双向通信通道,所有的消息都在 RPMsg 上传递。消息包括消息头和用户实际要发送的数据。RPMsg 通道创建的过程大概如下:

① 一旦主处理器通过 Remoteproc 加载和启动远程处理器的固件后,远程处理器就会发送服务公告名称消息;

② 主处理器收到这个消息后,会根据消息里的服务公告名称(或者称为服务的名称)来创建一个 RPMsg 通道,通道的名字和服务公告名称是一样的;

③ 接下来,主处理器必须先给远程处理器发送第一条消息(可以是任何的消息),通道才算真正激活;

④ 通道激活以后,远程处理器才可以通过此 RPMsg 通道给主处理器发送消息;用户代码可以通过调用 RPMsg 相关的 API 函数来实现消息的发送操作,例如,可以使用 rpmsg_send()函数发送消息,此函数后面会介绍。

RPMsg 是基于 Virtio 的,Virtio 有两个 vring,分别用于发送和接收消息;还有一个 Vring buffers,Vring buffers 就是共享的内存。所以,RPMsg 框架本质上也是通过共享内存来实现核间通信。

图 20.4 是主处理器和远程处理器通信的过程。对于 M4,用户调用 OpenAMP

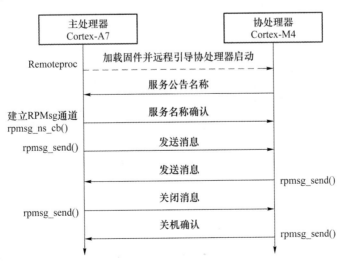

图 20.4 主处理器和远程处理器通信过程

库中的 OPENAMP_create_endpoint() 函数创建端点时,会指定服务的名称;A7 接收到服务公告名称消息后,根据消息中的服务名称,通过调用 Linux 内核下的 rpmsg_ns_cb() 函数来创建和远程处理器通信的 RPMsg 通道设备,此 RPMsg 通道设备的名字和服务的名称一样(例如,服务名称是 rpmsg-client-sample,那么此 RPMsg 通道设备的名称也是 rpmsg-client-sample)。

Linux 内核会根据接收到的服务公告消息内容来创建或者销毁一个 RPMsg 通道,如果创建此通道,则通过此通道来和远程处理器进行通信,此通道的名字和服务名称一样。在 Linux 内核源码 drivers/rpmsg/virtio_rpmsg_bus.c 下找到如下函数:

```c
/**
 * @brief        在服务公告名称消息到达时,此函数被调用
 * @param        rpdev:RPMsg 通道设备
 *               data:接收的服务公告名称消息
 *               len:接收的服务公告名称消息长度
 *               priv:RPMsg 驱动私有数据
 *               src:接收到消息的远程源地址
 * @retval       返回 0:成功;其他值:失败
 */
static int rpmsg_ns_cb(struct rpmsg_device * rpdev, void * data, int len,
                       void * priv, u32 src)
{
    struct rpmsg_ns_msg * msg = data;
    struct rpmsg_device * newch;
    struct rpmsg_channel_info chinfo;
    struct virtproc_info * vrp = priv;
    struct device * dev = &vrp->vdev->dev;
    int ret;
    /* Linux 内核动态调试功能,以十六进制打印 */
# if defined(CONFIG_DYNAMIC_DEBUG)
    dynamic_hex_dump("NS announcement: ", DUMP_PREFIX_NONE, 16, 1,data, len, true);
# endif
    /* 检查接收到的消息的长度 */
    if (len != sizeof( * msg)) {
        dev_err(dev, "malformed ns msg ( % d)\n", len);
        return - EINVAL;
    }
    /* 名称服务 ept 不属于真正的 RPMsg 通道,由 RPMsg 总线本身处理 */
    if (rpdev) {
        dev_err(dev, "anomaly: ns ept has an rpdev handle\n");
        return - EINVAL;
    }
    msg->name[RPMSG_NAME_SIZE - 1] = '\0';
    /* Linux 内核打印通道建立或者销毁信息 */
    dev_info(dev, " % sing channel % s addr 0x % x\n",
             msg->flags & RPMSG_NS_DESTROY ? "destroy" : "creat",
             msg->name, msg->addr);
```

```
    /* 获取服务的名字 */
    strncpy(chinfo.name, msg->name, sizeof(chinfo.name));
    /* 基于服务名字设置通道源地址,系统自动分配一个地址 */
    chinfo.src = RPMSG_ADDR_ANY;
    chinfo.dst = msg->addr;    /* 根据已发布的远程服务的地址设置目的地址 */

    if (msg->flags & RPMSG_NS_DESTROY) { /* 销毁一个已有的通道 */
            ret = rpmsg_unregister_device(&vrp->vdev->dev, &chinfo);
            if (ret)
                    dev_err(dev, "rpmsg_destroy_channel failed: %d\n", ret);
    } else { /* 创建一个新的通道,通道名字是服务的名字 */
            newch = rpmsg_create_channel(vrp, &chinfo);
            if (! newch)
                    dev_err(dev, "rpmsg_create_channel failed\n");
    }

    return 0;
}
```

rpmsg_ns_cb()函数会根据接收到的服务公告名称消息来创建和远程处理器通信的 RPMsg 通道,如果服务公告名称中的消息 flags 是 RPMSG_NS_CREATE,则表示新建一个 RPMsg 通道;如果 flags 为 RPMSG_NS_DESTROY,则删除 RPMsg 通道。

通过调用 rpmsg_create_channel()函数来创建一个名字为服务名称的通道,此服务名称由 M4 这边决定。

## 20.1.4 创建 RPMsg 端点 API 函数

主处理器和远程处理器是通过 RPMsg 通道来发送消息的。当主处理器和远程处理器建立起通道后,基于这个通道,用户可以在主处理器或者远程处理器创建一个或者多个 RPMsg 端点(RPMsg endpoint),即一个通道可以有多个 RPMsg 端点;RPMsg 端点是可出现在 RPMsg 通道任意一侧的逻辑抽象。

端点提供用于主处理器与远程处理器之间发送目标消息的基础架构,每个 RPMsg 端点都有一个唯一的本地地址和关联的接收回调函数,回调函数是由用户定义的。当应用程序使用本地地址创建端点时,如果目标地址等于端点本地地址,则该端点关联的回调函数就被执行。注意,在没有手动创建端点前,每个通道其实都有一个默认的端点,所以应用程序无须创建新的端点,直接使用默认的端点就可以进行通信了。

当驱动程序开始侦听通道时,其接收回调与唯一的 src 地址(32 位整数)绑定。当收到针对给定端点索引的消息时,RPMsg 会参考所收到的消息调用相关的接收回调函数,而没有明确指向目标端点索引的消息会到达与 RPMsg 通道相关联的默认端点。

图 20.5 是 RPMsg 端点、RPMsg 通道和主/远程处理器联系示意图。

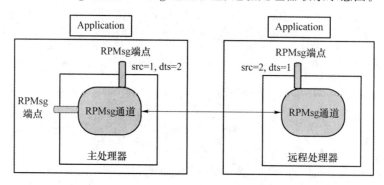

**图 20.5　RPMsg 端点示意图**

可见,一个 RPMsg 通道可以创建多个 RPMsg 端点,通道依靠一个或多个 RPMsg 端点实现服务,RPMsg 端点通过通道提供逻辑连接。

可以通过调用 rpmsg_create_ept()函数来创建 RPMsg 端点,此函数在 Linux 内核源码的 drivers/rpmsg/rpmsg_core.c 下定义,实际上是通过调用 virtio_rpmsg_create_ept()函数完成端点的创建。默认情况下 RPMsg 通道已经有一个默认的端点了,用户无须创建就可以使用,如需要则可通过此函数来创建其他端点。

```
/ * *
 * @brief          创建新的 RPMsg 端点
 * @param          rpdev:RPMsg 通道设备
 *                 cb:rx 回调处理程序
 *                 priv:私有数据
 *                 chinfo:与 cb 绑定的通道信息
 * @retval         成功时返回指向端点的指针,错误时返回 NULL
 */
struct rpmsg_endpoint * rpmsg_create_ept(struct rpmsg_device * rpdev,
                                    rpmsg_rx_cb_t cb, void * priv,
                                    struct rpmsg_channel_info chinfo)
{
  if (WARN_ON(! rpdev))
      return NULL;
  /* 创建特定于后端的端点(必须) */
  return rpdev - >ops - >create_ept(rpdev, cb, priv, chinfo);
}
EXPORT_SYMBOL(rpmsg_create_ept);
```

## 20.1.5　发送消息 API 函数

RPMsg 的发送 API 说明如表 20.3 所列。

表 20.3　RPMsg 相关的发送 API 汇总

| API | 说　明 |
|---|---|
| rpmsg_send_offchannel_raw() | wait＝0 表示非阻塞,wait＝1 表示阻塞 |
| rpmsg_send() | 阻塞方式发送(wait＝1) |
| rpmsg_sendto() | |
| rpmsg_send_offchannel() | |
| rpmsg_trysend() | 非阻塞方式发送(wait＝0) |
| rpmsg_trysendto() | |
| rpmsg_trysend_offchannel() | |

　　以上的 API 函数大多数是通过调用 rpmsg_send_offchannel_raw() 函数来完成的,下面就以 rpmsg_send_offchannel_raw() 函数和 rpmsg_send() 函数为例子进行分析,其他的函数分析方法也类似。

## 1. 函数 rpmsg_send_offchannel_raw()

　　rpmsg_send_offchannel_raw() 函数在 drivers/rpmsg/virtio_rpmsg_bus.c 中定义,该函数使用用户提供的 src(源地址) 和 dst (目标地址)地址向远程处理器发送消息。调用者应该指定通道、它想要发送的数据、数据的长度(以字节为单位)以及明确的源地址、目标地址,然后将消息发送到通道所属的远程处理器。很多 API 函数是通过调用该函数来完成消息发送的。

　　当参数 wait 为 1 时表示等待,即调用者被阻塞,直到有可用的 TX 缓冲区或者 15 s 的等待时间超时后,如果还没等到 TX 缓冲区,则返回－ERESTARTSYS;当 wait 为 0 时,表示非阻塞,当调用该函数时,只要没有可用的 TX 缓冲区,该函数将立即失败,并返回－ENOMEM。

```
 1   /**
 2    * @brief      向远程处理器发送消息
 3    * @param      rpdev:RPMsg 通道
 4    *             src  :源地址
 5    *             dst  :目的地址
 6    *             data :有效的消息数据
 7    *             len  :有效的消息长度
 8    *             wait :指示在没有可用的 TX 缓冲区的情况下调用者是否应该阻塞
 9    * @retval      成功返回 0,否则返回适当的错误代码
10    */
11   static int rpmsg_send_offchannel_raw(struct rpmsg_device * rpdev,
12                                        u32 src, u32 dst,
13                                        void * data, int len, bool wait)
14   {
15       /* 获取指定的 RPMsg 通道 */
```

```
16        struct virtio_rpmsg_channel * vch = to_virtio_rpmsg_channel(rpdev);
17        /* 获取指定的 RPMsg 通道上的处理器 */
18        struct virtproc_info * vrp = vch - >vrp;
19        struct device * dev = &rpdev - >dev;  /* 获取设备 */
20        struct scatterlist sg;               /* 要填充的散点列表 */
21        struct rpmsg_hdr * msg;              /* 在 RPMsg 上发送/接收的消息的格式 */
22        int err;                             /* 返回值 */
23
24        /* 当源地址或者目的地址为 RPMSG_ADDR_ANY 时,不允许广播 */
25        if (src == RPMSG_ADDR_ANY || dst == RPMSG_ADDR_ANY) {
26          dev_err(dev, "invalid addr (src 0x%x, dst 0x%x)\n", src, dst);
27          return - EINVAL;
28        }
29
30        /* 检查有效的消息的长度是否大于 rx 或 tx 缓冲区的大小 */
31        if (len > vrp - >buf_size - sizeof(struct rpmsg_hdr)) {
32                dev_err(dev, "message is too big (%d)\n", len);
33                return - EMSGSIZE;
34        }
35
36        /* 分配一个 tx 缓冲区 */
37        msg = get_a_tx_buf(vrp);
38        if (! msg && ! wait)
39                return - ENOMEM;
40
41     /* 没有空闲缓冲区?则等待一个(但在 15 s 后释放) */
42     while (! msg)
43     {
44        /* 如果需要,启用"tx-complete"中断 */
45        rpmsg_upref_sleepers(vrp);
46
47        /* 休眠,直到有空闲缓冲区可用或 15 s 超时 */
48        err = wait_event_interruptible_timeout(vrp - >sendq,
49                             (msg = get_a_tx_buf(vrp)),
50                             msecs_to_jiffies(15000));
51
52        /* 如果是最后一个休眠,则禁用"tx-complete"中断 */
53        rpmsg_downref_sleepers(vrp);
54
55        /* 检查是否超时 */
56        if (! err)
57        {
58          dev_err(dev, "timeout waiting for a tx buffer\n");
59          return - ERESTARTSYS;
60        }
61     }
62
63     msg - >len = len;     /* 有效消息的长度(以字节为单位) */
64     msg - >flags = 0;     /* 消息标志 */
```

```
65        msg->src = src;                /* 消息的源地址 */
66        msg->dst = dst;                /* 消息的目的地址 */
67        msg->reserved = 0;             /* 保留 */
68        memcpy(msg->data, data, len);  /* 将长度为 len 的消息复制到 data 数组中 */
69        dev_dbg(dev, "TX From 0x%x, To 0x%x, Len %d, Flags %d, Reserved %d\n",
70            msg->src, msg->dst, msg->len, msg->flags, msg->reserved);
71
72        #if defined(CONFIG_DYNAMIC_DEBUG)
73        /* 使用 dynamic_hex_dump 进行十六进制转储跟踪 */
74        dynamic_hex_dump("rpmsg_virtio TX: ", DUMP_PREFIX_NONE, 16, 1,
75                    msg, sizeof(*msg) + msg->len, true);
76        #endif
77        /* 根据 cpu 地址位置初始化 scatterlist */
78        rpmsg_sg_init(&sg, msg, sizeof(*msg) + len);
79        /* 加锁 */
80        mutex_lock(&vrp->tx_lock);
81
82        /* 将消息添加到远程处理器的虚拟队列 */
83        err = virtqueue_add_outbuf(vrp->svq, &sg, 1, msg, GFP_KERNEL);
84        if (err)
85        {
86    /* 这里需要回收缓冲区,否则它会丢失(内存不会泄漏,但 RPMsg 不会再次将其用于 TX) */
87            dev_err(dev, "virtqueue_add_outbuf failed: %d\n", err);
88            goto out;
89        }
90
91        /* 告诉远程处理器它有一个待读取的消息 */
92        virtqueue_kick(vrp->svq);
93    out:
94        /* 解锁 */
95        mutex_unlock(&vrp->tx_lock);
96        return err;
97    }
```

第 16～18 行,获取指定 RPMsg 通道上的远程处理器。

第 25～28 行,判断源地址和目的地址是否是 RPMSG_ADDR_ANY,如果是,则提示无效地址。RPMSG_ADDR_ANY 在 include/linux/rpmsg.h 文件中定义为 0xFFFFFFFF,这里是判断定义的 src 和 dst 是否有效,即消息将在指定的通道上发送,其源地址和目标地址字段将设置为通道的 src 和 dst 地址。

第 31～34 行,判断消息的长度是否大于 TX 或 RX 缓冲区的大小,如果大于,则返回报错值。

第 37～39 行,选择下一个未使用的 TX 缓冲区,或者回收一个用过的 TX 缓冲区。

第 42～61 行,等待一个空闲的 TX 缓冲区,如果没有可用的 TX 缓冲区,该函数将阻塞,直到有一个可用的 TX 缓冲区(即直到远程处理器消耗 TX 缓冲区并将其放

回 Virtio 使用的描述符上），或者经过 15 s 的超时，当超时发生时，返回
—ERESTARTSYS。

第 63～68，如果等到一个空闲的 TX 缓冲区，则指定消息的长度、源地址、目的
地址和标志为 0，然后将消息复制到 data 数组。

第 72～76 行，宏 CONFIG_DYNAMIC_DEBUG 用于启动动态 printk()支持，
这是一种调试手段。如果定义过此宏，则使用 dynamic_hex_dump 进行十六进制转
储跟踪调试。

第 78 行，根据 CPU 地址位置初始化 scatterlist，sg 是要填充的散点列表，cpu_
addr 是缓冲区的虚拟地址，len 是缓冲区长度。

第 80～95 行，将消息添加到远程处理器的虚拟队列，然后告诉远程处理器它有
一个待读取的消息。

以上就是将消息数据以消息队列的方式发给 RPMsg 通道上的处理器的过程。

### 2. 函数 rpmsg_send()

rpmsg_send()函数在 drivers/rpmsg/rpmsg_core.c 文件中定义，此函数在 ept
端点上发送长度为 len 的 data，消息将使用 ept 端点的地址及其关联的 RPMsg 通道
的目标地址发送到 ept 端点所属的远程处理器。调用者应指定端点、要发送的数据
及其长度（以字节为单位）。如果没有可用的 TX 缓冲区，同样的，该函数会产生
阻塞。

```
1   /**
2    * @brief        向远程处理器发送消息
3    * @param        ept:RPMsg 端点
4    *               data:消息的有效载荷
5    *               len: 有效载荷长度
6    * @retval        成功返回 0,否则返回适当的错误代码
7    */
8   int rpmsg_send(struct rpmsg_endpoint * ept, void * data, int len)
9   {
10      if (WARN_ON(! ept))
11          return - EINVAL;
12      if (! ept->ops->send)
13          return - ENXIO;
14
15      return ept->ops->send(ept, data, len);
16  }
17  EXPORT_SYMBOL(rpmsg_send);
```

第 10 行，WARN_ON 相当于内核运行时的断言，当括号中的条件成立时，内核
会抛出一个栈回溯，常用于调试，也就是判断 ept(RPMsg 端点)是否存在。

第 12 行，如果 RPMsg 端点存在，则调用 rpmsg_endpoint_ops 中的 rpmsg_send
处理程序，即最终调用 virtio_rpmsg_send()回调函数完成发送功能。下面是 virtio_

rpmsg_send 回调函数：

```
static int virtio_rpmsg_send(struct rpmsg_endpoint * ept,
                             void * data, int len)
{
    struct rpmsg_device * rpdev = ept->rpdev;
    u32 src = ept->addr, dst = rpdev->dst;
    return rpmsg_send_offchannel_raw(rpdev, src, dst, data, len, true);
}
```

可以看到，virtio_rpmsg_send()回调函数是通过调用前面的 rpmsg_send_offchannel_raw()函数来完成发送功能的。如果没有可用的 TX 缓冲区，该函数将阻塞直到远程处理器消耗 TX 缓冲区并将其释放，或者经过 15 s 的超时，当超时发生时，返回－ERESTARTSYS。

### 3. 其他发送函数

前面 virtio_endpoint_ops 里指定的回调函数大多数都会调用 rpmsg_send_offchannel_raw()函数来完成数据发送功能。这些函数在 drivers/rpmsg/rpmsg_core.c 中定义，函数的实现过程和 rpmsg_send()类似，我们就不再一一进行分析了，下面直接将这些函数列出来，其中 rpmsg_send_offchannel_raw()函数的形参如表 20.4 所列。

表 20.4　参数说明

| 函　　数 | 描　　述 |
| --- | --- |
| ept | RPMsg 端点 |
| src | 源地址 |
| dst | 目的地址 |
| data | 发送的数据 |
| len | 数据长度 |
| wait | wait 为 0 时表示非阻塞，为 1 时表示阻塞 |

### (1) rpmsg_sendto()

rpmsg_sendto()函数是以 ept 端点的地址作为源地址，将长度为 len 的 data 发送到远程 dst 地址中，消息将被发送到 ept 端点所属的远程处理器。调用者应指定端点、要发送的数据及其长度（以字节为单位），还有目标地址 dst。如果没有可用的 TX 缓冲区，该函数会产生阻塞。

```
int rpmsg_sendto(struct rpmsg_endpoint * ept, void * data, int len, u32 dst)
```

### (2) rpmsg_send_offchannel()

rpmsg_send_offchannel()函数使用 src 作为源地址，将长度为 len（以字节为单位）的数据 data 发送到远程 dst 地址，消息将被发送到 ept 端点所属的远程处理器。

调用者应指定端点、要发送的数据及其长度(以字节为单位),还有源地址 src 和目标地址 dst。如果没有可用的 TX 缓冲区,该函数会产生阻塞。

```
int rpmsg_send_offchannel(struct rpmsg_endpoint * ept,
                          u32 src,
                          u32 dst,
                          void * data,
                          int len)
```

**(3) rpmsg_trysend()**

rpmsg_trysend()函数在 ept 端点上发送长度为 len(以字节为单位)的 data,消息将使用 ept 端点的地址作为源地址,其关联的 RPMsg 通道为目标地址,消息将被发送到 ept 端点所属的远程处理器。

```
int rpmsg_trysend(struct rpmsg_endpoint * ept, void * data, int len)
```

**(4) rpmsg_trysendto()**

rpmsg_sendto()函数以 ept 端点的地址作为源地址,将长度为 len 的 data 发送到远程 dst 地址中,消息将被发送到 ept 端点所属的远程处理器。调用者应指定端点、要发送的数据及其长度(以字节为单位),还有目标地址 dst。

```
int rpmsg_trysendto(struct rpmsg_endpoint * ept, void * data, int len, u32 dst)
```

**(5) rpmsg_trysend_offchannel()**

rpmsg_trysend_offchannel()函数使用 src 作为源地址,将长度为 len(以字节为单位)的数据 data 发送到远程 dst 地址,消息将被发送到 ept 端点所属的远程处理器。调用者应指定端点、要发送的数据及其长度(以字节为单位),还有源地址 src 和目标地址 dst。

```
int rpmsg_trysend_offchannel(struct rpmsg_endpoint * ept,
                             u32 src,
                             u32 dst,
                             void * data,
                             int len)
```

# 20.2 OpenAMP 库中的 API 函数

## 20.2.1 初始化 IPCC API 函数

MX_IPCC_Init()函数用于初始化 IPCC,函数定义如下:

```
/ * *
 * @brief     初始化 IPCC
 * @param     无
 * @retval    无
```

```
*/
static void MX_IPCC_Init(void)
{
  hipcc.Instance = IPCC;
  if (HAL_IPCC_Init(&hipcc) != HAL_OK)
  {
    Error_Handler();
  }
}
```

HAL_IPCC_Init()会初始化 IPCC 的时钟、通道和中断配置等。

## 20.2.2 初始化 OpenAMP API 函数

MX_OPENAMP_Init()函数用于初始化 OpenAMP,包括邮箱、共享内存、资源表、Virtio、Vring 和 vring Buffers,函数如下所示。注意,此函数会间接调用 malloc()函数来分配内存,所以,在 OneOS 还未完成内存初始化时,不能调用 MX_OPENAMP_Init()函数,否则测试会异常,这点编程的时候一定要注意,最好在进入主函数的以后再调用此函数,不建议在 bsp.c 文件中直接调用。

```
/**
* @brief     OpenAMP 初始化
* @param     RPMsgRole:只能给 0 或者 1,0 表示做主机,1 表示做从机。M4 只能给 1 做从机
*            ns_bind_cb:用于服务公告名称的回调处理程序,通常直接给 NULL
* @retval    负数,失败;0,成功
*/
int MX_OPENAMP_Init(int RPMsgRole, rpmsg_ns_bind_cb ns_bind_cb)
{
  struct fw_rsc_vdev_vring * vring_rsc = NULL;
  struct virtio_device * vdev = NULL;
  int status = 0;
  /* 初始化邮箱 */
  MAILBOX_Init();
  /* 初始化公共内存 */
  status = OPENAMP_shmem_init(RPMsgRole);
  if(status)
  {
    return status;
  }
  /* 初始化 Virtio 环境 */
  vdev = rproc_virtio_create_vdev(RPMsgRole, VDEV_ID, &rsc_table->vdev,
                        rsc_io, NULL, MAILBOX_Notify, NULL);
  if (vdev == NULL)
  {
    return -1;
  }
  /* 等待 Virtio 环境就绪 */
```

```
   rproc_virtio_wait_remote_ready(vdev);

   /* 初始化 vring0 */
   vring_rsc = &rsc_table->vring0;
   status = rproc_virtio_init_vring(vdev, 0, vring_rsc->notifyid,
                        (void *)vring_rsc->da, shm_io,
                        vring_rsc->num, vring_rsc->align);
   if (status != 0)
   {
     return status;
   }
   /* 初始化 vring1 */
   vring_rsc = &rsc_table->vring1;
   status = rproc_virtio_init_vring(vdev, 1, vring_rsc->notifyid,
                        (void *)vring_rsc->da, shm_io,
                        vring_rsc->num, vring_rsc->align);
   if (status != 0)
   {
     return status;
   }
   /* 主核初始化共享缓冲池 */
   rpmsg_virtio_init_shm_pool(&shpool, (void *)VRING_BUFF_ADDRESS,
                    (size_t)SHM_SIZE);
   /* 初始化 RPMsg virtio 设备 */
   rpmsg_init_vdev(&rvdev, vdev, ns_bind_cb, shm_io, &shpool);

   return 0;
}
```

### 20.2.3　回调函数

OpenAMP 库中的回调函数有固定的形式,如下:

```
static int rx_callback(struct rpmsg_endpoint * rp_chnl,
                void * data,
                size_t len,
                uint32_t src,
                void * priv);
```

函数参数和返回值含义如表 20.5 所列。

表 20.5　rx_callback( )函数参数说明

| 参　数 | 说　明 |
| --- | --- |
| rp_chnl | rpmsg_endpoint 类型的结构体,即指定端点 |
| data | 存放 A7 发过来的数据的 Buffer |
| len | data 数据的长度 |
| src | 源地址 |
| priv | 私有数据 |

返回值:负数表示失败,0 表示成功。

## 20.2.4 创建 RPMsg 端点 API 函数

OPENAMP_create_endpoint()函数用于创建 RPMsg 端点,使用指定的服务名称、源地址、目的地址、端点关联的接收回调函数对其进行初始化。注意,服务名称要和 Linux 端的驱动名称一样,因为 Linux 下的 rpmsg_ns_cb()函数会创建名字为服务名称的 RPmsg 通道设备,通过此名字和 Linux 下平台的驱动相匹配,驱动才可以加载,这点会在后面实验进行讲解。

注意,如果将目的地址设置为 RPMSG_ADDR_ANY(为 0xFFFFFFFF),系统就会自动发送一个查询消息。根据服务名称来查询对方的地址,这有点类似于网络协议中的域名解析过程,根据域名解析出 IP 地址。此函数没有设置源地址,在 rpmsg_create_ept()函数中会调用 rpmsg_get_address()函数从地址位映射中取出一个没有使用的地址来用。

```
/ * *
 * @brief      创建 RPMsg 端点
 * @param      ept:RPMsg 端点
 *             name:服务名称
 *             dest:目的地址
 *             cb:和端点绑定的 rx 回调函数
 *             unbind_cb:ns_bind_cb:用于名称服务公告的回调处理程序,通常直接给 NULL
 * @retval     负数,失败;0,成功
 * /
int OPENAMP_create_endpoint(struct rpmsg_endpoint * ept, const char * name,
                      uint32_t dest, rpmsg_ept_cb cb,
                      rpmsg_ns_unbind_cb unbind_cb)
{
  int ret = 0;

  ret = rpmsg_create_ept(ept, &rvdev.rdev, name, RPMSG_ADDR_ANY, dest, cb,
          unbind_cb);

  return ret;
}
```

## 20.2.5 轮询 API 函数

函数 OPENAMP_check_for_message()通过邮箱轮询来检查 Vring Buffer 中是否有数据,即检查 M4 是否有收到 A7 发来的数据。

```
/ * *
 * @brief      通过邮箱查询是否接收到数据
 * @param      无
 * @retval     无
```

```
 */
void OPENAMP_check_for_message(void)
{
    /* 查询 vring0 和 vring1 */
    MAILBOX_Poll(rvdev.vdev);
}
```

## 20.2.6  发送消息 API 函数

和 Linux 下的 RPMsg 发送消息相关的 API 函数一样,在 OpenAMP 下的 API 函数如表 20.6 所列。

**表 20.6  RPMsg 相关的发送 API 汇总**

| 函　数 | 说　明 |
| --- | --- |
| rpmsg_send_offchannel_raw() | wait=0 表示非阻塞,wait=1 表示阻塞 |
| rpmsg_send() | |
| rpmsg_sendto() | 阻塞方式发送(wait=1) |
| rpmsg_send_offchannel() | |
| rpmsg_trysend() | |
| rpmsg_trysendto() | 非阻塞方式发送(wait=0) |
| rpmsg_trysend_offchannel() | |

前面已经分析了 Linux 下相关 RPMsg 发送的相关 API 函数,下面就来简单了解一下 OpenAMP 下的这些函数。openamp.h 中有如下宏定义,即调用了 OPENAMP_send()函数相当于调用了 rpmsg_send()函数:

```
#define OPENAMP_send  rpmsg_send
```

rpmsg_send()函数在 rpmsg.h 文件中可以找到,如下:

```
/**
 * @brief      基于 ept 端点发送长度为 len 的 data
 * @param      ept:RPMsg 端点
 *             data:发送的数据
 *             len: 数据长度
 * @retval     负数,失败;0,成功
 */
static inline int rpmsg_send(struct rpmsg_endpoint * ept,
                        const void * data,int len)
{
    if (ept->dest_addr == RPMSG_ADDR_ANY)
        return RPMSG_ERR_ADDR;
    return rpmsg_send_offchannel_raw(ept, ept->addr, ept->dest_addr,
```

```
                              data,len, true);
    }
```

rpmsg_send( )函数是基于 ept 端点发送长度为 len 的 data,消息将使用 ept 端点的源地址和目标地址发送到通道所属的主处理器;如果没有可用的 TX 缓冲区,该函数会产生阻塞,实际上是调用 rpmsg_send_offchannel_raw( )函数来完成发送功能的。

如果调用了 OPENAMP_send( )函数,则表示执行了 rpmsg_send( )函数来向主处理器发送数据。

其他发送函数和 Linux 下类似,也都是通过调用 rpmsg_send_offchannel_raw( )函数来完成发送功能的,函数中的形参如表 20.7 所列。

表 20.7 参数说明

| 函　数 | 描　　　述 |
| --- | --- |
| ept | RPMsg 端点 |
| src | 源地址 |
| dst | 目的地址 |
| data | 发送的数据 |
| size | 数据长度 |
| len | 数据长度 |
| wait | wait 为 0 时,表示非阻塞;为 1 时表示阻塞 |

### 1. rpmsg_send_offchannel_raw( )

此函数从源 src 地址向远程 dst 地址发送长度为 size 的 data。消息将被发送到通道所属的远程处理器。

```
int rpmsg_send_offchannel_raw(struct rpmsg_endpoint * ept,
                              uint32_t src,
                              uint32_t dst,
                              const void * data,
                              int size,
                              int wait);
```

### 2. rpmsg_sendto( )

此函数将长度为 len 的 data 发送到远程 dst 地址。消息将使用 ept 端点的源地址发送到 ept 通道所属的远程处理器。如果没有可用的 TX 缓冲区,该函数会产生阻塞。

```
static inline int rpmsg_sendto(struct rpmsg_endpoint * ept,
                              const void * data,
                              int len,
                              uint32_t dst)
```

### 3. rpmsg_send_offchannel()

此函数将 len 长度的 data 发送到远程 dst 地址,并使用 src 作为源地址。该消息将被发送到 ept 端点对应通道所属的远程处理器。如果没有可用的 TX 缓冲区,该函数会产生阻塞。

```
static inline int rpmsg_send_offchannel(struct rpmsg_endpoint * ept,
                                        uint32_t src,
                                        uint32_t dst,
                                        const void * data,
                                        int len)
```

### 4. rpmsg_trysend()

此函数在 ept 通道上发送长度为 len 的 data。消息将使用 ept 的源地址和目标地址发送到 ept 通道所属的远程处理器。

```
static inline int rpmsg_trysend(struct rpmsg_endpoint * ept,
                                const void * data,
                                int len)
```

### 5. rpmsg_trysendto()

此函数将长度为 len 的 data 发送到远程 dst 地址。消息将使用 ept 的源地址发送到 ept 通道所属的远程处理器。

```
static inline int rpmsg_trysendto(struct rpmsg_endpoint * ept,
                                  const void * data,
                                  int len,
                                  uint32_t dst)
```

### 6. rpmsg_trysend_offchannel()

此函数将 len 长度的 data 发送到远程 dst 地址,并使用 src 作为源地址。该消息将被发送到 ept 通道所属的远程处理器。

```
static inline int rpmsg_trysend_offchannel(struct rpmsg_endpoint * ept,
                                           uint32_t src,
                                           uint32_t dst,
                                           const void * data,
                                           int len)
```

# 20.3 基于 RPMsg 的异核通信实验

## 20.3.1 功能设计

### 1. 例程功能

通过调用 RPMsg 相关的 API 接口,A7 和 M4 之间互相发送 100 条数据,A7 通过 UART4 打印从 M4 接收到的次数，M4 通过 USART3 打印从 A7 接收到的数据和接收到的次数。注意，RPMsg 通道建立后，必须先由 A7 先发送第一条数据。

该实验工程参考 atk_stm32mp157_driver\4_Different_core\29_openamp_rpmsg 文件夹。

### 2. 硬件连接

参考第 19 章 Remoteproc 相关驱动章节的实验硬件连接，硬件连接如图 20.6 所示。如果开发板带了屏幕，则可以在开发板上接上屏幕用于测试。

图 20.6　硬件连接图

## 20.3.2　软件设计

### 1. 程序流程图

根据上述例程功能分析得到程序流程图，如图 20.7 所示。

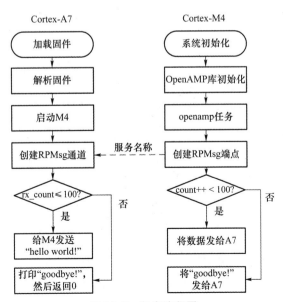

图 20.7　程序流程图

## 2. 程序解析

### (1) Linux 驱动文件

Linux 内核源码下有 ST 已经编写好的驱动文件，即 samples/rpmsg/rpmsg_client_sample.c 文件，实际上万耦天工 STM32MP157 开发板的出厂 Linux 操作系统已经将此驱动编译成驱动模块 rpmsg_client_sample.ko 文件了，放在开发板出厂 Linux 文件系统的/lib/modules/5.4.31-gdf7f741ec/kernel/samples/rpmsg 目录下。所以本实验可以直接使用此驱动文件来完成后续的实验：

```
root@ATK-MP157:/boot/5.4.31-gdf7f741ec/kernel/samples/rpmsg# ls
rpmsg_client_sample.ko
root@ATK-MP157:/boot/5.4.31-gdf7f741ec/kernel/samples/rpmsg# pwd
/lib/modules/5.4.31-gdf7f741ec/kernel/samples/rpmsg
```

下面来看 rpmsg_client_sample.c 文件，将此文件的程序分为 3 个部分分析。第一部分，函数 rpmsg_sample_probe()用于 A7 创建 RPMsg 设备的私有数据 idata，并且向远程处理器首次发送数据，代码如下：

```
/**
 * @brief       创建私有数据，将数据发给 M4
 * @param       rpdev:RPMsg 通道设备
 * @retval      0:成功,其他:失败
 */
static int rpmsg_sample_probe(struct rpmsg_device * rpdev)
{
  int ret;
  struct instance_data * idata;
  /* A7 打印 src 和 dst 地址 */
  dev_info(&rpdev->dev, "new channel: 0x%x -> 0x%x! \n",
          rpdev->src, rpdev->dst);
  /* 内核分配内存 */
  idata = devm_kzalloc(&rpdev->dev, sizeof( * idata), GFP_KERNEL);
  if (! idata)
    return - ENOMEM;
  /* 设置 RPMsg 的私有数据,即 idata */
  dev_set_drvdata(&rpdev->dev, idata);

  /* 给远程处理器发送"hello world!"1 次 */
  ret = rpmsg_send(rpdev->ept, MSG, strlen(MSG));
  if (ret) {
    dev_err(&rpdev->dev, "rpmsg_send failed: %d\n", ret);
    return ret;
  }

  return 0;
}
```

rpmsg_sample_probe()函数为 RPMsg 设备的私有数据 idata 分配内存,idata 用于计数发送了多少次消息。第一条信息"hello world!"是由 rpmsg_sample_probe()函数发出去的,即 A7 给 M4 发第一条消息。此外,A7 会打印"new channel:0xxxx→0xxxx!"(此处 xxx 是泛指,代表地址)。

第二部分,当 A7 接收到 M4 发来的数据时,就执行 rpmsg_sample_cb()函数,此函数做的操作:

① 先获取私有数据 idata,每当 A7 接收到 M4 发来的数据的时候,idata 自加一,idata 也表示 A7 接收到数据的次数;同时 A7 打印接收到的次数和 src 地址,此处的 src 地址是 M4 端的地址。

② A7 给 M4 发送字符串"hello world!",通过调用 Linux 下的 rpmsg_send()函数实现发送功能;当发完第 100 条(第一条由 rpmsg_sample_probe()函数发送)后,A7 打印"goodbye!",并直接返回 0。

注意,此函数并未将 M4 发来的数据打印出来。

```c
# include <linux/kernel.h>
# include <linux/module.h>
# include <linux/rpmsg.h>
#define MSG    "hello world!"              /* A7 发送的消息 */
static int count = 100;                    /* 次数是 100 */
module_param(count, int, 0644);
struct instance_data {
int rx_count;                              /* A7 接收到消息的次数 */
};
/* *
 * @brief        A7 接收到 M4 发来的数据后,A7 将字符串发给 M4
 * @param        rpdev:RPMsg 通道设备
 *               data:发送的数据
 *               len: 数据长度
 *               priv:私有数据
 * @retval       0:成功,其他:失败
 */
static int rpmsg_sample_cb(struct rpmsg_device * rpdev, void * data,
                    int len,void * priv, u32 src)
{
  int ret;
  /* 获取 RPMsg 的私有数据 idata */
  struct instance_data * idata = dev_get_drvdata(&rpdev->dev);
  /* A7 打印接收到的次数和 src 地址 */
  dev_info(&rpdev->dev, "incoming msg % d (src: 0x% x)\n",\
    ++ idata->rx_count, src);
  /* 内核使用动态调试功能,以十六进制打印转储信息 */
  print_hex_dump_debug(__func__, DUMP_PREFIX_NONE, 16, 1, data, len,true);
```

```
/* 当 A7 接收 100 次后,A7 打印"goodbye!" */
if (idata->rx_count >= count) {
  dev_info(&rpdev->dev, "goodbye! \n");
  return 0;
}

/* A7 将"hello world!" 字符串发给 M4 */
ret = rpmsg_send(rpdev->ept, MSG, strlen(MSG));
if (ret)
  dev_err(&rpdev->dev, "rpmsg_send failed: %d\n", ret);

return 0;
}
```

第三部分,注册 rpmsg_sample_client 这个驱动,代码如下:

```
/* rpmsg_driver_sample_id_table 结构体,用于绑定设备和驱动 */
static struct rpmsg_device_id rpmsg_driver_sample_id_table[] = {
  { .name = "rpmsg-client-sample" },
  { },
};
MODULE_DEVICE_TABLE(rpmsg, rpmsg_driver_sample_id_table);

static struct rpmsg_driver rpmsg_sample_client = {
  .drv.name = KBUILD_MODNAME,
  .id_table = rpmsg_driver_sample_id_table,
  .probe    = rpmsg_sample_probe,
  .callback = rpmsg_sample_cb,
  .remove   = rpmsg_sample_remove,
};
/* 注册 RPMsg 驱动程序 rpmsg_sample_client */
module_rpmsg_driver(rpmsg_sample_client);

MODULE_DESCRIPTION("Remote processor messaging sample client driver");
MODULE_LICENSE("GPL v2");
```

以上代码是 Linux 下平台设备和驱动匹配的方法之一,即通过 id_table 来匹配。MODULE_DEVICE_TABLE(rpmsg, rpmsg_driver_sample_id_table) 的第一个参数 rpmsg 是设备类型,为 rpmsg 类型;第二个参数是此驱动所支持的设备列表,从上面的代码可以看到表 rpmsg_driver_sample_id_table 中只有一个设备名字,为 rpmsg-client-sample。这行代码的作用是内核在运行时,根据设备类型和设备列表中的名称的对应关系能够知道什么驱动对应什么设备。那么,当插入设备时,会检查该设备的类型以及设备 ID 值是否和设备驱动匹配,如果匹配,则可以迅速地加载驱动模块,这种机制通常会在热插拔中用到。

如图 20.8 所示,RPMsg 通道的建立是通过前面分析的 rpmsg_ns_cb() 函数来完成的,首先由 M4 端创建一个 RPMsg 端点,端点关联的服务名称是 rpmsg-client-sample(在后面 OneOS 工程的程序讲解部分会进行分析);然后根据这个名称,作为主处理器的 A7 就创建一个名字为 rpmsg-client-sample 的 RPMsg 通道,并打印信息 "creating channel rpmsg-client-sample addr 0xxx"(0xxx 代表地址);只有通道建立以后,A7 和 M4 才可以进行核间通信。

　　rpmsg_driver_sample_id_table[]结构体中有一个 name 成员,其属性为 rpmsg-client-sample;如果 RPMsg 通道的名字也为 rpmsg-client-sample,那么设备和设备驱动就会匹配。当设备和设备驱动匹配时,驱动 rpmsg-client-sample. ko 就会加载(此时,可以在 Linux 文件系统下执行 lsmod 指令查看加载了哪些驱动),内核就会执行 rpmsg_sample_client 中的 probe 处理程序(probe 是所有驱动的入口),即执行 rpmsg_sample_probe();此时 A7 建立私有数据,且打印 src 和 dst 地址,并将"hello world!"发给 M4。接下来,M4 就可以使用 RPMsg 相关的 API 来发送数据了。

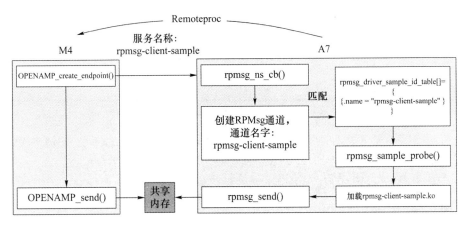

**图 20.8　驱动 rpmsg-client-sample. ko 被加载过程**

　　执行完 probe 处理程序后,接着执行和 probe 关联的回调处理程序 callback,即执行前面分析的 rpmsg_sample_cb()函数;此函数通过 rpmsg_send()函数来将"hello world!"发给 M4,当发送 100 次后随即打印"goodbye!"。

　　后面的 remove 处理程序是需要时才会执行,当执行 rmmod 指令来卸载驱动时,rpmsg_sample_remove()函数就会被执行。

**(2) M4 相关程序代码**

　　OpenAMP 库的初始化是在 OneOS 工程的 drv_vuart. c 文件中完成的,代码如下:

```
/* 定时器回调函数 */
static void openamp_timer_callback(void * parameter)
{
    OPENAMP_check_for_message();
```

```
}

static os_timer_t openamp_timer;

static int os_hw_openamp_init(void)
{
    /* 初始化 OpenAMP 库 */
    MX_OPENAMP_Init(RPMSG_REMOTE, NULL);
    /* 每隔 1 个 tick 的时间去查询 M4 是否收到信息了 */
    os_uint64_t period_us = 10000;
    int tick = period_us * OS_TICK_PER_SECOND / 1000000;
    /* 初始化定时器 openamp_timer */
    os_timer_init(&openamp_timer,
            OS_NULL,
            openamp_timer_callback,
            OS_NULL,
            tick> 0 ? tick : 1,
            OS_TIMER_FLAG_PERIODIC);
    /* 启动定时器 */
    os_timer_start(&openamp_timer);

    return 0;
}
OS_POSTCORE_INIT(os_hw_openamp_init, OS_INIT_SUBLEVEL_HIGH);
```

在 drv_vuart.c 文件中,每隔一个 tick 的时间(为 0.01 s)执行 OPENAMP_check_for_message()函数,即检查 M4 是否有接收到 A7 发来的数据。

下面来看 OneOS 工程的 main.c 文件的代码:

```
# include <board.h>
# include <shell.h>
# include <string.h>
# include <stdlib.h>
# include "openamp.h"

# define OPENAMP_TASK_PRIO      21            /* 任务优先级 */
# define OPENAMP_STK_SIZE       1024          /* 任务堆栈大小 */
os_task_t * OPENAMP_Handler;                  /* 任务控制块 */
void openamp_task(void * parameter);          /* 任务函数 */
# define RPMSG_SERVICE_NAME               "rpmsg-client-sample"
__IO FlagStatus rx_status = RESET;
uint8_t received_rpmsg[128];
/* 回调函数的声明 */
static int rx_callback(struct rpmsg_endpoint * rp_chnl, void * data, \
                    size_t len, uint32_t src, void * priv);
/**
 * @brief       openamp_task
 * @param       parameter : 传入参数(未用到)
```

```
 * @retval        无
 */
static void openamp_task(void * parameter)
{
  parameter = parameter;                       /* 防止警告 */
  struct rpmsg_endpoint resmgr_ept;            /* RPMsg 端点 */
  uint32_t count = 0;
  uint8_t msg[32];

  /* 打印 STM32CubeMP1 固件包版本 */
  os_kprintf("STM32Cube FW version: v%d. %d. %d \r\n",
            ((HAL_GetHalVersion() >> 24) & 0x000000FF),
            ((HAL_GetHalVersion() >> 16) & 0x000000FF),
            ((HAL_GetHalVersion() >> 8) & 0x000000FF));

  OPENAMP_create_endpoint(&resmgr_ept, RPMSG_SERVICE_NAME,\
                          RPMSG_ADDR_ANY, rx_callback, OS_NULL);

  while (1)
  {
    if (rx_status == SET)    /* M4 接收到 A7 发送过来的数据 */
    {
      rx_status = RESET;  /* 接收标志位复位，以便下次判断通道是否再次收到数据 */
      if (count++ < 100)
      {
        sprintf((char *)msg, "M4->A7 %02d", count);
      }
      else
      {
        strcpy((char *)msg, "goodbye!");
      }

      /* 调用 OPENAMP_send 发送数据给 A7 */
      if (OPENAMP_send(&resmgr_ept, msg, strlen((char *)msg) + 1) < 0)
      {
        os_kprintf("\r\n Failed to send message \r\n");
      }

      os_kprintf(" %s\r\n", msg);
    }
  }
}
int main(void)
{
    OPENAMP_Handler = os_task_create("openamp",  /* 设置任务的名称 */
                          openamp_task,          /* 设置任务函数 */
                          OS_NULL,               /* 任务传入的参数 */
                          OPENAMP_STK_SIZE,      /* 设置任务堆栈 */
                          OPENAMP_TASK_PRIO);    /* 设置任务的优先级 */
```

```
    OS_ASSERT(OPENAMP_Handler);
    os_task_startup(OPENAMP_Handler);/* 任务开始 */
    return 0;
}
/**
 * @brief        接收回调函数,用于处理 A7 发送过来的数据
 * @param
 *               rp_chnl: rpmsg_endpoint 类型的结构体
 *               data：   存放 A7 发过来的数据 BUFF
 *               len：      data 数据的长度
 *               src：      源地址(这里没用到)
 *               priv：   用于设置私有数据(本函数也没用到)
 * @note         如果 RPMsg 接收到数据,该回调函数将被调用
 * @retval       无
 */
static int rx_callback(struct rpmsg_endpoint * rp_chnl, void * data,
                       size_t len, uint32_t src, void * priv)
{
    /* 将 A7 发送过来的数据复制到指定的内存 received_rpmsg 处 */
    memcpy(received_rpmsg, data, len > sizeof(received_rpmsg) ? \
                                     sizeof(received_rpmsg) : len);
    /* M4 打印 A7 发送过来的数据 */
    printf("received_rpmsg = % s\r\n", received_rpmsg);
    /* 通道标志位置 1,表示接收到了函数 */
    rx_status = SET;
    return 0;
}
```

首先,在 main() 函数中创建一个任务 openamp,其入口函数是 openamp_task(),任务优先级为 21(tshell 的任务优先级为 20)。OPENAMP_create_endpoint() 函数用于创建一个端点 resmgr_ept,端点的服务名称是 rpmsg-client-sample,目的地址设置为 RPMSG_ADDR_ANY,由系统查询对方的地址。

注意,端点的服务名称要和 Linux 下 rpmsg_driver_sample_id_table 结构体中的 name 一样,目的是实现 RPMsg 设备和驱动匹配。

如图 20.9 所示,drv_vuart.c 文件每隔一个 tick 去调用 OPENAMP_check_for_message() 函数检查共享内存中是否有新的数据了,实际上就是通过查询 Mailbox 的状态来确认是否有新的消息在共享内存了。当有新的消息在共享内存中时,邮箱框架就会通知处理器已经有消息可以接收,端点关联的回调函数 rx_callback() 随即处理 M4 从 A7 接收到的数据,将接收到的数据保存在数组 received_rpmsg 中,并通过串口打印出来。然后调用 OPENAMP_send() 函数将"M4→A7 count"发给 A7。在程序中通过标志位 rx_status 来判断 M4 是否接收到了数据,当 rx_status = SET 时表示 M4 接收到了数据。

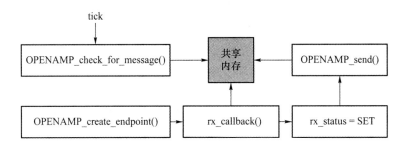

图 20.9  M4 处理数据过程

## 20.3.3  实验验证

### 1. 不使用屏幕进行测试

启动开发板,进入 Linux 操作系统中,执行 lsmod 指令可以查询此时 Linux 系统加载了哪些模块,可以看到没有 rpmsg_client_sample 这个驱动:

```
root@ATK-MP157:~# lsmod
Module                  Size      Used by
icm20608                16384     0
ipv6                    442368    32
nf_defrag_ipv6          20480     1 ipv6
8723ds                  1363968   0
galcore                 323584    0
stm32_dcmi              32768     0
videobuf2_dma_contig    20480     1 stm32_dcmi
videobuf2_memops        16384     1 videobuf2_dma_contig
videobuf2_v4l2          20480     1 stm32_dcmi
videobuf2_common        40960     2 stm32_dcmi,videobuf2_v4l2
ov5640                  28672     0
v4l2_fwnode             20480     2 ov5640,stm32_dcmi
spi_stm32               24576     0
videodev                176128    5 ov5640,v4l2_fwnode,videobuf2_common,stm32_dcmi,
videobuf2_v4l2
mc                      36864     5 ov5640,videobuf2_common,videodev,stm32_dcmi,videobuf2_v4l2
ap3216c                 16384     0
stm32_cec               16384     0
dht11                   16384     0
ds18b20                 16384     0
root@ATK-MP157:~#
```

编译 OneOS 工程后,参考第 19.5 节讲解的操作步骤,将编译出来的 oneos.axf 文件传输到开发板的/lib/firmware 目录下。在 A7 端的控制台执行如下指令后,可以看到串口打印如下信息。注意到,打印"virtio_rpmsg_bus virtio0:creating channel rpmsg-client-sample addr 0x2",表示创建了一个名为 rpmsg-client-sample 通道。

./test1.sh

```
root@ATK-MP157:/lib/firmware# ls oneos.axf
oneos.axf
root@ATK-MP157:/lib/firmware# ./test1.sh
[ 1793.886847] remoteproc remoteproc0: powering up m4
[ 1793.903928] remoteproc remoteproc0: Booting fw image oneos.axf, size 5537140
[ 1793.910104]   mlahb: m4 @ 10000000 # vdev0buffer: assigned reserved memory node
vdev0buffer@10042000
[ 1793.921090] virtio_rpmsg_bus virtio0: rpmsg host is online
[ 1793.925302] virtio_rpmsg_bus virtio0: creating channel rpmsg-tty-channel addr 0x0
[ 1793.929454]  mlahb:m4@10000000#vdev0buffer: registered virtio0 (type 7)
[ 1793.939977] remoteproc remoteproc0: remote processor m4 is now up
[ 1793.947032] rpmsg_tty virtio0.rpmsg-tty-channel.-1.0: new channel: 0x400 -> 0x0 :
ttyRPMSG0
root@ ATK-MP157:/lib/firmw[ 1793.959379] virtio_rpmsg_bus virtio0: creating channel
rpmsg-tty-channel addr 0x1
are# [ 1793.987094] rpmsg_tty virtio0.rpmsg-tty-channel.-1.1: new channel: 0x401 ->
0x1 : ttyRPMSG1
[ 1793.998047] virtio_rpmsg_bus virtio0: creating channel rpmsg-client-sample addr 0x2
[ 1794.006580] rpmsg_client_sample virtio0.rpmsg-client-sample.-1.2: new channel: 0x402
-> 0x2!
[ 1794.028602] rpmsg_client_sample virtio0.rpmsg-client-sample.-1.2: incoming msg 1
(src: 0x2)
[ 1794.040417] rpmsg_client_sample virtio0.rpmsg-client-sample.-1.2: incoming msg 2
(src: 0x2)
[ 1794.050099] rpmsg_client_sample virtio0.rpmsg-client-sample.-1.2: incoming msg 3
(src: 0x2)
[ 1794.067878] rpmsg_client_sample virtio0.rpmsg-client-sample.-1.2: incoming msg 4
(src: 0x2)
[ 1794.077529] rpmsg_client_sample virtio0.rpmsg-client-sample.-1.2: incoming msg 5
(src: 0x2)
[ 1794.087348] rpmsg_client_sample virtio0.rpmsg-client-sample.-1.2: incoming msg 6
(src: 0x2)
[ 1794.097190] rpmsg_client_sample virtio0.rpmsg-client-sample.-1.2: incoming msg 7
(src: 0x2)
[ 1794.106983] rpmsg_client_sample virtio0.rpmsg-client-sample.-1.2: incoming msg 8
(src: 0x2)
[ 1794.118730] rpmsg_client_sample virtio0.rpmsg-client-sample.-1.2: incoming msg 9
(src: 0x2)
```

打印 100 条信息后，最后打印"goodbye!"程序即停止打印：

```
[ 1819.389666] rpmsg_client_sample virtio0.rpmsg-client-sample.-1.2: incoming msg 88
(src: 0x2)
[ 1819.399472] rpmsg_client_sample virtio0.rpmsg-client-sample.-1.2: incoming msg 89
(src: 0x2)
```

```
[ 1819.409296] rpmsg_client_sample virtio0.rpmsg-client-sample. - 1.2：incoming msg 90
(src：0x2)
[ 1819.419086] rpmsg_client_sample virtio0.rpmsg-client-sample. - 1.2：incoming msg 91
(src：0x2)
[ 1819.430046] rpmsg_client_sample virtio0.rpmsg-client-sample. - 1.2：incoming msg 92
(src：0x2)
[ 1819.439845] rpmsg_client_sample virtio0.rpmsg-client-sample. - 1.2：incoming msg 93
(src：0x2)
[ 1819.449650] rpmsg_client_sample virtio0.rpmsg-client-sample. - 1.2：incoming msg 94
(src：0x2)
[ 1819.459497] rpmsg_client_sample virtio0.rpmsg-client-sample. - 1.2：incoming msg 95
(src：0x2)
[ 1819.469466] rpmsg_client_sample virtio0.rpmsg-client-sample. - 1.2：incoming msg 96
(src：0x2)
[ 1819.479268] rpmsg_client_sample virtio0.rpmsg-client-sample. - 1.2：incoming msg 97
(src：0x2)
[ 1819.489402] rpmsg_client_sample virtio0.rpmsg-client-sample. - 1.2：incoming msg 98
(src：0x2)
[ 1819.499215] rpmsg_client_sample virtio0.rpmsg-client-sample. - 1.2：incoming msg 99
(src：0x2)
[ 1819.509494] rpmsg_client_sample virtio0.rpmsg-client-sample. - 1.2：incoming msg 100
(src：0x2)
[ 1819.516771] rpmsg_client_sample virtio0.rpmsg-client-sample. - 1.2：goodbye!
```

在 M4 端的控制台可以看到打印如下信息，也是打印 100 条：

```
sh＞STM32Cube FW version：v1.3.0
received_rpmsg = hello world!
M4 - ＞A7 01
received_rpmsg = hello world!
M4 - ＞A7 02
received_rpmsg = hello world!
M4 - ＞A7 03
received_rpmsg = hello world!
M4 - ＞A7 04
/ * 此处省略部分打印信息 * /
received_rpmsg = hello world!
M4 - ＞A7 97
received_rpmsg = hello world!
M4 - ＞A7 98
received_rpmsg = hello world!
M4 - ＞A7 99
received_rpmsg = hello world!
M4 - ＞A7 100
```

在 Linux 下再次执行 lsmod 指令，可以看到，已经有 rpmsg_client_sample 这个
驱动了：

```
root@ATK-MP157:~# lsmod
Module                     Size        Used by
rpmsg_client_sample        16384       0
icm20608                   16384       0
ipv6                       442368      32
nf_defrag_ipv6             20480       1 ipv6
8723ds                     1363968     0
galcore                    323584      0
stm32_dcmi                 32768       0
videobuf2_dma_contig       20480       1 stm32_dcmi
videobuf2_memops           16384       1 videobuf2_dma_contig
videobuf2_v4l2             20480       1 stm32_dcmi
videobuf2_common           40960       2 stm32_dcmi,videobuf2_v4l2
ov5640                     28672       0
v4l2_fwnode                20480       2 ov5640,stm32_dcmi
spi_stm32                  24576       0
videodev       176128      5   ov5640,v4l2_fwnode,videobuf2_common,stm32_dcmi,videobuf2_v4l2
mc             36864       5   ov5640,videobuf2_common,videodev,stm32_dcmi,videobuf2_v4l2
ap3216c        16384       0
stm32_cec      16384       0
dht11          16384       0
ds18b20        16384       0
root@ATK-MP157:~#
```

执行如下指令可以卸载 rpmsg_client_sample 驱动：

```
rmmod rpmsg_client_sample
```

root@ATK-MP157:/lib/firmware# rmmod rpmsg_client_sample

```
[ 5839.028777] rpmsg_client_sample virtio0.rpmsg-client-sample.-1.2: rpmsg sample client
driver is removed
```

再执行 lsmod 指令就不会看到 rpmsg_client_sample 驱动了。

## 2. 使用屏幕进行测试

如果开发板接了屏幕，也可以通过屏幕来测试（开发板须接配套的屏幕）。启动开发板进入文件系统后，先将 oneos.axf 文件和实验提供的 oneos_serialport 可执行文件传输到发板的/lib/firmware 目录下，复制完成后，记得通过 chmod 指令设置 oneos_serialport 文件为可执行权限。如下所示：

```
chmod777 oneos_serialport
```

```
root@ATK-MP157:/lib/firmware# ls
brcm                      oneos_serialport      regulatory.db       test1.sh
LICENCE.cypress_bcm4343   QScreenshot_captor    regulatory.db.p7s   test2.sh
oneos.axf                 q.sh                                      rtlbt
```

```
root@ATK-MP157:/lib/firmware# chmod 777 oneos_serialport
root@ATK-MP157:/lib/firmware# ls - l oneos_serialport
- rwxrwxrwx 1 root root 1.1M Feb  7 16:19 oneos_serialport
```

oneos_serialport 文件是一个 Linux QT 编译出来的可执行文件,通过执行该文件可以打开 APP 测试界面,可以通过 APP 来操作实验。

首先,将出厂 Linux 操作系统自带的 APP 桌面关掉,之后再去执行 oneos_serialport 程序打开测试桌面,这样做的目的是避免出厂 Linux 系统的 APP 桌面干扰到 oneos_serialport 的显示。如图 20.10 所示,单击"设置",再单击如图 20.11 所示的"退出桌面"即可退出出厂的 APP 桌面,退出后屏幕是不再显示其他界面。

**图 20.10　单击"设置"**

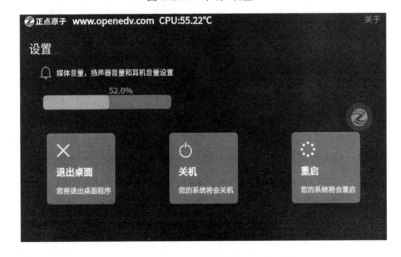

**图 20.11　单击"退出桌面"**

接下来,执行如下指令可以让 oneos_serialport 程序在后台执行,程序执行后屏幕上就显示 APP 测试桌面,如图 20.12 所示:

```
./oneos_serialport &
```

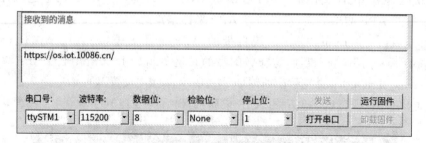

**图 20.12　测试 APP 桌面**

```
root@ATK-MP157:/lib/firmware# ./oneos_serialport &
```

单击 APP 测试桌面上的"运行固件"按钮即可加载并运行 oneos.axf 固件,固件运行后串口的打印信息和前面测试的一样。单击"运行固件"后的 APP 界面如图 20.13 所示。

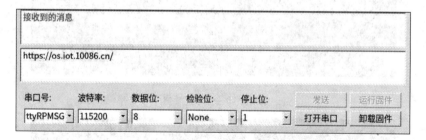

**图 20.13　单击"运行固件"后的桌面**

A7 的串口打印:

```
[1819.389666] rpmsg_client_sample virtio0.rpmsg-client-sample. - 1.2: incoming msg 88
(src: 0x2)
[1819.399472] rpmsg_client_sample virtio0.rpmsg-client-sample. - 1.2: incoming msg 89
(src: 0x2)
[1819.409296] rpmsg_client_sample virtio0.rpmsg-client-sample. - 1.2: incoming msg 90
(src: 0x2)
[1819.419086] rpmsg_client_sample virtio0.rpmsg-client-sample. - 1.2: incoming msg 91
(src: 0x2)
[1819.430046] rpmsg_client_sample virtio0.rpmsg-client-sample. - 1.2: incoming msg 92
(src: 0x2)
[1819.439845] rpmsg_client_sample virtio0.rpmsg-client-sample. - 1.2: incoming msg 93
(src: 0x2)
```

```
[ 1819.449650] rpmsg_client_sample virtio0. rpmsg-client-sample. — 1. 2：incoming msg 94
(src：0x2)
[ 1819.459497] rpmsg_client_sample virtio0. rpmsg-client-sample. — 1. 2：incoming msg 95
(src：0x2)
[ 1819.469466] rpmsg_client_sample virtio0. rpmsg-client-sample. — 1. 2：incoming msg 96
(src：0x2)
[ 1819.479268] rpmsg_client_sample virtio0. rpmsg-client-sample. — 1. 2：incoming msg 97
(src：0x2)
[ 1819.489402] rpmsg_client_sample virtio0. rpmsg-client-sample. — 1. 2：incoming msg 98
(src：0x2)
[ 1819.499215] rpmsg_client_sample virtio0. rpmsg-client-sample. — 1. 2：incoming msg 99
(src：0x2)
[ 1819.509494] rpmsg_client_sample virtio0. rpmsg-client-sample. — 1. 2：incoming msg 100
(src：0x2)
[ 1819.516771] rpmsg_client_sample virtio0. rpmsg-client-sample. — 1. 2：goodbye！
```

在 M4 端的控制台打印：

```
sh＞STM32Cube FW version：v1. 3. 0
received_rpmsg = hello world！
M4 －＞A7 01
received_rpmsg = hello world！
M4 －＞A7 02
received_rpmsg = hello world！
M4 －＞A7 03
received_rpmsg = hello world！
M4 －＞A7 04

/ ＊ 此处省略部分打印信息 ＊/

received_rpmsg = hello world！
M4 －＞A7 97
received_rpmsg = hello world！
M4 －＞A7 98
received_rpmsg = hello world！
M4 －＞A7 99
received_rpmsg = hello world！
M4 －＞A7 100
```

再单击 APP 界面上的"卸载固件"按钮即可关闭固件，实验效果和前面的一样。

# 第 21 章

# 基于虚拟串口实现异核通信

基于 OpenAMP 库中的 RPMsg 还可以进一步封装,可以抽象出虚拟串口、虚拟 SPI、虚拟 IIC 和虚拟网口等字符设备或块设备。虚拟串口是一个典型的应用,ST 已经提供了实例,本章基于虚拟串口来实现 Cortex-A7 和 Cortex-M4 之间进行通信。本章分为如下几部分:

21.1 虚拟串口概述

21.2 Linux 下虚拟串口驱动分析

21.3 OpenAMP 库中的 API 函数

21.4 OneOS 下虚拟串口驱动分析

21.5 基于虚拟串口的异核通信实验 1

21.6 基于虚拟串口的异核通信实验 2

## 21.1 虚拟串口概述

串口是一个字符设备(character device),字符设备是指在 I/O 传输过程中以字符为单位进行传输的设备,日常使用的键盘、串口、IIC、SPI 和 LED 等都是字符设备。

STM32MP157 的 A7 内核和 M4 内核是以共享内存的方式进行通信的,通信的数据放到共享内存中。A7 内核使用 Remoteproc API 控制和管理 M4 内核的生命周期,为 M4 分配系统资源,并创建 Virio 设备。共享内存的数据收发实际上是通过 Virtio 来实现的,Virtio 有两个单向的 vring,分别用于收和发的消息,发送和接收的数据就保存在 Virtio 中的 Vring buffers 中。可以这么说,A7 和 M4 互相通信,实际上就是通过 Virtio 来实现的。

基于 Virtio 框架拓展出了 RPMsg 框架,使用 RPMsg 传递消息的大致操作顺序是:

① A7 通过 Remoteprco 加载和启动 M4 固件;

② M4 内核创建端点,并发送服务公告名称;

③ 根据服务公告的名称,A7 内核创建了 RPMsg 的通道,A7 和 M4 可以通过此通道来实现消息传递;

④ A7 和 M4 可通过 RPMsg API 来发送数据,如 rpmsg_send()这个 API;

⑤ 当有消息接收时,执行 RPMsg 端点绑定的接收回调函数以完成一定的功能。

在调用 RPMsg API 来发送数据时,需要指定 RPMsg 端点、发送的用户数据、数据的长度(字节为单位)以及源地址或者目的地址等,使用起来不方便,也不灵活。于是,基于 RPMsg 框架,OpenAMP 库提供了虚拟串口的实现方式,即将 RPMsg 再经过一层封装,最后抽象出虚拟串口(virUART)。

在第 16 章生成的 OneOS 工程中可以看到有 virt_uart.c 文件,此文件是 OpenAMP 库已经封装好的虚拟串口驱动文件。同时,在 Linux 内核源码的 drivers/ rpmsg/目录下可以找到 rpmsg_tty.c 文件,通过此文件可以创建一个 ttyRPMSGx 设备(x 可以是 0、1、2 等),这是一个串行端口终端设备,也就是一个虚拟串口设备,通过虚拟串口设备,A7 可以将数据发给 M4。此外,OneOS 基于 virt_uart.c 文件,再经过一层封装,抽象出了虚拟串口设备 uartRPMSG0 和 uartRPMSG1,对应的驱动文件是 drv_vuart.c,M4 可以通过这两个虚拟串口将数据发送给 A7。这些虚拟串口可以当成普通的串口来使用,通过注册虚拟串口,将复杂的多处理器通信转换为两个串口的通信,使用起来更加灵活和方便。经过层层的封装和抽象,最终的通信方式转化如图 21.1 所示。

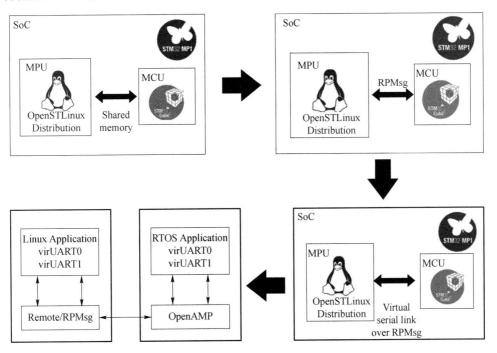

**图 21.1  虚拟串口的实现**

虚拟串口可以理解为 SoC 内部的一条通信总线,A7 内核和 M4 内核以串口的方式发送和接收数据,发送和接收的数据依然存放在共享的内存中。既然发送和接收的数据都在内存中,那么理论上虚拟串口的传输速率会比实际的物理串口速率要快得多。在 Linux 内核下和 STM32Cube 固件包的 OpenAMP 中,ST 已经提供了虚拟串口实例,再加上 OneOS 的封装。图 21.2 是虚拟串口实现的框图,下面基于此框图来了解虚拟串口的实现过程。

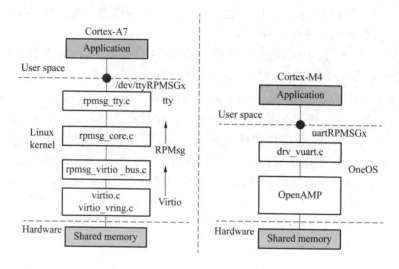

**图 21.2 虚拟串口实现框图**

# 21.2 Linux 下虚拟串口驱动分析

在 Linux 内核源码的 drivers/rpmsg/rpmsg_tty.c 文件中有和 rpmsg tty 相关的驱动代码,可以找到如下代码:

```
/* rpmsg_driver_tty_id_table 结构体,用于绑定设备和驱动 */
static struct rpmsg_device_id rpmsg_driver_tty_id_table[] = {
    { .name = "rpmsg-tty-channel" },
    { },
};
/* 用于动态加载驱动 */
MODULE_DEVICE_TABLE(rpmsg, rpmsg_driver_tty_id_table);

static struct rpmsg_driver rpmsg_tty_rmpsg_drv = {
    .drv.name   = KBUILD_MODNAME,
    .drv.owner  = THIS_MODULE,
    .id_table   = rpmsg_driver_tty_id_table,
    .probe      = rpmsg_tty_probe,
    .callback   = rpmsg_tty_cb,
    .remove     = rpmsg_tty_remove,
};
```

```
/* rpmsg tty 驱动入口函数,安装 rpmsg tty 驱动程序,驱动的名字是 ttyRPMSG */
static int __init rpmsg_tty_init(void)
{
        int err;
        rpmsg_tty_driver = tty_alloc_driver(MAX_TTY_RPMSG_INDEX, 0);
        if (IS_ERR(rpmsg_tty_driver))
                return PTR_ERR(rpmsg_tty_driver);
        rpmsg_tty_driver->driver_name = "rpmsg_tty";
        rpmsg_tty_driver->name = "ttyRPMSG";
        rpmsg_tty_driver->major = TTYAUX_MAJOR;
        rpmsg_tty_driver->minor_start = 3;
        rpmsg_tty_driver->type = TTY_DRIVER_TYPE_CONSOLE;
        rpmsg_tty_driver->init_termios = tty_std_termios;
        rpmsg_tty_driver->flags = TTY_DRIVER_REAL_RAW |
                            TTY_DRIVER_DYNAMIC_DEV;
        tty_set_operations(rpmsg_tty_driver, &rpmsg_tty_ops);
        /* Disable unused mode by default */
        rpmsg_tty_driver->init_termios = tty_std_termios;
        rpmsg_tty_driver->init_termios.c_lflag &= ~(ECHO | ICANON);
        rpmsg_tty_driver->init_termios.c_oflag &= ~(OPOST | ONLCR);
        /* 安装 rpmsg tty 驱动程序 */
        err = tty_register_driver(rpmsg_tty_driver);
        if (err < 0) {
                pr_err("Couldn't install rpmsg tty driver: err %d\n", err);
                goto tty_error;
        }
        /* 在 RPMsg 总线上注册 rpmsg tty 驱动程序 */
        err = register_rpmsg_driver(&rpmsg_tty_rmpsg_drv);
        if (!err)
                return 0;
        tty_unregister_driver(rpmsg_tty_driver);

tty_error:
        put_tty_driver(rpmsg_tty_driver);
        return err;
}
/* 驱动出口函数 */
static void __exit rpmsg_tty_exit(void)
{
  unregister_rpmsg_driver(&rpmsg_tty_rmpsg_drv);
  tty_unregister_driver(rpmsg_tty_driver);
  put_tty_driver(rpmsg_tty_driver);
}
module_init(rpmsg_tty_init);
module_exit(rpmsg_tty_exit);
MODULE_AUTHOR("Arnaud Pouliquen <arnaud.pouliquen@st.com>");
MODULE_DESCRIPTION("virtio remote processor messaging tty driver");
MODULE_LICENSE("GPL v2");
```

此段代码中的 rpmsg_tty_init()函数负责注册一个 rpmsg_tty_driver 驱动,驱动的名字是 rpmsg_tty,设备名字是 ttyRPMSG。和前面讲解的 rpmsg‐client‐sample 驱动有些不同,本段代码是将驱动 rpmsg_tty.ko 编译进了内核,可以在开发板的 Linux 操作系统下执行如下的命令查看有哪些和 RPMsg 相关的驱动编译进了内核:

```
cat/lib/modules/$(uname‐r)/modules.builtin | grep rpmsg*
```

可以看到有 rpmsg_tty.ko 文件,说明 rpmsg_tty.ko 驱动最终是编译进了内核,在内核启动后此驱动就会被加载了。

```
root@ATK-MP157:~ # cat /lib/modules/$(uname‐r)/modules.builtin | grep rpmsg*
kernel/drivers/rpmsg/rpmsg_core.ko
kernel/drivers/rpmsg/rpmsg_tty.ko
kernel/drivers/rpmsg/virtio_rpmsg_bus.ko
```

rpmsg_driver_tty_id_table[]中的 name 属性为"rpmsg‐tty‐channel",名字和 OpenAMP 库中的 virt_uart.c 文件中定义的一样。如下是 virt_uart.c 文件中的部分代码:

```
#define RPMSG_SERVICE_NAME                "rpmsg-tty-channel"
VIRT_UART_StatusTypeDef VIRT_UART_Init(VIRT_UART_HandleTypeDef * huart)
{
  int status;
  /* 为 RPMsg 通信创建端点 */
  status = OPENAMP_create_endpoint(&huart‐>ept, RPMSG_SERVICE_NAME, RPMSG_ADDR
      _ANY,
                        VIRT_UART_read_cb, NULL);
  if(status < 0) {
    return VIRT_UART_ERROR;
  }
  return VIRT_UART_OK;
}
```

这段代码创建了一个 RPMsg 端点,端点关联的服务名称是 rpmsg-tty-channel,与前面 Linux 内核源码 drivers/rpmsg/rpmsg_tty.c 下 rpmsg_driver_tty_id_table[]中的 name 属性的名字一样。那么,加载 M4 固件以后,A7 就会建立一个名字为 rpmsg-tty-channel 的 RPMsg 的通道,A7 和 M4 就可以基于此通道来通信;然后 rpmsg_tty_rmpsg_drv 中的 probe 成员指向的函数 rpmsg_tty_probe()就会被运行,此函数代码如下:

```
static int rpmsg_tty_probe(struct rpmsg_device * rpdev)
{
    struct rpmsg_tty_port * cport, * tmp;
    unsigned int index;
    struct device * tty_dev;
    cport = devm_kzalloc(&rpdev‐>dev, sizeof( * cport), GFP_KERNEL);
```

```
        if (! cport)
            return - ENOMEM;
    tty_port_init(&cport - >port);
    cport - >port.ops = &rpmsg_tty_port_ops;
    spin_lock_init(&cport - >rx_lock);
    cport - >port.low_latency = cport - >port.flags | ASYNC_LOW_LATENCY;
    cport - >rpdev = rpdev;
    /* get free index */
    mutex_lock(&rpmsg_tty_lock);
    for (index = 0; index < MAX_TTY_RPMSG_INDEX; index++) {
            bool id_found = false;
            list_for_each_entry(tmp, &rpmsg_tty_list, list) {
                if (index    == tmp - >id) {
                            id_found = true;
                            break;
                }
            }
            if (! id_found)
                break;
    }
/* 注册 tty 端口,如端口 0 和 1,分别对应的是 ttyRPMSG0 和 ttyRPMSG1 */
  tty_dev = tty_port_register_device(&cport - >port, rpmsg_tty_driver,
                        index, &rpdev - >dev);
if (IS_ERR(tty_dev)) {
            dev_err(&rpdev - >dev, "failed to register tty port\n");
            tty_port_destroy(&cport - >port);
            mutex_unlock(&rpmsg_tty_lock);
            return PTR_ERR(tty_dev);
    }
    cport - >id = index;
    list_add_tail(&cport - >list, &rpmsg_tty_list);
    mutex_unlock(&rpmsg_tty_lock);
    /* 设置 tty 设备的私有数据 */
    dev_set_drvdata(&rpdev - >dev, cport);
    dev_info(&rpdev - >dev, "new channel: 0x%x - > 0x%x : ttyRPMSG%d\n",
            rpdev - >src, rpdev - >dst, index);
    return 0;
}
```

rpmsg_tty_probe()函数主要通过 tty_port_register_device()函数来注册 tty 端口,端口的个数和 M4 端初始化的虚拟串口个数有关。例如,假设在 M4 端调用函数 VIRT_UART_Init()初始化了两个虚拟串口,那么就有两个 tty 端口,分别为端口 0 和端口 1,最终 A7 下的 TTY 设备(即虚拟串口)就会有 ttyRPMSG0 和 ttyRPMSG1。加载 M4 固件以后,进入到 Linux 文件系统的/dev 目录下可以找到这两个对应的设备文件:

```
root@ATK-MP157:/lib/firmware# ls /dev/ttyR *
/dev/ttyRPMSG0   /dev/ttyRPMSG1
```

那么,A7 通过这两个设备就可以和 M4 进行串口通信了。

# 21.3 OpenAMP 库中的 API 函数

## 21.3.1 虚拟串口初始化 API 函数

VIRT_UART_Init()用于初始化虚拟串口,函数原型如下:

```
VIRT_UART_StatusTypeDef VIRT_UART_Init(VIRT_UART_HandleTypeDef * huart)
```

函数 VIRT_UART_Init()的参数如表 21.1 所列。

表 21.1  函数 **VIRT_UART_Init( )**相关形参描述

| 参　数 | 描　　述 |
|--------|----------|
| huart | 虚拟串口设备句柄,VIRT_UART_HandleTypeDef 类型的结构体 |

返回值:0 表示成功,1 表示失败。

## 21.3.2 虚拟串口回调 API 函数

和 RPMsg 类似,用户可自行定义虚拟串口回调函数,用于处理 A7 发送过来的数据。函数名字可自行定义,如下定义一个回调函数,函数的名字是 VIRT_UART0_RxCpltCallback:

```
void VIRT_UART0_RxCpltCallback(VIRT_UART_HandleTypeDef * huart);
```

函数 VIRT_UART0_RxCpltCallback()的参数如表 21.2 所列。

表 21.2  函数 **VIRT_UART0_RxCpltCallback( )**相关形参描述

| 参　数 | 描　　述 |
|--------|----------|
| huart | 虚拟串口设备句柄,VIRT_UART_HandleTypeDef 类型的结构体 |

返回值:无。

## 21.3.3 注册回调函数

和 RPMsg 创建端点时关联一个回调函数类似,VIRT_UART_RegisterCallback()函数用于给对应的虚拟串口注册回调函数,当串口接收到数据时则执行绑定的回调函数,函数原型如下:

```
VIRT_UART_StatusTypeDef VIRT_UART_RegisterCallback(
                    VIRT_UART_HandleTypeDef * huart,
                    VIRT_UART_CallbackIDTypeDef CallbackID,
                    void( * pCallback)(VIRT_UART_HandleTypeDef * _huart))
```

函数 VIRT_UART_RegisterCallback()的参数如表 21.3 所列。

**表 21.3　函数 VIRT_UART_RegisterCallback()相关形参描述**

| 参　　数 | 描　　述 |
|---|---|
| huart | 虚拟串口设备句柄,VIRT_UART_HandleTypeDef 类型的结构体 |
| CallbackID | 回调 ID,为 VIRT_UART_RXCPLT_CB_ID |
| pCallback | 要注册的回调函数 |

返回值:0 表示成功,1 表示失败。

### 21.3.4　虚拟串口发送 API 函数

VIRT_UART_Transmit()函数用于 M4 通过虚拟串口给 A7 发送数据。函数原型如下:

```
VIRT_UART_StatusTypeDef VIRT_UART_Transmit(
                              VIRT_UART_HandleTypeDef * huart,
                              uint8_t * pData, uint16_t Size)
```

函数 VIRT_UART_Transmit()的参数如表 21.4 所列。

**表 21.4　函数 VIRT_UART_Transmit ()相关形参描述**

| 参　　数 | 描　　述 |
|---|---|
| huart | 虚拟串口设备句柄,VIRT_UART_HandleTypeDef 类型的结构体 |
| pData | 发送数据的地址 |
| Size | 发送数据的长度 |

返回值:0 表示成功,1 表示失败。

## 21.4　OneOS 下虚拟串口驱动分析

在 OneOS 源码的 drivers\hal\st\drivers 下找到 drv_vuart.c 文件,找到如下代码(函数 VIRT_UART_Init()用于初始化虚拟串口):

```
#define RPMSG_SERVICE_NAME              "rpmsg-tty-channel"
VIRT_UART_StatusTypeDef VIRT_UART_Init(VIRT_UART_HandleTypeDef * huart)
{
    int status;
    /* 创建一个 RPMsg 端点 */
    status = OPENAMP_create_endpoint(&huart->ept, RPMSG_SERVICE_NAME, \
                            RPMSG_ADDR_ANY,\
                            VIRT_UART_read_cb, NULL);
```

```
    if(status < 0) {
      return VIRT_UART_ERROR;
    }
  return VIRT_UART_OK;
}
```

注意,创建 RPMsg 端点函数 OPENAMP_create_endpoint()中的服务名称是 rpmsg-tty-channel,和 Linux 下 drivers/rpmsg/rpmsg_tty.c 文件中 rpmsg_driver_tty_id_table[]的 name 属性一样,设备名字和设备驱动名字匹配,内核执行 probe 处理程序,最终创建虚拟串口端口 ttyRPMSG0 和 ttyRPMSG1。

函数 os_hw_virt_init()通过调用函数 os_hw_serial_register()来注册 M4 下的两个虚拟串口设备,设备的名字是 uartRPMSG0 和 uartRPMSG1。M4 可通过这两个虚拟串口设备来发送数据给 A7,相关的代码如下:

```
static const struct os_uart_ops virt_uart_ops = {
    .init       = virt_uart_init,
    .deinit     = virt_uart_deinit,
    .poll_send  = virt_uart_poll_send,
};
#define VIRT_UART_NR 2
static int os_hw_virt_init(void)
{
    int i;
    char dev_name[16] = "uartRPMSG0";
    struct serial_configure config = OS_SERIAL_CONFIG_DEFAULT;
    struct virt_uart * uart = os_calloc(VIRT_UART_NR, sizeof(struct virt_uart));
    OS_ASSERT(uart != OS_NULL);
    for (i = 0; i < VIRT_UART_NR; i++, uart++)
    {
        if (VIRT_UART_Init(&uart->virtUART) != VIRT_UART_OK)
        {
            os_kprintf("VIRT_UART_Init virtUART failed.\r\n");
            return 0;
        }
        VIRT_UART_RegisterCallback(&uart->virtUART, \
                    VIRT_UART_RXCPLT_CB_ID, virt_uart_rx_irq);
        uart->serial.ops    = &virt_uart_ops;
        uart->serial.config = config;

        dev_name[sizeof("uartRPMSG0") - 2] = '0' + i;
        os_hw_serial_register(&uart->serial, dev_name, OS_NULL);
    }

    return 0;
}

OS_PREV_INIT(os_hw_virt_init, OS_INIT_SUBLEVEL_HIGH);
```

VIRT_UART_NR 的值是 2,也就是通过 VIRT_UART_Init()函数来初始化两个虚拟串口设备。经过以上操作,Linux 下也会创建 A7 的两个虚拟串口设备,即前面提到的 ttyRPMSG0 和 ttyRPMSG1。

通过 VIRT_UART_RegisterCallback()函数注册了 M4 下两个虚拟串口设备 uartRPMSG0 和 uartRPMSG1 关联的回调函数 virt_uart_rx_irq(),我们看这个回调函数做了什么操作,其代码如下:

```
static void virt_uart_rx_irq(VIRT_UART_HandleTypeDef * huart)
{
  struct virt_uart * uart = os_container_of(huart, struct virt_uart, virtUART);
if (uart->rx_isr_enabled == OS_FALSE)
    return;
  copy_line_to_ring(&uart->ring, huart->pRxBuffPtr,\
                     min(huart->RxXferSize, ring_space(&uart->ring)));
  uart->ring.tail = uart->ring.head;
}
```

通过 copy_line_to_ring()函数将虚拟串口 uartRPMSG0 和 uartRPMSG1 接收缓冲区中的数据复制到 dma_ring 的 buffers 中。经过这些操作以后,A7 和 M4 之间的通信可以通过虚拟串口来完成。

值得注意的是,前面介绍了,RPMsg 消息格式的前 16 字节是消息头,消息头的后面才是用户要发送的消息数据,而且在 Linux 下定义了 RPMsg 通信的最大 buffers 大小为 512 字节,减去 16 字节的消息头以后剩下 496 字节的用户数据了,那么每次最多只能传输 496 字节的用户数据。

不过,OneOS 做了一些处理,实现了 M4 一次可以接收 512 字节的用户数据:如果 A7 一次发送 511 字节的用户数据,后面加上一个换行字符就组合成 512 字节了,可以完成一次性发送。如果 A7 发送的用户数据大于 512 字节,那么 M4 将分为两次接收这些数据。假设 A7 一次发送 513 字节的用户数据,后面再加上一个换行字符就组合成 514 字节的用户数据了,A7 发送以后,M4 第一次接收到的是前面 512 字节的用户数据;第二次再接收第 513 字节的用户数据和最后一个换行符,也就是第二次接收到两个字节。

# 21.5 基于虚拟串口的异核通信实验 1

## 21.5.1 功能设计

### 1. 例程功能

通过虚拟串口实现 A7 和 M4 互发数据:即按下开发板的 WK_UP 按键后,M4 就可以通过虚拟串口 uartRPMSG0 给 A7 发送字符串"STM32MP157 serial test";A7 可以通过虚拟串口/dev/ttyRPMSG0 或者/dev/ttyRPMSG1 来将数据发给 M4,

需要用户手动输入要发送的数据。此外,当 M4 接收到 A7 发来的数据为字符串 "led1_off"时,M4 将开发板的 DS1 灯关掉;当接收到字符串为"led1_on"时,M4 将 DS1 灯点亮。

注意,A7 虚拟串口/dev/ttyRPMSG0 对应 M4 的虚拟串口 uartRPMSG0,A7 的虚拟串口/dev/ttyRPMSG1 对应的是 M4 的虚拟串口 uartRPMSG1。例如,如果 M4 使用虚拟串口 uartRPMSG0 来进行核间通信,那么 A7 也要用虚拟串口/dev/ttyRPMSG0 和 M4 进行核间通信。

该实验工程参考 atk_stm32mp157_driver\4_Different_core\30_openamp_virt_uart/virt_uart. c 文件。

### 2. 硬件连接

硬件连接参考第 20 章。

## 21.5.2 软件设计

### 1. 程序流程图

根据上述例程功能分析得到程序流程图,如图 21.3 所示。

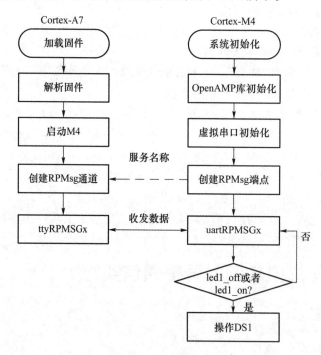

**图 21.3 流程图框图**

## 2. 程序解析

### (1) main()函数和宏定义

如下代码所示,定义了串口接收缓冲,最大为 512 字节,在 main()函数中打开 uartRPMSG0 串口设备,本节实验通过 uartRPMSG0 和 A7 进行通信。

```
#define LED1_ON   "led1_on"
#define LED1_OFF  "led1_off"
#define OPENAMP_TASK_PRIO    21              /* 任务优先级 */
#define OPENAMP_STK_SIZE     1024            /* 任务堆栈大小 */
os_task_t * OPENAMP_Handler;                 /* 任务控制块 */
void openamp_task(void * parameter);         /* 任务函数 */
#define VUSART_MAX_RX_LEN        512          /* 最大接收缓存字节数 */
uint8_t VUSART_RX_BUF[VUSART_MAX_RX_LEN];    /* 串口接收缓冲,最大 512 字节 */
os_device_t * os_vuart0;
os_size_t  rx_cnt = 0;                        /* 接收的字节数 */
/**
* @brief       main 主函数
* @param       无
* @retval      无
*/int main(void)
{
    os_vuart0 = os_device_find("uartRPMSG0");    /* 寻找虚拟串口设备 */
    os_device_open(os_vuart0);                   /* 打开虚拟串口设备 */

    OPENAMP_Handler = os_task_create("openamp",  /* 设置任务的名称 */
                         openamp_task,           /* 设置任务函数 */
                         OS_NULL,                /* 任务传入的参数 */
                         OPENAMP_STK_SIZE,       /* 设置任务堆栈 */
                         OPENAMP_TASK_PRIO);     /* 设置任务的优先级 */
    OS_ASSERT(OPENAMP_Handler);
    os_task_startup(OPENAMP_Handler);            /* 任务开始 */

    return 0;
}
```

### (2) 任务函数

任务入口函数 openamp_task()如下:

```
/**
* @brief       openamp_task
* @param       parameter :传入参数(未用到)
* @retval      无
*/
static void openamp_task(void * parameter)
{
    parameter = parameter;           /* 防止警告 */
    os_uint8_t key = 0;
    os_size_t  tx_cnt = 0;           /* 发送的字节数 */
```

```
os_size_t   rx_cnt = 0;            /* 接收的字节数 */
char * os_data   = "STM32MP157 serial test\r\n"; /* 待写的字符串 */
memset(VUSART_RX_BUF, 0, VUSART_MAX_RX_LEN);   /* 清零 */
for (int i = 0; i < key_table_size; i++)
{
    os_pin_mode(key_table[i].pin, key_table[i].mode);
}
while (1)
{
    key = key_scan(0);

    switch (key)
    {
        case WKUP_PRES:
            /* 以非阻塞方式向串口写入数据 */
            tx_cnt = os_device_write_nonblock(os_vuart0,0,\
                                (uint8_t *)os_data, strlen(os_data));
            os_kprintf("\r\ntx_data: % s",os_data); /* 打印发送的数据 */
            /* 打印向 uartRPMSG0 写的字节数 */
            os_kprintf("tx_cnt: % d\r\n", tx_cnt);
            break;
        default:
            break;
    }
    os_task_msleep(10);

    /* 以非阻塞方式从串口中读取数据 */
    rx_cnt = \
        os_device_read_nonblock(os_vuart0,0,VUSART_RX_BUF,VUSART_MAX_RX_LEN);
    if (rx_cnt != 0&& rx_cnt > 0)
    {
        /* 打印 uartRPMSG0 接收的字节数 */
        os_kprintf("\r\nrx_cnt: % d\r\n", rx_cnt);
        os_kprintf("RX_data: % s\r\n",VUSART_RX_BUF); /* 显示接收数据 */
        /* 检查 A7 发送的字符串是否是"led1_on" */
        if (! strncmp((char *)VUSART_RX_BUF, LED1_ON, strlen(LED1_ON)))
        {
            os_pin_write(led_table[1].pin, ! led_table[1].active_level);
        }
        /* 检查 A7 发送的字符串是否是"led1_off" */
        if (! strncmp((char *)VUSART_RX_BUF, LED1_OFF, strlen(LED1_OFF)))
        {
            os_pin_write(led_table[1].pin, led_table[1].active_level);
        }

        memset(VUSART_RX_BUF, 0, VUSART_MAX_RX_LEN); /* 清零 */
    }

    os_task_msleep(10);
}
}
```

通过串口 uartRPMSG0,以非阻塞方式读取数据。当 M4 接收到 A7 发来的数据时通过 USART3 打印出来,如果接收到的数据是"led1_off",则关闭 DS1 灯;如果接收到的是"led1_on",则打开 DS1 灯。

### 21.5.3 实验验证

#### 1. 不使用屏幕进行测试

编译工程后,参考 19.5 节讲解的操作步骤,将编译出来的 oneos. axf 文件传输到开发板的/lib/firmware 目录下,在 A7 端的控制台执行如下指令加载和运行固件:

```
./test1.sh
ls/dev/ttyRPMSG *        /* 查看/dev/下是否有 ttyRPMSG0 或者 ttyRPMSG1 设备 */
```

可以看到,有/dev/ttyRPMSG0 和/dev/ttyRPMSG1 这两个设备,这两个是 A7端的虚拟串口设备,同时留意到开发板的 DS1 灯是亮的。

```
root@ATK-MP157:/lib/firmware# ./test1.sh
[ 3262.192678] remoteproc remoteproc0: powering up m4
[ 3262.218078] remoteproc remoteproc0: Booting fw image oneos.axf, size 5524456
[ 3262. 224213]   mlahb: m4 @ 10000000 # vdev0buffer: assigned reserved memory node
vdev0buffer@10042000
[ 3262.235485] virtio_rpmsg_bus virtio0: rpmsg host is online
[ 3262.235753] virtio_rpmsg_bus virtio0: creating channel rpmsg-tty-channel addr 0x0
[ 3262.242387]   mlahb:m4@10000000#vdev0buffer: registered virtio0 (type 7)
[ 3262.254263] remoteproc remoteproc0: remote processor m4 is now up
[ 3262.254365] rpmsg_tty virtio0.rpmsg-tty-channel. - 1.0: new channel: 0x400 -> 0x0 :
ttyRPMSG0
root@ATK-MP157:/lib/[ 3262.270152] virtio_rpmsg_bus virtio0: creating channel rpmsg-tty-
channel addr 0x1
firmware# [ 3262.280645] rpmsg_tty virtio0.rpmsg-tty-channel. - 1.1: new channel: 0x401
-> 0x1 : ttyRPMSG1

    root@ATK-MP157:/lib/firmware# ls /dev/ttyRPMSG *
/dev/ttyRPMSG0   /dev/ttyRPMSG1
```

在 M4 端执行 device 指令可以查看 M4 的 OneOS 系统有哪些设备,代码如下。可以看到有 uartRPMSG0 和 uartRPMSG1 这两个设备,这是 M4 端的虚拟串口设备;uartRPMSG0 后面 ref count 的值为 1,说明打开了 uartRPMSG0 设备了,这是因为 main 函数中通过调用 os_device_open()函数来将其打开了。

```
sh>device
device                      type                        ref count
----------                  -----------                 -----------
adc1                        Miscellaneous Device        0
tim7                        ClockEvent Device           0
```

```
tim6                    ClockEvent Device           0
tim2                    ClockSource Device          1
tim1                    ClockEvent Device           1
uartRPMSG1              Character Device            0
uartRPMSG0              Character Device            1
uart3                   Character Device            1
uart5                   Character Device            0
pin_0                   Miscellaneous Device        0
```

A7 可以往 M4 发送数据,可以执行如下指令实现通过虚拟串口 ttyRPMSG0 将字符串"123456789"发送给 M4:

```
/* A7 往虚拟串口 0 发送 123456789 */
echo"123456789">/dev/ttyRPMSG0
/* A7 往虚拟串口 1 发送 ALIENTEK */
echo"ALIENTEK">/dev/ttyRPMSG0
```

```
root@ATK-MP157:/lib/firmware# echo "123456789">/dev/ttyRPMSG0
root@ATK-MP157:/lib/firmware# echo "ALIENTEK">/dev/ttyRPMSG0
```

在 M4 端的串口可以看到 M4 端接收到 A7 发来的数据,第一次接收到了 10 字节的数据(加上最后一个换行符就是 10 个),第二次接收到了 9 字节的数据:

```
sh>
rx_cnt: 10
RX_data: 123456789
rx_cnt: 9
RX_data: ALIENTEK
```

接下来测试 M4 给 A7 发送数据。按下开发板的按键 WK_UP 后,M4 给 A7 发送"STM32MP157 serial test"字符串,M4 端串口打印如下,提示发送的字符串为 24 字节:

```
tx_data: STM32MP157 serial test
tx_cnt: 24
```

A7 端串口没有打印接收到的数据,需要在 A7 下执行如下指令,然后再按下 WK_UP 按键,A7 就把接收到的数据回显打印出来:

```
cat/dev/ttyRPMSG0 &
```

```
root@ATK-MP157:/lib/firmware# cat /dev/ttyRPMSG0 &
STM32MP157 serial test
```

在 A7 端执行如下指令可以控制开发板的 DS1 灯亮或者灭:

```
/* 关闭 LED1 */
echo"led1_off" >/dev/ttyRPMSG0
/* 打开 LED1 */
echo"led1_on" >/dev/ttyRPMSG0
```

```
root@ATK-MP157:/lib/firmware# echo "led1_off" >/dev/ttyRPMSG0
root@ATK-MP157:/lib/firmware# echo "led1_on" >/dev/ttyRPMSG0
```

下面在 A7 端给 M4 发送 511 个字符,代码如下,第 511 个字符是字符 A,那么第 512 个字符就是字符后面自动添加的换行符了,所以最终发送了 512 个字符:

```
echo
"1234567890123456789012345678901234567890123456789012345678901234567890
1234567890123456789012345678901234567890123456789012345678901234567890
1234567890123456789012345678901234567890123456789012345678901234567890
1234567890123456789012345678901234567890123456789012345678901234567890
1234567890123456789012345678901234567890123456789012345678901234567890
1234567890123456789012345678901234567890123456789012345678901234567890
1234567890123456789012345678901234567890123456789012345678901234567890
1234567890123456789012345678901234567890A" > /dev/ttyRPMSG0
root@ATK-MP157:/lib/firmware#
```

按下回车发送后,M4 端接收到字符如下,提示接收到了 512 个字节的数据:

```
rx_cnt:512
RX_data:
1234567890123456789012345678901234567890123456789012345678901234567890
1234567890123456789012345678901234567890123456789012345678901234567890
1234567890123456789012345678901234567890123456789012345678901234567890
12345678901234567890123456789012345678901234567890123456
```

M4 的 os_kprintf()函数最大只能打印 256 字节,所以可以看到只打印了一部分接收到的数据。如果 A7 发送 513 个字符,如下,第 511、512、513 个字符是后面的字符 A、B、C:

```
echo
"1234567890123456789012345678901234567890123456789012345678901234567890
1234567890123456789012345678901234567890123456789012345678901234567890
1234567890123456789012345678901234567890123456789012345678901234567890
1234567890123456789012345678901234567890123456789012345678901234567890
1234567890123456789012345678901234567890123456789012345678901234567890
1234567890123456789012345678901234567890123456789012345678901234567890
1234567890123456789012345678901234567890123456789012345678901234567890
1234567890123456789012345678901234567890ABC">/dev/ttyRPMSG0
root@ATK-MP157:/lib/firmware#
```

M4 接收的情况如下:

```
rx_cnt: 512
RX_data:
12345678901234567890123456789012345678901234567890123456789012345678901234567890
12345678901234567890123456789012345678901234567890123456789012345678901234567890
12345678901234567890123456789012345678901234567890123456789012345678901234567890
12345678901234567890123456789012345678901234567890123456
rx_cnt: 2
RX_data: C
```

即 M4 分了两次接收数据，第一次接收了前面发送的第 512 字节的数据，后面的第 513 字节是字符 C，第 514 字节是换行符，所以第二次接收到了两个字符。

### 2. 使用屏幕进行测试

使用屏幕测试时，和前面章节实验一样，先将 oneos.axf 文件和实验提供的 oneos_serialport 可执行文件传输到发板的 /lib/firmware 目录下，然后先关闭出厂 Linux 操作系统的 APP 桌面，再执行如下指令运行测试 APP 桌面：

```
root@ATK-MP157:/lib/firmware# ./oneos_serialport &
```

屏幕显示如图 21.4 所示。可以看到，"串口号" 文本框 A7 默认选择 ttyRPMSG0 来和 M4 进行通信，因为 oneos_serialport 程序就是这么设计的。单击 "运行固件" 按钮，其实就是 A7 执行了如下指令：

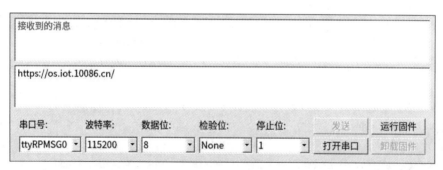

**图 21.4　测试 APP 桌面显示**

```
/* 加载固件 */
echo oneos.axf >/sys/class/remoteproc/remoteproc0/firmware
/* 开启，此时程序就会运行，出现虚拟串口 */
echo start >/sys/class/remoteproc/remoteproc0/state
/* 该指令可以不用执行，如果 A7 想看/dev/ttyRPMSG0 接收到的数据，可以执行该条指令 */
cat/dev/ttyRPMSG0 &
/* A7 通过虚拟串口发送 start 字符串给 M4，此处是第一条发送的消息，用于激活通道 */
echo"start" >/dev/ttyRPMSG0
```

M4 这边接收到 A7 发来的 "start" 字符串：

```
rx_cnt: 6
RX_data: start
```

单击屏幕的"打开串口",再单击"发送"按钮就可以给 M4 发送屏幕上默认的字符串"https://os.iot.10086.cn"。当然,也可以在开发板的 USB 接口处插入 USB 接口的鼠标和键盘,这样就可以在屏幕中输入其他字符串了,如输入"led1_off"后再单击"发送"按钮,A7 将屏幕上的字符串发送出去,如图 21.5 所示。

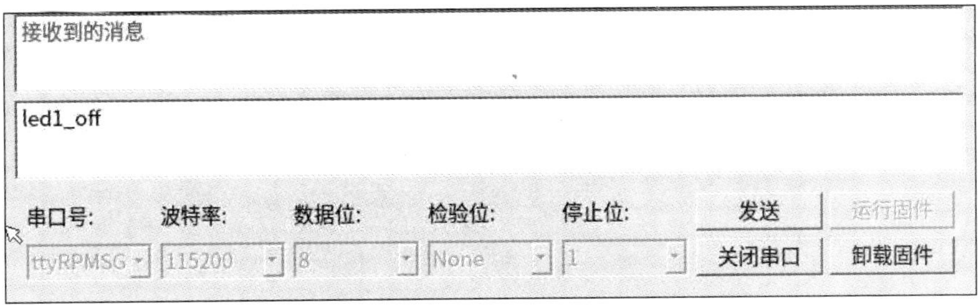

**图 21.5 测试 APP 显示界面一**

M4 接收到 A7 发来的数据如下,当 M4 接收到"led1_off"后就关闭 DS1 灯。

```
rx_cnt: 24
RX_data: https://os.iot.10086.cn/
rx_cnt: 8
RX_data: led1_off
```

按下开发板的按键 WK_UP 后,M4 给 A7 发送"STM32MP157 serial test"字符串,A7 接收到的字符串显示界面如图 21.6 所示。

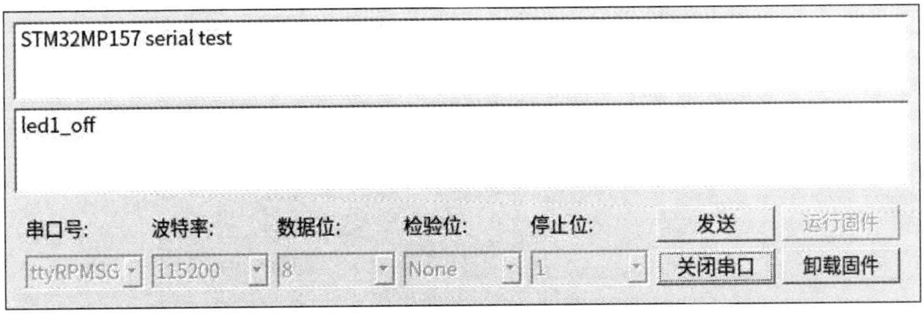

**图 21.6 测试 APP 显示界面二**

再单击"卸载固件"按钮即可关闭固件,实际上就是 A7 执行了如下指令:

```
/* 关闭,停止固件运行 */
echo stop>/sys/class/remoteproc/remoteproc0/state
```

# 21.6 基于虚拟串口的异核通信实验 2

## 21.6.1 功能设计

### (1) 例程功能

第 20 章的实验通过虚拟串口实现 A7 和 M4 互发数据,本节通过虚拟串口来将 M4 实时采集的 ADC 数据发给 A7。

该实验工程参考 atk_stm32mp157_driver\4_Different_core\30_openamp_virt_uart/ adc_virt_uart. c 文件。

### (2) 硬件连接

硬件连接参考第 20 章。

## 21.6.2 软件设计

### 1. 程序流程图

根据上述例程功能分析得到程序流程图,如图 21.7 所示。

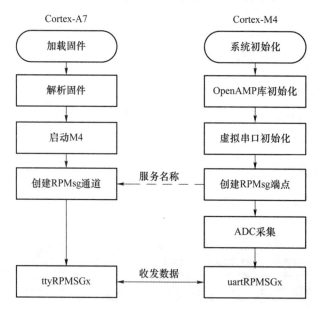

图 21.7 流程框图

### 2. 程序解析

### (1) main()函数和宏定义

```
#define OPENAMP_TASK_PRIO        21              /* 任务优先级 */
#define OPENAMP_STK_SIZE         1024            /* 任务堆栈大小 */
```

```
 os_task_t * OPENAMP_Handler;                      /* 任务控制块 */
void openamp_task(void * parameter);              /* 任务函数 */
#define VUSART_MAX_RX_LEN            100          /* 最大接收缓存字节数 */
uint8_t VUSART_RX_BUF[VUSART_MAX_RX_LEN];         /* 串口接收缓冲,最大 512 字节 */
uint8_t BuffTx[RPMSG_BUFFER_SIZE];                /* 串口写缓冲 */
os_device_t * os_vuart;
os_device_t * adc_dev;
os_int32_t   adc_databuf;
/**
 * @brief        main 主函数
 * @param        无
 * @retval       无
 */
int main(void)
{
    adc_start();                                                 /* 打开 ADC1 设备 */
    os_timer_t * TIMER_PERIODIC = OS_NULL;
    /* 以动态方式创建定时器,定时器名字:timer_d1 */
    TIMER_PERIODIC = os_timer_create("timer_d1", \
                            timer_periodic_timeout, OS_NULL, 100, \
                            OS_TIMER_FLAG_PERIODIC);
    OS_ASSERT_EX(OS_NULL != TIMER_PERIODIC, "timer create err\r\n");
    os_timer_start(TIMER_PERIODIC);                  /* 启动定时器 */
    os_vuart = os_device_find("uartRPMSG0");          /* 寻找虚拟串口设备 */
    os_device_open(os_vuart);                         /* 打开虚拟串口设备 */
    OPENAMP_Handler = os_task_create("openamp",       /* 设置任务的名称 */
                            openamp_task,             /* 设置任务函数 */
                            OS_NULL,                  /* 任务传入的参数 */
                            OPENAMP_STK_SIZE,         /* 设置任务堆栈 */
                            OPENAMP_TASK_PRIO);       /* 设置任务的优先级 */
    OS_ASSERT(OPENAMP_Handler);
    os_task_startup(OPENAMP_Handler);                 /* 任务开始 */
    return 0;
}
```

main()函数中调用 adc_start()函数开启 ADC,调用 os_timer_create()和 os_timer_start()函数创建和启动周期定时器,定时超时时间是 100 个 ticks(即 1 s),调用 os_device_find()和 os_device_open()函数查找和打开串口 uartRPMSG0;然后再创建一个任务 openamp,任务入口函数是 openamp_task(),用于控制串口发送和接收数据。

**(2) 开启 ADC 和软件定时器回调函数**

```
/**
 * @brief        软件定时器回调函数
 * @param        parameter : 传入参数(未用到)
 * @retval       无
 */
```

```
void timer_periodic_timeout(void * parameter)
{
    parameter = parameter;       /* 防止警告 */
    /* 以非阻塞方式读取数据 */
    os_device_read_nonblock(adc_dev,19,&adc_databuf, sizeof(adc_databuf));
    /* 字符串和 adc_databuf 复制到 BuffTx */
    sprintf((char *)BuffTx, "ADC1_CH19: % d mv \r\n",adc_databuf);
}
/**
 * @brief       开启 ADC1 函数
 * @param       parameter : 传入参数（未用到）
 * @retval      无
 */
void adc_start()
{
    adc_dev = os_device_find("adc1");      /* 查找 ADC1 设备 */
    OS_ASSERT_EX(OS_NULL != adc_dev, "adc device not find! \r\n");
    os_device_open(adc_dev);              /* 打开 ADC1 设备 */
    /* 控制 ADC 设备通道 */
    if (OS_EOK != os_device_control(adc_dev, OS_ADC_CMD_ENABLE, OS_NULL))
    {
        os_kprintf("adc device cannot enable! \r\n");
        os_device_close(adc_dev);         /* 关闭 ADC1 设备 */
    }

}
```

adc_start()函数用于查找并开启 ADC1 设备，ADC1 打开后开始采集数据。timer_periodic_timeout()是软件定时器回调函数，用于读取 ADC1 通道 19 采集的数据，并将采集的数据复制到串口写缓冲区 BuffTx 中，串口将写缓冲区的数据发给 A7。

### (3) 任务入口函数 openamp_task()

```
/**
 * @brief       openamp_task
 * @param       parameter : 传入参数（未用到）
 * @retval      无
 */
static void openamp_task(void * parameter)
{
    parameter = parameter;                 /* 防止警告 */
    while (1)
    {
        os_size_t   rx_cnt = 0;            /* 接收的字节数 */
        memset(VUSART_RX_BUF, 0, VUSART_MAX_RX_LEN);  /* 清零 */
        os_kprintf(" % s\r\n", BuffTx);
```

```
            char * os_data  = (char * )BuffTx; /* 待写的字符串 */
            /* 以非阻塞方式写入数据 */
            os_device_write_nonblock(os_vuart,0,(uint8_t * )os_data,\
                            strlen(os_data));
            os_task_msleep(10);
            /* 以非阻塞方式读取数据 */
            rx_cnt = \
                os_device_read_nonblock(os_vuart,0,VUSART_RX_BUF,VUSART_MAX_RX_LEN);
            if (rx_cnt != 0&& rx_cnt > 0)
            {
              /* 打印虚拟串口接收的字节数 */
              os_kprintf("\r\nrx_cnt: % d\r\n", rx_cnt);
              os_kprintf("rx_data: % s\r\n",VUSART_RX_BUF);  /* 显示接收数据 */
              memset(VUSART_RX_BUF, 0, VUSART_MAX_RX_LEN);  /* 清零 */
            }
            os_task_msleep(1000);
        }
}
```

任务入口函数 openamp_task()用于控制串口 uartRPMSG0 收发数据,以非阻塞方式写入 ADC1 通道 19 采集的数据,数据通过串口 uartRPMSG0 发给 A7。当 A7 通过串口发数据给 M4 时,以非阻塞方式读取 uartRPMSG0 接收到的数据,并通过 USART3 打印出来。

## 21.6.3　实验验证

### 1. 不使用屏幕进行测试

编译工程后,参考 19.5 节讲解的操作步骤,将编译出来的 oneos.axf 文件传输到开发板的/lib/firmware 目录下。

本节实验是 M4 采集 ADC 数据,然后将采集到的数据发给 A7;必须是 A7 先发数据给 M4 后,RPMsg 通道才算激活,M4 才可以通过 RPMsg 往外发数据。前面的实验都是 A7 先给 M4 发数据,为了操作方便,修改 test1.sh 脚本为如下内容:

```
#! /bin/sh
echo oneos.axf >/sys/class/remoteproc/remoteproc0/firmware
echo start>/sys/class/remoteproc/remoteproc0/state
echo"start" >/dev/ttyRPMSG0  # A7 先发送数据,即发送 start 字符串
cat/dev/ttyRPMSG0 &  # 若需要将 A7 接收到的数据在串口回显打印出来,则执行这条指令
```

以上脚本中添加了最后两句代码,加载和运行固件后就马上执行后面的两条指令,即 A7 先发送数据(发送"start"字符串),然后 M4 就可以通过 RPMsg 往 A7 发送数据了。

保存修改的脚本,在 A7 端执行如下指令后,A7 打印从 M4 接收到的数据:

```
root@ATK-MP157:/lib/firmware# ./test1.sh
[2134.867122] remoteproc remoteproc0: powering up m4
[2134.884750] remoteproc remoteproc0: Booting fw image oneos.axf, size 5522704
[2134.890959]  mlahb: m4 @ 10000000 # vdev0buffer: assigned reserved memory node
vdev0buffer@10042000
[2134.902009] virtio_rpmsg_bus virtio0: rpmsg host is online
[2134.906231] virtio_rpmsg_bus virtio0: creating channel rpmsg-tty-channel addr 0x0
[2134.909786]  mlahb:m4@10000000#vdev0buffer: registered virtio0 (type 7)
[2134.921306] rpmsg_tty virtio0.rpmsg-tty-channel.-1.0: new channel: 0x400 -> 0x0 :
ttyRPMSG0
[2134.923170] remoteproc remoteproc0: remote processor m4 is now up
[2134.934294] virtio_rpmsg_bus virtio0: creating channel rpmsg-tty-channel addr 0x1
root@ATK-MP157:/lib/firmware# [2134.948945] rpmsg_tty virtio0.rpmsg-tty-channel.-1.
1: new channel: 0x401 -> 0x1 : ttyRPMSG1
ADC1_CH19: 87 mv

ADC1_CH19: 90 mv

ADC1_CH19: 88 mv

ADC1_CH19: 90 mv

ADC1_CH19: 86 mv

ADC1_CH19: 92 mv

ADC1_CH19: 87 mv
```

M4 的串口也打印 ADC1 通道 19 采集的数据：

```
sh>

rx_cnt: 6
rx_data: start

ADC1_CH19: 87 mv

ADC1_CH19: 90 mv

ADC1_CH19: 88 mv

ADC1_CH19: 90 mv

ADC1_CH19: 86 mv

ADC1_CH19: 92 mv

ADC1_CH19: 87 mv
```

## 2. 使用屏幕进行测试

与前面的实验操作步骤类似,进入测试 APP 桌面后,先单击"运行固件"按钮,再单击"打开串口",屏幕上就显示 A7 接收到 M4 发来的 ADC 数据,如图 21.8 所示。

图 21.8 测试桌面 APP

M4 端的串口也在打印数据:

```
sh>

rx_cnt: 6
rx_data: start

ADC1_CH19:90 mv

ADC1_CH19: 90 mv

ADC1_CH19:91 mv

ADC1_CH19:89 mv

ADC1_CH19: 88 mv
```

和前面的实验一样,单击"卸载固件"按钮则关闭固件,程序随即停止运行。

# 附录 A

# 万耦天工 STM32F103 开发板

## A.1 资源初探

万耦天工 STM32F103 开发板的资源图如附图 A.1 所示。

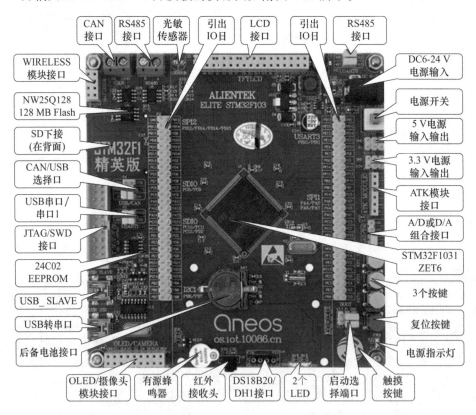

**附图 A.1 万耦天工 STM32F103 开发板资源图**

可以看出,万耦天工 STM32F103 开发板的资源非常丰富,并充分利用了 STM32F103 的内部资源,基本所有 STM32F103 的内部资源都可以在此开发板上验证;同时,扩充了丰富的接口和功能模块,且整个开发板小巧精致。

　　开发板的外形尺寸为 115 mm×117 mm,充分考虑了人性化设计,将可能用不到的资源进行了裁减,经过多次改进,最终确定了这样的设计。

　　万耦天工 STM32F103 开发板的板载资源如下:

◆ CPU:STM32F103ZET6,LQFP144,Flash:512 KB,SRAM:64 KB;

◆ 外扩 SPI Flash:W25Q128,16 MB;

◆ 一个电源指示灯(蓝色);

◆ 2 个状态指示灯(DS0:红色,DS1:绿色);

◆ 一个红外接收头,并配备一款小巧的红外遥控器;

◆ 一个 EEPROM 芯片,24C02,容量 256 字节;

◆ 一个光敏传感器;

◆ 一个无线模块接口(可接 NRF24L01/RFID 模块等);

◆ 一路 CAN 接口,采用 TJA1050 芯片;

◆ 一路 RS485 接口,采用 SP3485 芯片;

◆ 一路数字温湿度传感器接口,支持 DS18B20/DHT11 等;

◆ 一个 ATK 模块接口,支持 ALIENTEK 蓝牙/GPS 模块/MPU6050 模块等;

◆ 一个标准的 2.4/2.8/3.5/4.3/7 寸 LCD 接口,支持触摸屏;

◆ 一个摄像头模块接口;

◆ 一个 OLED 模块接口(与摄像头接口共用);

◆ 一个 USB 串口,可用于程序下载和代码调试(USMART 调试);

◆ 一个 USB SLAVE 接口,用于 USB 通信;

◆ 一个有源蜂鸣器;

◆ 一个 RS485 选择接口;

◆ 一个 CAN/USB 选择接口;

◆ 一个串口选择接口;

◆ 一个 SD 卡接口(在板子背面,SDIO 接口);

◆ 一个标准的 JTAG/SWD 调试下载口;

◆ 一组 AD/DA 组合接口(DAC/ADC/TPAD);

◆ 一组 5 V 电源供应/接入口;

◆ 一组 3.3 V 电源供应/接入口;

◆ 一个直流电源输入接口(输入电压范围:6～24 V);

◆ 一个启动模式选择配置接口;

◆ 一个 RTC 后备电池座,并带电池;

◆ 一个复位按钮,可用于复位 MCU 和 LCD;

◆ 3 个功能按钮,其中 KEY_UP 兼具唤醒功能;

◆ 一个电容触摸按键;

◆ 一个电源开关,控制整个板的电源;

◆ 独创的一键下载功能；

◆ 除晶振占用的 I/O 口外，其余所有 I/O 口全部引出。

# A.2　硬件资源说明

### 1）WIRELESS 模块接口

这是开发板板载的无线模块接口（U2），可以外接 NRF24L01、RFID 等无线模块，从而实现无线通信等功能。注意，接 NRF24L01 模块进行无线通信的时候，必须同时有 2 个模块和 2 个板子才可以测试，单个模块/板子例程是不能测试的。

### 2）W25Q128 128 MB Flash

这是开发板外扩的 SPI Flash 芯片（U8），容量为 128 Mbit，也就是 16 MB，可用于存储字库和其他用户数据，满足大容量数据存储要求。如果觉得 16 MB 还不够用，则可以把数据存放在外部 SD 卡。

### 3）SD 卡接口

这是开发板板载的一个标准 SD 卡接口（SD_CARD），在开发板的背面，采用大 SD 卡接口（即相机卡，也可以是 TF 卡＋卡套的形式），SDIO 方式驱动。有了这个 SD 卡接口，就可以满足海量数据存储的需求。

### 4）CAN/USB 选择口

这是一个 CAN/USB 的选择接口（P6），因为 STM32 的 USB 和 CAN 共用一组 I/O（PA11 和 PA12），所以可以通过跳线帽来选择不同的功能，以实现 USB/CAN 的实验。

### 5）USB 串口/串口 1

这是 USB 串口同 STM32F103ZET6 的串口 1 进行连接的接口（P3），标号 RXD 和 TXD 是 USB 转串口的 2 个数据口（对 CH340G 来说），而 PA9（TXD）和 PA10（RXD）则是 STM32 串口 1 的两个数据口（复用功能下）。它们通过跳线帽对接就可以和连接在一起了，从而实现 STM32 的程序下载以及串口通信。设计成 USB 串口是由于现在计算机上串口正在消失，尤其是笔记本，几乎清一色没有串口，所以板载了 USB 串口可以方便大家下载代码和调试。而板子上并没有直接连接在一起，则是出于使用方便的考虑。可以把万耦天工 STM32F103 开发板当成一个 USB 转 TTL 串口来和其他板子通信，而其他板子的串口也可以方便地接到万耦天工 STM32F103 开发板上。

### 6）JTAG/SWD 接口

这是万耦天工 STM32F103 开发板板载的 20 针标准 JTAG 调试口（JTAG），可以直接和 ULINK、JLINK 或者 STLINK 等调试器（仿真器）连接；同时，由于 STM32 支持 SWD 调试，这个 JTAG 口也可以用 SWD 模式来连接。用标准的 JTAG 调试需要占用 5 个 I/O 口，有些时候可能造成 I/O 口不够用，而用 SWD 则只需要 2 个 I/O

口,大大节约了 I/O 数量,但达到的效果是一样的,所以强烈建议仿真器使用 SWD 模式。

### 7) 24C02 EEPROM

这是开发板板载的 EEPROM 芯片(U9),容量为 2 kbit,也就是 256 字节,用于存储一些掉电不能丢失的重要数据,比如系统设置的一些参数/触摸屏校准数据等。有了这个就可以方便地实现掉电数据保存。

### 8) USB SLAVE

这是开发板板载的一个 MiniUSB 头(USB_SLAVE),用于 USB 从机(SLAVE)通信,一般用于 STM32 与计算机的 USB 通信。通过此 MiniUSB 头,开发板就可以和计算机进行 USB 通信了。开发板总共板载了 2 个 MiniUSB 头,一个(USB_232)用于 USB 转串口,连接 CH340G 芯片;另外一个(USB_SLAVE)用于 STM32 内带的 USB。同时,开发板可以通过此 MiniUSB 头供电,板载 2 个 MiniUSB 头(不共用),主要是考虑了使用的方便性以及可以给板子提供更大的电流(2 个 USB 都接上)这 2 个因素。

### 9) USB 转串口

这是开发板板载的另外一个 MiniUSB 头(USB_232),用于 USB 连接 CH340G 芯片,从而实现 USB 转 TTL 串口。同时,此 MiniUSB 接头也是开发板电源的主要提供口。

### 10) 后备电池接口

这是 STM32 后备区域的供电接口(BAT),可安装 CR1220 电池(默认安装了),可以用来给 STM32 的后备区域提供能量;在外部电源断电的时候,可以维持后备区域数据的存储以及 RTC 的运行。

### 11) OLED/摄像头模块接口

这是开发板板载的一个 OLED/摄像头模块接口(P4),如果是 OLED 模块,靠左插即可(右边两个孔位悬空)。如果是摄像头模块(ALIENTEK 提供),则刚好插满。通过这个接口,可以分别连接 2 种外部模块,从而实现相关实验。

### 12) 有源蜂鸣器

这是开发板的板载蜂鸣器(BEEP),可以实现简单的报警/闹铃等功能。

### 13) 红外接收头

这是开发板的红外接收头(U6),可以实现红外遥控功能,通过这个接收头可以接收市面常见的各种遥控器的红外信号,甚至可以自己实现万能红外解码。当然,如果应用得当,该接收头也可以用来传输数据。

### 14) DS18B20/DHT11 接口

这是开发板的一个复用接口(U4),由 4 个镀金排孔组成,可以用来接 DS18B20、DS1820 等数字温度传感器或 DHT11 这样的数字温湿度传感器,从而实现一个接口 2 个功能。不用的时候可以拆下上面的传感器,放到其他地方去用,使用上是十分方便灵活的。

### 15) 2 个 LED

这是开发板板载的 2 个 LED 灯（DS0 和 DS1），DS0 是红色的，DS1 是绿色的，方便识别。这里提醒读者不要停留在 51 跑马灯的思维，太多灯除了浪费 I/O 口没有任何好处。一般应用 2 个 LED 足够了，在调试代码的时候，使用 LED 来指示程序状态是非常不错的一个辅助调试方法。万耦天工 STM32F103 开发板几乎每个实例都使用了 LED 来指示程序的运行状态。

### 16) 启动选择端口

这是开发板板载的启动模式选择端口（BOOT），STM32 有 BOOT0（B0）和 BOOT1（B1）共 2 个启动选择引脚，用于选择复位后 STM32 的启动模式；作为开发板，这 2 个是必需的，在开发板上通过跳线帽选择 STM32 的启动模式。

### 17) 触摸按钮

这是开发板板载的一个电容触摸输入按键（TPAD），利用电容充放电原理实现触摸按键检测。

### 18) 电源指示灯

这是开发板板载的一颗蓝色的 LED 灯（PWR），用于指示电源状态。电源开启的时候（通过板上的电源开关控制），该灯会亮，否则不亮。通过这个 LED 可以判断开发板的上电情况。

### 19) 复位按钮

这是开发板板载的复位按键（RESET），用于复位 STM32，还具有复位液晶的功能。因为液晶模块的复位引脚和 STM32 的复位引脚是连接在一起的，当按下该键的时候，STM32 和液晶一并被复位。

### 20) 3 个按键

这是开发板板载的 3 个机械式输入按键（KEY0、KEY1 和 KEY_UP），其中，KEY_UP 具有唤醒功能，连接到 STM32 的 WAKE_UP（PA0）引脚，可用于待机模式下的唤醒；在不使用唤醒功能的时候，也可以作为普通按键输入使用。其他 2 个是普通按键，可以用于人机交互的输入，直接连接在 STM32 的 I/O 口上。注意，KEY_UP 是高电平有效，而 KEY0 和 KEY1 是低电平有效。

### 21) STM32F103ZET6

这是开发板的核心芯片（U1），型号为 STM32F103ZET6。该芯片具有 64 KB SRAM、512 KB Flash、2 个基本定时器、4 个通用定时器、2 个高级定时器、2 个 DMA 控制器（共 12 个通道）、3 个 SPI、2 个 IIC、5 个串口、一个 USB、一个 CAN、3 个 12 位 ADC、一个 12 位 DAC、一个 SDIO 接口、一个 FSMC 接口以及 112 个通用 I/O 口。

### 22) A/D 或 D/A 组合接口

这是由 4 个排针组成的组合接口（P7），可以实现 A/D 采集、D/A 输出和板载电容触摸按键（TPAD）检测的功能。

### 23) ATK 模块接口

这是开发板板载的一个 ALIENTEK 通用模块接口（U3），目前可以支持 ALIENTEK 开发的 GPS 模块、蓝牙模块和 MPU6050 模块等，直接插上对应的模块就可以进行开发。

### 24) 3.3 V 电源输入/输出

这是开发板板载的一组 3.3 V 电源输入/输出排针（2×3）（VOUT1），用于给外部提供 3.3 V 的电源，也可以用于从外部接 3.3 V 的电源给板子供电。USB 供电的时候，最大电流不能超过 500 mA；外部供电的时候，最大可达 1 000 mA。

### 25) 5 V 电源输入/输出

这是开发板板载的一组 5 V 电源输入/输出排针（2×3）（VOUT2），用于给外部提供 5 V 的电源，也可以用于从外部接 5 V 的电源给板子供电。USB 供电的时候，最大电流不能超过 500 mA；外部供电的时候，最大可达 1 000 mA。

### 26) 电源开关

这是开发板板载的电源开关(K1)。该开关用于控制整个开发板的供电，如果切断，则整个开发板都将断电，电源指示灯(PWR)会随着此开关的状态而亮灭。

### 27) DC6～24 V 电源输入

这是开发板板载的一个外部电源输入口(DC_IN)，采用标准的直流电源插座。开发板板载了 DC-DC 芯片(MP2359)，用于给开发板提供高效、稳定的 5 V 电源。由于采用了 DC-DC 芯片，所以开发板的供电范围十分宽，读者可以很方便地找到合适的电源(只要输出范围在 DC6～24 V 的基本都可以)来给开发板供电。在耗电比较大的情况下，比如用到 4.3 寸屏或 7 寸屏的时候，建议使用外部电源供电，可以提供足够的电流给开发板使用。

### 28) RS485 选择接口

这是开发板板载的 RS485 选择接口(P5)，MAX3485 通过这个接口来决定是否连接到 STM32 的串口 2(USART2)。当这里断开的时候，串口 2 可以用作普通串口，而 RS485 则可以用来实现 RS485 转 TTL 的功能；当这里接上时，串口 2 连接 MAX3485 就可以实现 RS485 通信。

### 29) 引出 I/O 口(共 2 组)

这是开发板 I/O 引出端口，总共有 2 组主 I/O 引出口：P1 和 P2。它们采用 2× 27 排针引出，总共引出 106 个 I/O 口。而 STM32F103ZET6 总共只有 112 个 I/O，除去 RTC 晶振占用的 2 个 I/O，还剩下 110 个，这 2 组排针总共引出 106 个 I/O，剩下的 4 个 I/O 分别通过 P3 和 P5 引出。

### 30) LCD 接口

这是开发板板载的 LCD 模块接口，该接口兼容 ALIENTEK 全系列 TFTLCD 模块，包括 2.4 寸、2.8 寸、3.5 寸、4.3 寸和 7 寸等 TFTLCD 模块，并且支持电阻/电容触摸功能。

**31) 光敏传感器**

这是开发板板载的一个光敏传感器(LS1),通过该传感器,开发板可以感知周围环境光线的变化,从而可以实现类似自动背光控制的应用。

**32) RS485 接口**

这是开发板板载的 RS485 总线接口(RS485),通过 2 个端口和外部 RS485 设备连接。这里提醒大家,RS485 通信的时候必须 A 接 A、B 接 B,否则可能通信不正常。另外,开发板自带了终端电阻(120 Ω)。

**33) CAN 接口**

这是开发板板载的 CAN 总线接口(CAN),通过 2 个端口和外部 CAN 总线连接,即 CANH 和 CANL。注意,CAN 通信的时候必须 CANH 接 CANH、CANL 接 CANL,否则可能通信不正常。

# 附录 B

# 万耦天工 STM32MP157 开发板

## B.1 资源初探

万耦天工 STM32MP157 开发板的资源图如附图 B.1 所示。

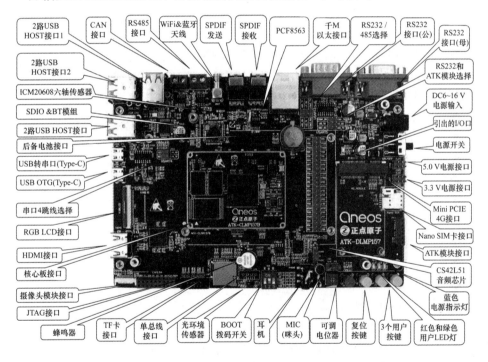

2路USB HOST接口1　CAN接口　RS485接口　WiFi&蓝牙天线　SPDIF发送　SPDIF接收　PCF8563　千M以太接口　RS232/485选择　RS232接口(公)　RS232接口(母)

2路USB HOST接口2

ICM20608六轴传感器　　　　　　　　　　　　　　　　　　　　　　　　　　RS232和ATK模块选择

SDIO &BT模组　　　　　　　　　　　　　　　　　　　　　　　　　　　　DC6~16 V电源输入

2路USB HOST接口　　　　　　　　　　　　　　　　　　　　　　　　　　引出的I/O口

后备电池接口　　　　　　　　　　　　　　　　　　　　　　　　　　　　电源开关

USB转串口(Type-C)　　　　　　　　　　　　　　　　　　　　　　　　　5.0 V电源接口

USB OTG(Type-C)　　　　　　　　　　　　　　　　　　　　　　　　　3.3 V电源接口

串口4跳线选择　　　　　　　　　　　　　　　　　　　　　　　　　　　Mini PCIE 4G接口

RGB LCD接口　　　　　　　　　　　　　　　　　　　　　　　　　　　Nano SIM卡接口

HDMI接口　　　　　　　　　　　　　　　　　　　　　　　　　　　　ATK模块接口

核心板接口　　　　　　　　　　　　　　　　　　　　　　　　　　　　CS42L51音频芯片

摄像头模块接口　　　　　　　　　　　　　　　　　　　　　　　　　　蓝色电源指示灯

JTAG接口

蜂鸣器　TF卡接口　单总线接口　光环境传感器　BOOT拨码开关　耳机　MIC(咪头)　可调电位器　复位按键　3个用户按键　红色和绿色用户LED灯

**附图 B.1　万耦天工 STM32MP157 资源图**

可以看出,万耦天工 STM32MP157 开发板底板资源十分丰富,把 STM32MP157 的内部资源发挥到了极致,基本上 STM32MP157 内部所有的资源都可以在此开发板上验证;同时,扩充了丰富的接口和功能模块,且整个开发板显得十分大气。

开发板的外形尺寸为 181 mm×125 mm,充分考虑了人性化设计。万耦天工

STM32MP157 开发板的底板板载资源如下：

◆ 一个核心板接口,支持 STM32MP157 核心板；

◆ 一个电源指示灯(蓝色)；

◆ 2 个状态指示灯(红色和绿色,用户可以使用)；

◆ 一个六轴(陀螺仪＋加速度)传感器芯片,ICM20608；

◆ 一个高性能音频编解码芯片,CS42L51；

◆ 一路 CAN FD 接口,采用 MCP2526FDT 芯片；

◆ 一路 RS485 接口,采用 SP3485 芯片；

◆ 一路 RS232 串口(母)接口,采用 SP3232 芯片；

◆ 一路 RS232 串口(公)接口,采用 SP3232 芯片；

◆ 一个 ATK 模块接口,支持正点原子蓝牙/GPS/MPU6050/手势识别等模块；

◆ 一个光环境传感器(光照、距离、红外三合一)；

◆ 一个摄像头模块接口；

◆ 一个 OLED 模块接口；

◆ 一个 USB 串口,可用于代码调试,Type-C 接口类型；

◆ 一个 USBOTG 接口,用于 USB 从机通信,Type-C 接口类型；

◆ 6 个 USB HOST 接口,用连接 USB 设备；

◆ 一个有源蜂鸣器；

◆ 一个 RS232/RS485 选择接口；

◆ 一个 RS232/ATK 模块选择接口；

◆ 一个串口选择接口；

◆ 一个 TF 卡接口；

◆ 一个 10M/100M/1000M 以太网接口(RJ45)；

◆ 一个录音头(MIC/咪头)；

◆ 一路耳机接口,支持 4 段式耳机；

◆ 一个小扬声器(在板子背面)；

◆ 一组 5 V 电源供应/接入口；

◆ 一组 3.3 V 电源供应/接入口；

◆ 一个直流电源输入接口(输入电压范围:DC6～16 V)；

◆ 一个启动模式选择配置接口；

◆ 一个 RTC 后备电池座,并带电池；

◆ 一个复位按钮,可用于复位 MPU 和 LCD；

◆ 3 个功能按钮；

◆ 一个电源开关,控制整个板的电源；

◆ 一个 Mini PCIE 4G 模块接口；

◆ 一个 Nano SIM 卡接口；

◆ 一个 SDIO WiFi&BT 模块,板载;

◆ 一个 WiFi&BT 天线接口,板载;

◆ 一个 HDMI 接口;

◆ 一个 JTAG 调试接口,可以调试 M4 内核;

◆ 一个 SPDIF 光纤音频接收接口;

◆ 一个 SPDIF 光纤音频发送接口;

◆ 一个可调电位器,用于 ADC 测试;

◆ 一个 4P 的圆孔排座,可以接 DHT11 或 DS18B20 温湿度传感器;

◆ 一个 2×22P,2.54 mm 间距的排针,引出 44 个 I/O,用户可自行使用。

万耦天工 STM32MP157 开发板的底板的特点包括:

① 接口丰富。板子提供十来种标准接口,可以方便地进行各种外设的实验和开发。

② 设计灵活。采用核心板＋转接板＋底板形式,板上很多资源都可以灵活配置,以满足不同条件下的使用。我们引出了 144 个通用 GPIO 引脚以及 35 个其他功能引脚(USB、MIPI DSI 等),极大地方便读者扩展及使用。

③ 资源丰富。板载高性能音频编解码芯片、六轴传感器、千兆网卡、光环境传感器以及各种接口芯片,满足各种应用需求。

④ 人性化设计。各个接口都有丝印标注,且用方框框出,使用起来一目了然;部分常用外设大丝印标出,方便查找;接口位置设计合理,方便顺手;资源搭配合理,物尽其用。

接下来看万耦天工 STM32MP157 开发板的核心板资源图,如附图 B.2 所示。可以看出,核心板板载资源丰富,可以满足各种应用的需求。整个核心板的外形尺寸为 60 mm×45 mm,非常小巧,并且采用了贴片板对板连接器,使得其可以很方便地应用在各种项目上。

核心板板载资源如下:

◆ CPU:STM32MP157DAA1,双核 A7＋单核 M4,A7 主频 800 MHz,M4 主频 209 MH,LFBGA448 封装。

◆ 外扩 DDR3L:2 片 NT5CC256M16EP-EK,容量为 1 GB(2×512 MB),位宽 32 位(2×16)。

◆ EMMC:KLM8G1GETF,容量为 8 GB。

◆ 2 个 2×50 的防反插 BTB 座,共引出 144 个 GPIO 以及 35 个其他功能引脚。

核心板的特点包括:

① 体积小巧。核心板仅 60 mm×45 mm 大小,方便使用到各种项目里面。

② 集成方便。核心板使用 200P BTB 连接座,可以非常方便地集成到客户 PCB 上,更换简单,方便维修测试。

③ 资源丰富。核心板板载:1 GB DDR3L、8 GB EMMC 存储器,可以满足各种

附图 B.2　STM32MP157 核心板资源图

应用需求。

④ 性能稳定。核心板采用 6 层板设计,单独地层、电源层,且关键信号采用等长线走线,保证运行稳定、可靠。

⑤ 人性化设计。底部放有详细丝印,方便安装;按功能分区引出 I/O 口,方便布线。

# B.2　硬件资源说明

这里首先详细介绍万耦天工 STM32MP157 开发板的各个部分,且按逆时针的顺序依次介绍。

## 1) 2 路 USB HOST 接口 2

开发板一共有 6 个 USB HOST 接口,这是其中的 2 个,为一个双层 USB 座。STM32MP157 有 2 个 USB 接口,万耦天工 STM32MP157 开发板通过 FE2.1 芯片将 STM32MP157 的 USB1 扩展成了 7 路 USB HOST,其中一路用于连接 4G 模块,另外 6 路作为 USB HSOT。这 6 路 USB HOST 接口使用 3 个双层 USB 座,用户可以通过这 6 路 USB HOST 接口连接 USB 鼠标、USB 键盘、U 盘等设备。

## 2) ICM20608 六轴传感器

这是开发板板载的一个六轴传感器芯片(U6),型号为 ICM20608,此芯片采用 SPI 接口与 I.MX6U 相连接。ICM20608 内部集成一个三轴加速度传感器和一个三轴陀螺仪,该传感器在姿态测量方面应用非常广泛。所以喜欢玩姿态测量的读者,也可通过本开发板学习。

## 3) SDIO&BT 模组

这是开发板上板载的一个 WiFi& 蓝牙模组,为 SDIO 接口,连接到了

STM32MP157 的 SDMMC3 接口上。模组使用芯片为瑞昱（REALTEK）公司的 RTL8723DS，这是一个 WiFi＋蓝牙 4.2 一体芯片，WiFi 为 2.4G 频段，速率 150 Mbps。WiFi 和蓝牙共同使用一根 2.4G 天线，节省了板子空间，方便 PCB 布局布线。

#### 4) 2 路 USB HOST 接口 3

和 1)一样，是由 STM32MP157 的 USB1 扩展出来的另外一路双层 USB 座。

#### 5) 后备电池接口

这是 STM32MP157 后备区域的供电接口，可以用来给 STM32MP157 的后备区域提供能量；在外部电源断电的时候，维持后备区域与 RTC 的运行。

#### 6) USB 转串口

这是开发板板载的一个 USB Type-C 接头（USB_TTL），用于 USB 连接 CH340C 芯片，从而实现 USB 转串口。同时，此 USB Type-C 接头也可以给开发板供电。

#### 7) USB 串口/串口 4

这是 USB 串口同 STM32MP157 的串口 4 进行连接的接口（JP11）。标号 RXD 和 TXD 是 USB 转串口的 2 个数据口（对 CH340C 来说），而 U4_TX(TXD)和 U4_RX(RXD)则是 STM32MP157 串口 4 的两个数据口。它们通过跳线帽对接就可以连接在一起了，从而实现 STM32MP157 的串口通信。

设计成 USB 串口，是因为现在计算机上串口正在消失，尤其是笔记本，几乎清一色没有串口，所以板载了 USB 串口可以方便大家调试。而板子上并没有直接连接在一起，则是出于使用方便的考虑。这样设计，读者可以把 STM32MP157 开发板当成一个 USB 转 TTL 串口来和其他板子通信，而其他板子的串口也可以方便地接到开发板上。

#### 8) USB OTG 接口

这是开发板板载的一个 USB Type-C 接口，此接口通过 STUSB1600 芯片与 STM32MP157 的 USB2 接口连接相连，用于实现 OTG 功能。此接口支持 USB Type-C 的 DRP 功能，既可以做 DFP(下行端口，也就是 Host)，也可以做 UFP(上行端口，也就是 Slave)。也就是说，可以使用 USB Type-C 将开发板连接到计算机上，开发板作为一个 Slave；也可以使用 USB OTG 线连接其他的 USB 设备，比如 USB 鼠标、USB 键盘等，此时开发板就作为 Host。

开发板总共板载了 2 个 USB Type-C 接口，一个(USB_TTL)用于 USB 转串口，连接 CH340C 芯片，另外一个(USB_OTG)用于 STM32MP157 内部 USB。

#### 9) STM32MP157 核心板接口

这是开发板底板上面的核心板接口，由 2 个 2×50 的贴片板对板接线端子组成，可以用来插核心板，从而学习 STM32MP157 芯片的开发。

#### 10) RGB LCD 接口

这是 RGB LCD 接口(LCD)，可以连接各种正点原子的 RGB LCD 屏模块，并且支持触摸屏。采用的是 RGB888 格式,可显示 1677 万色,色彩显示丰富。

**11) HDMI 接口**

这是开发板板载的 HDMI 接口,STM32MP157 没有原生的 HDMI 外设,此接口是通过 Sil9022A 将 STM32M32MP157 的 RGB LCD 接口转为 HDMI 接口。因此所能支持的分辨率取决于 STM32MP157 内部 RGB LCD 外设(LTDC),LTDC 所能支持的最高分辨率为 1 366×768。

**12) 蜂鸣器**

这是一个板载蜂鸣器,为有源蜂鸣器,因此只需要供电即可鸣叫。

**13) 摄像头模块接口**

这是开发板板载的一个摄像头模块接口(JP10),摄像头模块(需自备)对准插入到此插槽中。

**14) JTAG 接口**

这是一个 10P、2.0 mm 间距的 JTAG 接口,可以连接 STlink、JLink 这样的调试器,在调试 STM32MP157 的 M4 内核时需要用到 STlink,此时就可以将 STLink 调试器连接到此接口上。

**15) TF 卡接口**

这是开发板板载的一个标准 TF 卡接口(TF_CARD),采用小型的 TF 卡接口,SDMMC 方式驱动。有了这个 TF 卡接口,就可以满足大容量数据存储的需求。

**16) 光环境传感器**

这是开发板板载的一个光环境三合一传感器(U6),它可以作为环境光传感器、近距离(接近)传感器和红外传感器。通过该传感器,开发板可以感知周围环境光线的变化、接近距离等,从而可以实现类似手机的自动背光控制。

**17) 单总线接口**

这是开发板的一个单总线接口(JP9),该接口由 4 个镀金排孔组成,可以用来接 DS18B20、DS1820 等单总线数字温度传感器,也可以用来接 DHT11 这样的单总线数字温湿度传感器,实现一个接口,多个功能。不用的时候可以拆掉上面的传感器,放到其他地方去用,使用上十分方便灵活。

**18) BOOT 拨码开关**

STM32MP157 支持多种启动方式,比如 SD 卡、EMMC、NAND、QSPI Falsh 和 USB 等,而且也可以在不启动 A7 内核的情况下调试 M4 内核,这些都要通过 BOOT 开关进行控制(对应 STM32MP157 上的 BOOT0～2 这 3 个引脚)。要想从某一种设备启动,就必须先设置好启动拨码开关。万耦天工 STM32MP157 开发板用了一个 3P 的拨码开关来选择启动方式,开发板支持从 SD 卡、EMMC、USB、M4 内核这 4 种启动方式;这 4 种启动方式对应的拨码开关拨动方式已经写在了开发板丝印上,使用时根据自己的实际需求设置拨码开关即可。

**19) 耳机**

这是开发板板载的耳机接口,该接口可以插 4 段式 3.5 mm 的耳机,支持录音与放音。当 CS42L51 放音的时候,就可以通过在该接口插入耳机,欣赏音乐。如果耳机带有 MIC,则也可以使用耳机上的 MIC 进行录音;录音之前要先将开发板上的 JP13 跳线帽跳接到下方,也就是使用耳机自带的 MIC。

**20) 可调电位器**

这是一个 10K 的可调电位器,连接到了 ST32MP157 的 ADC 引脚上,可以用来学习 STM32MP157 的 ADC 采集。使用之前需要将 JP2 跳接到左边。

**21) 复位按键**

这是开发板板载的复位按键(RESET),用于复位 STM32MP157,还具有复位液晶的功能,因为液晶模块的复位引脚和 STM32MP157 的复位引脚是连接在一起的;当按下该键的时候,STM32MP157 和液晶一并被复位。

**22) 用户按键 KEY**

这是开发板板载的 3 个机械式输入按键(KEY0、KEY1 和 WK_UP),可以作为普通按键输入。

**23) 红色和绿色用户 LED 灯**

这是开发板板载的 2 个 LED 灯,分别为红色和绿色。调试代码的时候,使用 LED 来指示程序状态是非常不错的一个辅助调试方法。

**24) 蓝色电源指示灯**

这是开发板电源指示 LED 灯,为蓝色,当板子供电正常的时候此灯就会常亮。如果此灯不亮,则说明开发板供电有问题(排除 LED 灯本身损坏的情况)。

**25) MIC(咪头)**

这是开发板的板载录音输入口(MIC),该咪头连接到 CS42L51 的 MIC 输入引脚上,可以用来实现录音功能。万耦天工 STM32MP157 开发板上也有一个 4 段式耳机座,此耳机座支持使用耳机上录音。耳机和板载的 MIC 都接到了 CS42L51 上的 MIC 引脚,因此同一时间只能使用一个来进行录音;这里需要调整 JP13 跳线帽来选择使用耳机录音还是板载 MIC,跳线帽接到上面就使用板载 MIC,接到下面就是用耳机录音。

**26) CS42L51 音频芯片**

这是一颗 CIRRUS LOGIC 公司出品的音频 DAC 芯片,用于实现音乐播放与录音。

**27) ATK 模块接口**

这是开发板板载的一个正点原子通用模块接口(JP12),目前可以支持正点原子开发的 GPS 模块、蓝牙模块、MPU6050 模块、激光测距模块和手势识别模块等,直接插上对应的模块就可以进行开发。

**28）Nano SIM 卡接口**

这是开发板上的 Nano SIM 卡接口，如果要使用 4G 模块，则需要在此接口中插入 Nano SIM 卡。

**29）3.3 V 电源输入/输出**

这是开发板板载的一组 3.3 V 电源输入输出排针（2×3）（JP1），用于给外部提供 3.3 V 的电源，也可以用于从外部接 3.3 V 的电源给板子供电。

实验的时候可能经常会为没有 3.3 V 电源而苦恼不已，有了万耦天工 STM32MP157 开发板，就可以很方便地拥有一个简单的 3.3 V 电源（最大电流不能超过 1 000 mA）。

**30）Mini PCIE 4G 接口**

这是开发板板载的一个 Mini PCIE 接口，但是本质上走的 USB 协议，通过此接口可以连接 4G 模块，比如高新兴物联的 ME3630。接上 4G 模块以后万耦天工 STM32MP157 开发板就可以实现 4G 上网功能，对于不方便布网线或者没有 WiFi 的场合来说是个不错的选择。

**31）5 V 电源输入/输出**

这是开发板板载的一组 5 V 电源输入输出排针（2×3）（JP8），用于给外部提供 5 V 的电源，也可以用于从外部接 5 V 的电源给板子供电。

实验的时候可能经常会为没有 5 V 电源而苦恼不已，开发板充分考虑到了这个需求，有了这组 5 V 排针就可以很方便地拥有一个简单的 5 V 电源（USB 供电的时候，最大电流不能超过 500 mA；外部供电的时候，最大可达 1 000 mA）。

**32）电源开关**

这是开发板板载的电源开关（S1），用于控制整个开发板的供电。这是一个两段式拨动开关，拨到下边关闭开发板电源，整个开发板都将断电，电源指示灯（PWR）会随之熄灭；拨到上边打开开发板电源，整个板子开始供电，电源指示灯（PWR）点亮。

**33）引出的 I/O 口**

这是开发板 I/O 引出端口 JP1，采用 2×22 排针，总共引出 44 个 I/O 口。

**34）DC6～16 V 电源输入**

这是开发板板载的一个外部电源输入口（DC_IN），采用标准的直流电源插座。开发板板载了 DC-DC 芯片（JW5060T），用于给开发板提供高效、稳定的 5 V 电源。由于采用了 DC-DC 芯片，所以开发板的供电范围十分宽，读者可以很方便地找到合适的电源（只要输出范围在 DC6～16 V 的基本都可以）来给开发板供电。在耗电比较大的情况下，比如用到 4.3 屏、7 寸屏、网口的时候，建议使用外部电源供电，可以提供足够的电流给开发板使用。

**35）RS232/ATK 模块选择接口**

这是开发板板载的 RS232（COM1）/ATK 选择接口（JP5），为了节约 I/O，我们把 RS232（COM1）和 ATK 模块共用一个串口，通过 JP5 来设置当前是使用 RS232

(COM1)还是 ATK 模块。

### 36）RS232 接口（母）

这是开发板板载的另外一个 RS232 接口（COM1），通过一个标准的 DB9 母头和外部的串口连接。通过这个接口可以连接带有串口的计算机或者其他设备，实现串口通信。

### 37）RS232 接口（公）

这是开发板板载的另外一个 RS232 接口（COM2），这是一个 DB9 公头。

### 38）RS232/485 选择接口

这是开发板板载的 RS232（COM2）/485 选择接口（JP4）。因为 RS485 基本上就是一个半双工的串口，为了节约 I/O，我们把 RS232（COM2）和 RS485 共用一个串口，通过 JP4 来设置当前是使用 RS232（COM2）还是 RS485。这样的设计还有一个好处，就是开发板既可以充当 RS232 到 TTL 串口的转换，又可以充当 RS485 到 TTL485 的转换。（注意，这里的 TTL 高电平是 3.3 V。）

### 39）千 M 以太网接口（RJ45）

这是开发板板载的千 M 以太网接口，STM32MP157 内部含有一个千 M 以太网 MAC 外设。

### 40）PCF8563

PCF8563 是一片 RTC 实时时钟芯片，是一片外置的 RTC 芯片，IIC 接口。STM32MP157 内部也有 RTC 外设，但是精度不高，因此，万耦天工 STM32MP157 开发板特地加了一片外置的 RTC 芯片。

### 41）SPDIF 接收

这是一个 SPDIF 光纤输入接口，可以接收光纤传递过来的数字音频信号。

### 42）SPDIF 发送

这是一个 SPDIF 光纤输出接口，可以通过这个光纤传输接口发送 STM23MP157 的音频数据。

### 43）WiFi& 蓝牙天线

这是一个 WiFi 和蓝牙天线接口，WiFi 和蓝牙共用一个 2.4G 天线。

### 44）RS485 接口

这是开发板板载的 RS485 总线接口（RS485），通过 2 个端口和外部 RS485 设备连接。注意，RS485 通信的时候，必须 A 接 A、B 接 B，否则可能通信不正常。

### 45）CAN 接口

这是开发板板载的 CAN 总线接口（CAN），通过 2 个端口和外部 CAN 总线连接，即 CANH 和 CANL。注意，CAN 通信的时候，必须 CANH 接 CANH、CANL 接 CANL，否则可能通信不正常。

### 46）2 路 USB HOST 接口 1

和 1）一样，由 STM32MP157 的 USB1 扩展出来的另外一路双层 USB 座。

# 参 考 文 献

[1] https://www.microchip.com/.

[2] http://www.normem.com/.

[3] https://www.st.com/.

[4] https://wiki.stmicroelectronics.cn/stm32mpu/wiki/Main_Page.